明代家训德育思想
的当代价值研究

刘宇 著

内容提要

中国传统社会以家庭为本位，留下了大量的家训文献，形成了独具特色的家训文化。明清时期是传统家训的繁荣和鼎盛时期，家训数量浩繁、题材广泛、内容丰富、形式多样。明代家训代表了古代家庭的教化方式，一方面，记载了古人如何树德立人与安身立命的训示、教诫等名言警句；另一方面，强调家庭生活所应遵守的规范或法度，以及居家治生与为人处世的原则和教条。明代家训文化资源以及其中所包含的传统美德，至今仍具有不可忽视的德育价值。

本书在深入分析明代家训文本的德育内容基础上，一是从四个维度（即审视维度、思维方式、转换原则、方向定位）构建了明代家训德育思想价值转化的内在逻辑与基本思路，丰富了对传统家训当代价值研究的理论成果；二是从理论层面凝练出明代家训德育思想的五条借鉴经验（即“陶铸德性”“仁义修养”“事必有法”“化民成俗”“博通四书”等）；三是从实践层面阐释了明代家训德育思想的继承性、民族性和时代性等特征，并提出了具体的践行方式与实践途径，以期对当代家庭德育体系的发展提供合理性补充与完善。

图书在版编目(CIP)数据

明代家训德育思想的当代价值研究/刘宇著.
上海：上海交通大学出版社，2024.8 —ISBN 978-7-313-30988-4

Ⅰ. B823.1

中国国家版本馆 CIP 数据核字第 2024VB0817 号

明代家训德育思想的当代价值研究
MINGDAI JIAXUN DEYU SIXIANG DE DANGDAI JIAZHI YANJIU

著　　者：刘　宇
出版发行：上海交通大学出版社
地　　址：上海市番禺路 951 号
邮政编码：200030
电　　话：021-64071208
印　　制：苏州市古得堡数码印刷有限公司
经　　销：全国新华书店
开　　本：710mm×1000mm　1/16
印　　张：15
字　　数：226 千字
版　　次：2024 年 8 月第 1 版
印　　次：2024 年 8 月第 1 次印刷
书　　号：ISBN 978-7-313-30988-4
定　　价：98.00 元

序　言

家庭是社会最基本的构成细胞，也被认为是人类社会中最基本也是最不可缺的生存与生活场所。依赖与重视家庭，被视为是中国文化传统的一个显著特征。同时，家庭是最基本伦理实体，也是承续家庭伦理道德的一种重要载体。儒家思想中“修身、齐家、治国和平天下”的逻辑脉络成为连接个人修为与治理国家的桥梁，也就有了“国之本在家”的优良教育传统。家庭是人生教育的第一场域，因此也产生了历史悠久、延绵不绝的家庭教育经典之作。可以说，家训文化在教化与训导方面产生了训诫子孙、福润后世的深远影响，也反映出古代先哲在修德、治学、齐家、处世等方面的教育实践。更进一步讲，中国传统社会的家训文化在弘扬中华文化传统、继承民族精神、增进家国情感等方面也发挥了积极且重要的作用。党的二十大强调指出，提高全社会文明程度，实施公民道德建设工程，弘扬中华传统美德，加强家庭家教家风建设，加强和改进未成年人思想道德建设，推动明大德、守公德、严私德，提高人民道德水准和文明素养。由此可见，对中国传统家训及其德育思想进行研究，并以当代家庭道德建设为依托，通过深入挖掘传统家训文化的教育理念、教育方式，总结传统家庭的优秀教育规律，以此来激励人们形成向上向善、孝老爱亲的家庭氛围，从而为推进社会主义家庭文明新风尚做出应有贡献。

从家训的发展历程来看，明代家训是中国传统家训史的一个繁荣时期，它为清代家训的鼎盛时代打下了坚定的理论文本和教育实践基础。事实上，明清时期是中国传统家庭发展演化的最后阶段，也是传统家庭向现代家庭转型的开端。因此，深入探讨明代家庭及其社会形态，分析明代家训发展和繁盛的社会要素，对我们认识中国传统家庭，及其和现代家庭进行比较无疑具有重要作用。有鉴于此，本书在梳理和厘清明代社会和家庭变迁的历史脉络中，通过对较为丰富的明代家训资料合理且充分地利用，尽可能地完整而全面地呈现明代家庭教育的“全息景象”。总体而言，本书以历史和现实的双主线逻辑展开说明。一方面，追溯历史是为了更清晰地梳理和阐述明代家训及其德育思想的实质与内涵；另一方面，指向现实则是在理论层面探求理论创新，在实践层面寻求借鉴与启示，而历史与现实之间则要以明代家训德育思想的现代转化来作为衔接与契合点。通过对明代家训德育思想的系统剖析，回应“明代家训德育思想的当代价值”这一问题，并可以概括为以下解读：

第一，明代家训德育思想的文本性价值。包括明代家训在内的传统家训不应仅仅是被封存于图书馆中的泛黄文献，而应是呈现在今人视野之中的生动且鲜活的教育读本。明代家训作为封建时期的产物，长期以来，人们对它持有偏见态度，并认为其内容已不适用于当代家庭。然而，我们认为，今人不应完全否定其思想精髓。马克思曾指出，批判的武器不能代替武器的批判。意即说，“批判”是人类社会发展的内源性动力，以批判之视角审视家训实质对家训的“扬弃”和继承。以马克思主义的认识论和方法论依据，凭借家庭德育的发展之势，不断重新鉴别、选择与筛定对家训本身的利用程度与价值，以期推动当代家庭德育理论和实践途径的创新，才是明代家训文本性价值的真实体现。

第二，明代家训德育思想的解读性价值。对解读性价值的理解不应囿于对家训文本式、印象式的简单解说，而是应以探索更深层次的本质，即以不断追索的思维方式来挖掘现实性的可利用价值。可以认为，解读性价值更倾向于实践操作层面，它本身即是对文本价值重新认知后的进一步升华与运用。超越对文本表现的理解就是要对家训更深刻本质的解读与追问。我们说，发掘与梳理明代家训及其德育思想这一工作就并非易事，一方面是因为明代家训文本和内容本身特性所决定的，另一方面，亦是其德育思想的当代价值所决定的。故此，对明代家训的深入解读，就必然要舍弃传统家训中带有“三纲五常”等封建伦理色彩的教育本质，而将符合当代家庭德育的传统美德以新的形式解读和表达出来。

第三，明代家训德育思想的导向性价值。导向性价值具有前瞻性和可预见性等特征，这与“价值”的内涵与特性不谋而合，即强调应然性而非实然性。事实上，考虑包括明代家训在内的传统家训，其德育思想的导向性是对家庭德育体系发展的历史性趋势与联系的必然反映。也可以理解为通过对家训德育价值的前提性预设，一方面来引导家训德育思想自身不断地适应时代与社会发展之需，另一方面，也促使家训德育价值指向当代家庭德育发展的方向与定位，即是在家庭层面对社会主义核心价值观和中华优秀传统文化广泛弘扬的价值预设和价值定位基本一致的。这就从一定程度上符合了当代家庭德育体系发展的宏观走向，成为发展的合理和有效补充。

本书在逻辑架构上遵循"溯源——评析——反思——借鉴——探索"的五步走，试图将"明代家训德育思想的当代价值"分析具体，阐释清晰，概括来说：

第一部分：溯源——对明代家训历史背景的透析。本章通过对明代经济形式、政治制度、社会风俗和思想文化进行系统的阐述，试图对明代家训发展及鼎盛原因进行一番鞭辟入里的分析。换言之，追溯历史之源，是为尽量贴近明代历史之原貌，同时将明代家训置于特定的宏观历史背景之中，以便对明代家训与明代社会之间的关系做出更为清晰的阐述，进而为探讨明代家训繁荣之势的根本原因进行详实的论证。

第二部分：评析——对明代家训德育思想的概述。首先，本章先从数量、体例、内容特点、功能和作用等方面考察了明代家训具体特征。其次，从明代家训的文本内容出发着重论述了五大方面的德育思想，即治学、修身、齐家、训女和交友之道等。最后，对明代家训德育思想的本质和内涵做出一番评价。

第三部分：反思——对明代家训德育思想当代价值的探索。首先，对明代家训的历史地位、时代局限以及现实意义进行客观评价，论证明代家训的德育思想何以在当代具有应用价值。其次，从四个层面对明代家训德育思想现代转化的理论进行了论述，即传统与现代、辩证与中和、批判与继承、冲突与融合，通过对明代家训德育思想的当代价值转换进行合理性阐释，以期诠释明代家训德育思想价值转化的目标层次与方向定位。

第四部分：借鉴——评析当代家庭德育现状与对明代家训德育思想的理论借鉴。本章以现代社会价值危机以及当代家庭德育困境为切入点，通过比较古今德育论域之不同来对比明代家训的教化方式与当代家庭道德教育之区别，进而阐释当代家庭德育体系发展与完善之策略。即对当代家庭德育思想中的教育目的、教育主体、教育方式、教育环境、教育载体等内容的借鉴与启示。

第五部分:探索——对当代家庭德育体系发展与完善的创新性实践。本章从民族性、继承性和时代性三个维度对明代家训的实践价值做出了诠释。在中华民族伟大复兴和全面复兴中华优秀传统文化的大背景下,以社会主义核心价值观为引领,不但要推动中国传统家训的再生和重塑,还要传承与续存传统家庭美德,构建当代家庭道德教育体系。

总之,本书是我在这一学术领域所做出的一些研究成果,希望在挖掘和阐释传统家训文化价值这方面贡献了些许个人见解和观点。还请各位专家、学者以及读到此书的读者朋友们批评指正。

目　　录

绪　　论

0.1　选题背景、目的及意义

0.1.1　选题背景

党的二十大强调："弘扬中华传统美德，加强家庭家教家风建设，加强和改进未成年人思想道德建设，推动明大德、守公德、严私德，提高人民道德水准和文明素养。"[①]党的十九大亦深刻地指出："文化是一个国家、一个民族的灵魂。文化兴国运兴，文化强民族强。没有高度的文化自信，没有文化的繁荣兴盛，就没有中华民族伟大复兴。要坚持中国特色社会主义文化发展道路，激发全民族文化创新创造活力，建设社会主义文化强国。"[②]纵观人类文明发展史，每一种民族文化都在其发展历程中形成了独具特色的文化品质与文化精神。中国传统文化历经上下五千年的沧桑巨变，在文明交往中不断地凝聚与积累、会通与交融、提炼与更新，才逐步形成了博大精深的民族文化，并独立于世界文化之林。正如习近平总书记所说："中华民族有着深厚文化传统，形成了富有特色的思想体系，体现了中国人几千年来积累的知识智慧和理性思辨"[③]，"博大精深的中华优秀传统文化是我们在世界文化激荡中站稳

---

① 习近平：《高举中国特色社会主义伟大旗帜　为全面建设社会主义现代化国家而团结奋斗——在中国共产党第二十次全国代表大会上的报告》，北京：人民出版社，2022 年，第 44 页。

② 习近平：《决胜全面建成小康社会　夺取新时代中国特色社会主义伟大胜利——在中国共产党第十九次全国代表大会上的报告》，北京：人民出版社，2017 年，第 40 - 41 页。

③《习近平主持召开哲学社会科学工作座谈会强调　结合中国特色社会主义伟大实践　加快构建中国特色哲学社会科学》，《党建》，2016 年第 6 期。

脚跟的根基”[①]。他还指出:“中华优秀传统文化是中华民族的突出优势,中华民族伟大复兴需要以中华文化发展繁荣为条件,必须结合新的时代条件传承和弘扬好中华优秀传统文化”[②],“要推动中华文明创造性转化、创新性发展,激活其生命力,让中华文明同各国人民创造的多彩文明一道,为人类提供正确精神指引”[③]。

传统家训是我国古代社会一种特殊的文化现象。中国传统社会是以家庭为本位。自古以来,从帝王将相到文儒官宦,从富商大贾到平民布衣无不注重对后辈子孙的教育和训诫。因此,古代家庭留下了大量的家训文献,形成了独具特色的家训文化。家训发展至明代,各个家庭、宗族的家训、家诫、家法族规等数量明显增多,其内容和形式也日渐成熟,标志着传统家训走向繁荣与鼎盛的历史时期。深入挖掘和梳理明代家训资料,不难发现,其中所包含的优秀德育思想是全面且具体的,诸如修身养德、孝亲敬长、名利宽人、以和为贵等美德,至今仍具有不可忽视的德育价值。诚然,明代家训也并非篇篇皆好、字字珠玑,其中所充斥的封建纲常等礼教思想还是要摒弃和批判的。

传统家训是中华优秀传统文化的重要载体,承接与继承着民族血脉与民族精神的重要特性,延续着中华民族所独有的气质和品格。党的十九大着重强调:“坚持全民行动、干部带头,从家庭做起,从娃娃抓起。深入挖掘中华优秀传统文化蕴含的思想观念、人文精神、道德规范,结合时代要求继承创新,让中华文化展现出永久魅力和时代风采。”[④]习近平总书记亦高度重视家风建设,他指出:“家庭是社会的基本细胞,是人生的第一所学校。不论时代发生多大变化,不论生活格局发生多大变化,我们都要重视家庭建设,注重家庭、注重家教、注重家风。”[⑤]当前,家庭结构与家庭功能的变迁使家庭道德教育面

---

① 《把培育和弘扬社会主义核心价值观作为凝魂聚气强基固本的基础工程》,《人民日报》,2014 年 2 月 26 日,第 3 版。

② 《学习习近平总书记 8·19 重要讲话》,北京:人民出版社,2013 年,第 4 页。

③ 《习近平主持召开哲学社会科学工作座谈会强调　结合中国特色社会主义伟大实践　加快构建中国特色哲学社会科学》,《党建》,2016 年第 6 期。

④ 习近平:《决胜全面建成小康社会　夺取新时代中国特色社会主义伟大胜利——在中国共产党第十九次全国代表大会上的报告》,北京:人民出版社,2017 年,第 42 页。

⑤ 习近平:《在 2015 年春节团拜会上的讲话》,《人民日报》,2015 年 2 月 18 日,第 1 版。

临着诸多困境与挑战。譬如，家庭观念淡薄、道德失范、品行不端以及违法乱纪等道德“失范”现象比比皆是。为此，从思想政治教育学的研究视角出发，合理地批判与继承我国传统道德资源是德育的一项重要内容。在建构具有民族特色和当代特点的新型家庭德育体系的过程中，我们须秉承传统家庭美德，汲取和利用传统家训德育思想中的宝贵资源，将明代家训中对现实家庭生活具有指导意义的优秀德育思想融入当今时代的主旋律之中，这对于现代家庭道德水平的提升，解决当代家庭德育中的诸多问题有着不可忽视的作用。

0.1.2　研究目的与研究意义

挖掘明代家训德育思想①这份宝贵的遗产，力将包括明代家训在内的传统家训与现代家庭教育进行有效衔接，以期补充和完善当代家庭德育体系的构建，这既是对明代家训的继承与弘扬，亦是对明代家训的突破与创新。

本书的研究目的在于：

第一，力求对明代家训文献资料进行细致且深入的考查与整理，形成对明代家训德育思想的整体研究脉络，建构起对明代家训德育思想的整体认知体系。通过对明代家训文献的仔细研读，对其德育思想进行分类与梳理，挖掘与阐释。在此基础上，以马克思主义的认识论和方法论重新鉴别、选择与筛定明代家训本身可利用的文本资源，坚持实事求是和批判继承的基本原则，对明代家训德育思想进行客观且全面的评析，明确其德育思想的闪光之处与局限所在，进而为当代价值转化奠定坚实的基础。

第二，结合当代家庭德育中的诸多问题，有必要从明代家训中汲取优秀德育思想和教育方式，坚持创造性发展和创新性转换，运用其中“精华”部分来解决当代家庭道德教育中所面临的种种困惑与矛盾，这对于完善现代家庭德育体系具有重要的理论价值与现实意义。与此同时，发掘明代家训中的优秀德育思想与现代家庭道德教育的内在结合点，从中选择符合时代发展且行之有效的道德教育内容与方法，以期在家庭之中培养出良性的道德观念和道德情操，树立正确的道德判断标准和道德价值认同，并在道德践行之中发挥

① 本书对“德育”一词的理解均采用狭义的德育概念，即可以理解为思想政治教育学或伦理学范畴中的道德教育，故“德育”所指为道德品质教育或道德教育。本书中“德育”和“道德教育”可理解为同一语意。

实际效用。

本书的理论意义在于：

第一，有益于拓宽明代家训德育思想的研究范围和研究领域，并且丰富与完善传统家训德育思想的研究内容。明代家训处于中国传统家训的发展与繁荣阶段，是我国传统家训的重要组成部分。同时，它亦是中国传统家庭伦理文化和道德观念的集中体现，其思想内涵与教育核心又将民族特点、民族秉性与民族精神在家庭层面得以具象和升华。因此，对明代家训及其德育思想进行较为深入、细致的研究是对其当代价值进行研究中必不可少的步骤与环节，对于完善和丰富传统家训的研究工作亦具有重要的理论价值和指导意义。

第二，有助于促进和推动当代家庭德育建设，为补充与完善当代家庭德育体系的建构提供可资借鉴的历史经验和参考范本。通过研究明代家训德育资源，可以较为准确地概括中国传统社会“家国同构”下的家庭、社会与伦理道德一体化等特性。以古鉴今，一方面，以当代家庭德育理论为依据和参考，深入挖掘明代家训优秀德育思想中的教育理念、教育方式和教育规律，对当代家庭德育体系的发展与完善进行合理性补充与借鉴。另一方面，把握明代家训德育思想在古代家庭与社会之间所发挥的德育功能、作用。以此为例，将当代家庭德育与社会公德进行有效对接，形成符合社会主义核心价值观的道德体系，进而加强我国社会公德、家庭美德、个人品德建设，提升我国整体德育水平。

本书的实践意义在于：

第一，拓展了当代家庭德育的具体实践路径，有利于家庭德育功能的强化与道德水平的提升。目前，我国家庭结构和家庭观念均发生了显著变化，家庭中也存在着诸多道德问题。种种家庭德育问题始终提醒着教育工作者，提升公民德育素质，加强思想道德建设刻不容缓。为此，我们有必要从传统（明代）家训中继承和发扬优秀德育思想和传统美德，做到古为今用，这对于解决当代家庭德育困惑、抵制腐朽落后文化侵蚀、树立当代家庭道德规范无疑是大有裨益的。再者而言，对明代家训优秀德育思想精华进行当代价值转化，将其融进符合当代社会主义家庭伦理道德体系之中，并在家庭德育的具体实践中发挥效用，这不仅是对当代家庭德育实践路径的拓展，同时也使传统家庭德育思想能够服务于当代家庭德育工作这一目标最终落到实处。

第二，为弘扬传统优秀家风家教，传承与存续传统家庭美德，提出合理性和可行性的指导方案与施行策略。明代家教方式丰富多样，教化内容涵盖家庭生活的方方面面，其中大多带有儒家伦理思想的印记，即"孝悌忠信、礼义廉耻"等道德品格在家庭层面的具体表现。遵循家庭伦理道德规范，塑造家庭成员的人格品性，乃是我国传统家庭德育所要达成的目标之所在。审视明代家训优秀德育思想的内容与形式，坚持创造性转化、创新性发展，使其对当今家庭德育实践进行合理性补充与可行性借鉴，进而提高家庭德育方式方法的可操作性。通过弘扬与传承传统优秀家风家教，使全社会开展移风易俗的活动。通过传承优秀家庭美德，激励人们向上向善、孝老爱亲，为推进社会主义家庭文明新风尚做出应有贡献。

0.2　国内外研究现状

0.2.1　国内研究现状

传统家训不仅与中国古代家庭、家族关系紧密，更代表了传统家庭的教化方式。故此，对家训定义与内涵的界定就显得十分必要。目前国内学者对其阐释不尽相同，具体来说，徐少锦和陈延斌在《中国家训史》一书中对家训的定义较为宽泛，认为家训是"父祖对子孙、家长对家人、族长对族人的直接训示、亲自教诲，也包括兄长对弟妹的劝勉，夫妻之间的嘱托。后辈贤达者对长辈、弟对兄的建议与要求，就其所寓的教育、启迪意义来说，也不可忽略"①。而陈瑛等人对家训的界定则比较具有针对性，认为家训即为"家庭道德教育"，是"父祖用文字或口语告诫、训示子孙和家人"②。再者而言，由于不同学者研究视角不同，对家训的定义也不尽相同。例如，徐梓倾向于对家训中有关道德规范和人伦秩序的研究，他在《家范志》中指出，家训是"家人所必须遵守的规范或法度，它是旧时父祖长辈为后代子孙，或族长贤达为族众所规定

① 徐少锦、陈延斌：《中国家训史》，西安：陕西人民出版社，2003年，第1页。
② 陈瑛、温克勤、唐凯麟：《中国伦理思想史》，贵阳：贵州人民出版社，1985年，第376页。

的立身处世、居家治生的原则和教条”[①]。陈君慧则侧重于对家训文本研究，她认为：“家训就是中国古人进行家教的各种文字记录，包括诗歌、散文、格言、书信等。”[②]张艳国则从文化视角对家训做出一番解释：“传统家训，是指在中国传统社会里形成和繁盛起来的关于治家教子的训诫，是以一定时代社会上占主导地位的文化内容作为教育内涵的一种家庭教育形式。”[③]在有关家训的定义中，尤以朱明勋的界定最为详实。他认为，家训文献有广义和狭义概念之分，“一般的家训文献和家谱中的家规族约”毫无争议属于狭义家训文献范畴，而“只要其内容与家训文献具有相当程度的重叠性”即可视为广义家训文献范畴。[④] 在此基础上，他认为家训“是某一家庭或家族中父祖辈对子孙辈、兄辈对弟辈、夫辈对妻辈所作出的某种训示、教诫，教诫的内容既可以是教诫者自己制定的，也可以是教诫者取材于祖上的遗言和族规、族训、俗训或乡约等文献中的有关条款，或者具有劝谕性，或者具有约束性，或者两者兼具。它包括口头家训和书面家训两种形式。”[⑤]总之，对家训定义与内涵的明确有利于我们对家训的相关问题进行更为深入的研究与探讨。

1. 有关家训研究的总体发展脉络梳理

国内学术界有关传统家训的研究可以大体概括为三个阶段，第一个阶段是从 1919 年“五四”运动至中华人民共和国成立前，第二个阶段是 1949 年新中国成立至改革开放前，第三个阶段是改革开放至今。

(1) 五四运动至中华人民共和国成立前。

这一阶段，有关论述家训的专著付之阙如。国内有关家训研究的文章最早发表在《北平晨报学园》中《关于家训》一文（1936 年 1 月 27 日总第 899 期）。直至 20 世纪 60 年代，有关家训的研究几乎是一片空白。然而，面对家庭变革及社会形势发展之需，这一历史时期的学者逐步将“家庭”作为研究对象，并从社会学、历史学和伦理学等视角对家庭伦理、家庭教育等问题予以审视和观照。首先，这一时期出版了许多有关家庭、婚姻问题的专著。其中具

---

① 徐梓：《家范志》，上海：上海人民出版社，1998 年，第 1－2 页。
② 陈君慧：《中华家训大全》，哈尔滨：北方文艺出版社，2016 年，第 1 页。
③ 张艳国：《家训辑览》，武汉：武汉大学出版社，2007 年，第 1 页。
④ 朱明勋：《中国传统家训研究》，博士学位论文，四川大学文学与新闻学院，2004 年，第 7 页。
⑤ 朱明勋：《中国传统家训研究》，博士学位论文，四川大学文学与新闻学院，2004 年，第 7 页。

有代表性的著作如易家钺、罗敦伟的《中国家庭问题》(北京大学家庭研究社，1924年)和罗敦伟的《中国之婚姻问题》(大东书局，1931年)这两本专著。通过主题式讲解对中国近现代社会转型时期的家庭问题进行了客观评述，其中关于离婚问题、蓄妾问题、贞操问题等的研究颇具时代特色。麦惠庭的《中国家庭改造问题》(商务印书馆，1929年)以近现代家庭问题的成因、性质为切入点，论述了家庭问题改造的必要性及改造途径。概言之，此类书籍都可视为当时较有传播力和影响力的佳作。其次，有些学者从家族制度角度进行研究，这些著作也涉及家庭伦理与道德教育的问题。譬如，吕思勉的《中国宗族制度小史》(中山书局，1929年)从经史子集中梳理勾勒出中国从古至今的婚姻变迁。作者对古代宗族的发展历程进行了纵向研究。同时书中还阐释了古代同族不婚、蓄妾之原、嫡庶之别等和婚姻相关的家庭问题，堪称我国第一部介绍宗族简史的著作。陶希圣的《婚姻与家族》(商务印书馆，1934年)描述了宗法宗族制度下古代家族形成、发展与分解的演变过程，阐述了古代婚姻及家庭生活的种种现象及其发展变迁。高达观的《中国家族社会之演变》(正中书局，1944年)叙述了周代、宋代和清代三个典型历史时期家族所具有的经济、政治和法律特征，并对古代家族演变做出一番深入的剖析。最后，从社会学视角来分析家庭问题，潘光旦的《中国之家庭问题》(新月书店，1928年)以社会调查形式分析了中国近现代家庭现状，其中包括代际间的观念差异、男女婚姻、夫妻关系以及子女生育和教育问题的讨论。费孝通的《中国农民生活》(英文版，1939年)[①]和《生育制度》(商务印书馆，1947年)两本著作均采用了社会学和人类学的分析视角，比较了传统家庭和近现代家庭的差别之处，并在具体章节中专门探讨了传统家庭伦理道德的相关问题。

(2) 中华人民共和国成立后至改革开放前。

这一时期与家训有关的研究多带有政治色彩。例如，《批判“家训”“宗规”里反映的地主哲学和宗法思想》《用马列主义毛泽东思想批判〈朱子家训〉》等，这类研究并没有客观公允地评价传统家训。改革开放之后，随着思想的逐步解放，以阶级斗争为纲的史学框架被打破，有关家训研究也开始受到学界的关注。由于正处在起步阶段，此时的研究数量较为稀少，研究范围

① 1986年，江苏人民出版社在出版中文时沿用原著扉页上的“江村经济”一名。

也很狭窄，家训著述只停留在编写、辑录、注释等方面。较为有代表性的著作如下：张艳国等编的《家训辑览》（广西人民出版社，1988 年），戴启予等编注的《古代家书选》（广西人民出版社，1985 年），杨知秋选注《历代家训选》（华东师范大学出版社，1988 年）以及史孝贵的《历代家训选注》（华东师范大学出版社，1988 年）等。

（3）改革开放至今。

这一时期，关于传统家训的研究成果颇为丰富。现将包括明代家训在内的有关传统家训的学术文献统计情况进行概述总结。

从学术文献统计数据来看，以中国知网（CNKI）为检索源进行精确匹配，截至 2018 年 3 月 1 日，按篇名和主题（并且关系）的关键字为“家训”对期刊论文、硕博论文、会议文献以及报纸年鉴进行统计，共有文献约 1 900 篇。从学科类别数据来看，伦理学 589 篇约占总数的 31%，思想政治教育 265 篇约占 14%，中国文学和中国古代史分别为 115 篇和 124 篇各占 6%和 7%，哲学 26 篇约占 1%。从文献发表的时间上看，自 2014 年以来，有关家训的论文发表数量呈现明显增长趋势，其中 2014 年为 150 篇，2015 年为 225 篇，2016 年为 305 篇，2017 年为 380 篇，近 4 年的文献总数为 1 060 篇，约占总研究成果的 56%。从硕博士论文选题来看，包括家训、明清家训、家训伦理和家训德育等关键词在内的硕士论文共计 191 篇，博士论文 12 篇。从 2018 年 4 月至今，共有家训相关期刊文章 1 600 余篇，硕士论文 100 余篇，博士论文 3 篇。受时事政治和政策性宣传影响，近几年有关家训的新闻和报纸报道等内容也呈现逐年递增之趋势。

通过上述对家训文献研究成果的分析不难发现，近些年，有关家训问题的研究已经成为热点话题。但亦要清晰地认识到，在所有研究成果之中，对家训整体性研究成果较多，而对于家训史分期的研究相对较少。例如，专门针对明代家训的研究成果仅为 5 篇。我们再将时间范围扩大，即专门针对明清家训的研究成果数量也仅为 32 篇。再者而言，以家训与伦理、家训与道德、家训与德育等研究视角的文献数量仅为 103 篇，硕士论文数量为 31 篇，而从明代（明清）家训与道德、德育视角进行研究的文章数量仅为 2 篇。值得一提的是，在有关家训研究的 15 篇博士论文中，仅有 4 篇与明代家训相关。其一是朱明勋的博士论文《中国传统家训研究》（2004 年），该论文以家训的产生、发展、鼎盛和转型的历史脉络详细论述了前秦、汉魏、隋唐、宋元明清和近现代等不同历史时期有关传统家训的发展情况、思想体系以及名篇举要等内容。该论文涉及大量明代家训的文本文献，堪称一部“家训字典”。[①] 其二是王瑜的博士论文《明清士绅家训研究(1368—1840)》(2007 年)，该论文研究了明清时期士绅阶层家训的治家观、修身观、治学观、训女观以及家训的现代启示等内容。[②] 其三是陆睿的博士论文《明清家训文献考论》(2016 年)，该论文是从古典文献学视角对家训本文和文献进行考述，其中也涉及家训特点、体例和教育思想等内容的研究。[③] 其四是程时用的博士论文《明清岭南家训与乡村社会》(2022 年)，该论文重点聚焦在明清时期岭南家训、家族与乡村之间的内在关联，论述了家训与法律互为表里的关联，并借助地方民众的信仰来实现岭南乡村官绅共管、礼法并治，维持了岭南乡村社会的稳定，有力地推动了岭南乡村社会的发展。[④]

从专著的研究成果来分析，关于“明代家训德育思想及其当代价值”的专著研究少之又少。但值得一提的是，杨威和刘宇的专著《明清家族族规中的优秀德育思想及其当代价值研究》(人民日报出版社，2016 年)对明代家法族规的德育思想有诸多阐述，是迄今为止对这一问题研究最为贴近的文献成果。再者而言，徐少锦、陈延斌所著的《中国家训史》(人民出版社，2011 年)遴选了从先秦到清末两百多位典型人物的家训著作，系统地摘录和阐述了古代家庭教育理念。并且作者从家训教化实践视角出发，总结了家庭教育的内在联系与发展规律，是当代中国传统家训研究成果中最具权威性的参考资料，书中有关明代家训教化内容和特点的分析亦是十分全面的。方正出版社编委会于 2017 年出版了《家正国兴：传统家规家训的历史与价值》，该书不但以家训史分期为依据梳理了传统家规家训形成和发展中的四个重要历史阶段，并且提炼出名臣文士家训中的经典条目以及具有地域特色的家训节选，同时该书还深入挖掘了传统家规家训的当代价值，包括对实现社会和谐、培养有用人才、建设书香社会、廉洁奉公勤政等方面的思考。赵忠心编著的“中国家庭教

---

① 朱明勋：《中国传统家训研究》，博士学位论文，四川大学文学与新闻学院，2004 年。

② 王瑜：《明清士绅家训研究(1368—1840)》，博士学位论文，华中师范大学历史文献学，2007 年。

③ 陆睿：《明清家训文献考论》，博士学位论文，浙江大学中国古典文献学，2016 年。

④ 程时用：《明清岭南家训与乡村社会》，博士学位论文，华中师范大学中国史，2022 年。

育丛书”(湖北教育出版社,1997 年)包括《中国家训名篇》《古今名人教子家书》《古今名人教子诗词》《古今父范》《古今母仪》《古今家教文萃》六个部分。在这一系列著作之中,除去第一部专门对古代家训文献进行梳理之外,其余五部均是介绍家训中的教育形式和教育内容,同时还着重论述了当代家庭的教育方式方法。可以说,该书对研究我国家训德育思想具有一定的参考价值。费成康主编的《中国的家法族规》(上海社会科学院出版社,1998 年)以家法族规的历史文本为依据,系统且详实地阐述了中国家法族规的演变、制订、范围、惩处、执罚、奖励、特性和历史作用等方面的内容。综上所述,虽然有关家训文献研究成果十分丰富,但从家训史分期或仅以特定历史朝代来研究家训及其德育思想的文献并不多见,因此,还有待于学者的进一步深入思考。

2. 关于明代家训文本编撰、辑录的研究

许多学者在收集和整理家训文献方面花费了大量精力,其中关于家训编写、辑录、注释等方面著作尤为突出。需要说明的是,在这些著述之中,关于明代家训的文本多放置于整个家训史的考据和论述之中,单独整理明代家训文献的著作几乎没有,但我们仍可依据目前的专著成果来爬梳整理明代家训文本的相关内容。具体而言,谢宝耿编著的《中国家训精华》(上海社会科学院出版社,1997 年)选出了家训代表作品四百余篇(则),并注明了篇名引文、附僻词、典故注释和白话译文。郭齐家和李茂旭主编的《中华传世家训》(人民日报出版社,1998 年)全书共四卷,整理、汇编了从先秦时期至当代社会共四百多位学者的两千多篇家训,其中从勉学、修身、治家、处事和为政等方面收录了明代家训(包括节选)五十余篇。包东坡主编的《中国历代名人家训精萃》(安徽文艺出版社,2000 年)收录了汉代至清代的家训名篇共计七十六篇,其中有明代家训文本十五篇。陆林主编的《中华家训》(安徽人民出版社,2000 年)精选一百三十八篇家训名篇,按时间顺序编排,每篇注明原文出处,所涉文本或全录,或节选,或摘抄,对于家训文本研究具有一定的应用价值。卢正言主编的《中国历代家训观止》(学林出版社,2004 年)收录了古代经史子集及丛部图书中影响较大的家训,其中包括明代节选家训数十篇。张艳国的《中华家训大全》(北方文艺出版社,2013 年)亦收录了明代家训节选文本近二十篇。赵振的《中国历代家训文献叙录》(齐鲁书社,2014 年)整理出明代家训(节选)八十余篇,作者还从治学、齐家、治生和管理等诸多方面对家训文本进行筛选和提炼，并且还对部分家训进行评述和点评，堪称近年来家训文本辑录佳作。陈明主编的《中华家训经典全书》(新星出版社，2015 年)收录了包括《家人箴》《示弟立志说》《吕氏宗约》等明代名篇家训十余篇。骆承烈主编的《历代家训童蒙学约中的孝亲敬老资料辑释》(光明日报出版社，2016 年)以家训、童蒙、学约三大部分将中国历代分散零碎的家训童蒙资料汇编成卷，其中明代文献占有很大比例，是一部关于蒙学教育和礼法教育的文献集成性著作。楼含松主编的《中国历代家训集成》(浙江古籍出版社，2017 年)全书共计十二卷，涵盖了历朝历代编纂的家训著作，其中又以三卷篇幅收录了明代家训文本数百篇。作者还酌情收录了与明代家训相关的蒙学、女学、乡规民约以及训俗等文献，为明代家训文本研究提供了详实的参考资料。

另外，有关家训的辑录著述比较著名的如下：毕诚编的《中国古代家庭教育》(山东教育出版社，1991 年)，喻岳衡主编的《历代名人家训》(岳麓书社，1991 年)，周文复编的《中国家训：修身・治家・处世》(广东教育出版社，1991 年)，尚诗公主编的《中国历代家训大观》(文汇出版社，1992 年)，允生主编的《中国传统家教宝典》(中国广播电视出版社，1992 年)，何新华等编辑的《名人家教》(江西教育出版社，1993 年)，欣敏编的《中国君臣家书精品》(四川辞书出版社，1995 年)，成晓军主编的《慈母家训》《名儒家训》(湖北人民出版社，1996 年)，尹奎友等评注的《中国古代家训四书》(山东友谊出版社，1997 年)，周秀才等编写的《中国历代家训大观》(大连出版社，1997 年)，宗豪编著的《家训经典》(海天出版社，1997 年)，从余选注的《中国历代名门家训》(东方出版中心，1998 年)，翟博主编的《中国家训经典》(海南出版社，2002 年)，李楠编著的《传世家书家训宝典》(西苑出版社，2006 年)，中央纪委监察部网络中心主编的《中国家规》(中国方正出版社，2016 年)，王馨的《中国家风家训》(台海出版社，2017 年)，赵文彤的《中国历代家风家训大全》(中国华侨出版社，2017 年)等。

3. 关于明代家训德育思想的研究

国内学者对“明代家训德育思想”这一问题的研究多以某一家族或某一地区为切入点进行详实论述，这一研究优势如下：其一，以某一家族的家训文本为基础进行研究，其思想内涵和教育特点可以更为直观地显现出来。其二，以某一地区为对象倾向于对特定地区文化传统的继承性、连贯性和独立性研究，便于在家训研究过程中进行时间纵向和理论横向的系统分析。

第一，以某一家族为研究对象的文献来说，付庆芬对吴兴地区姚氏家族的家训进行文本解读时，从做人之本、治家之道和处事之道等三个方面阐释了姚氏家族的德育内容，并指出《姚氏家训》是家族兴旺发展的“真经”。[①] 王小舒以山东新城王氏家族为例，探究其家训的“道义”和“读书”二事对王氏家族文学造诣和家族兴衰的影响。[②] 宋豪飞研究了桐城、桂林方氏家族研习诗文、治学习艺的家族文化特征，并认为这一文化特征取决于方氏家族对家训、家风和家学的重视与学习。同时作者也概括了其家庭成员的道德取向、学问兴趣和人文爱好等特点。[③] 萧放从家族的共同体视角阐述了修族谱、建祠堂、置族田等“敬宗收族”的家族管理方式，并具体论述了“以孝悌之道为礼俗之本”“以诚信忠厚为修身之本”“以礼俗家规条补足国法”的德育内容和教育原则。[④] 王雪萍选取了明清家训中关于驭婢的记载这一独特视角探究了驭婢背后封建道德观念的实质以及士绅和儒家知识分子试图以“道德救时”的努力与尴尬。[⑤] 此外，朱明勋结合封建社会中后期的经济性质对明清家训文本中的理财思想进行了相关论述。[⑥]

第二，在以区域范围进行家训研究的文献中，尤以安徽徽州地区的研究成果最为丰富。徐国利以徽州的家法族规和家谱为研究对象，对这一地区的职业观与伦理精神进行了阐释。即在继承“耕读传家”的同时，又增加了“多元化”的职业观选择的新特点，也就是“读书和为士”为首选，“经商事贾”与力农耕作皆可的职业观。[⑦] 王昌宜认为与传统教育观不同，徽州经商被视为第一等生业，故徽州家训中不但提倡新式职业思想教育，即“四民平等”、重义轻

---

① 付庆芬：《〈姚氏家训〉：明清吴兴姚氏的望族之道》，《宁波大学学报(人文科学版)》，2009 年第 1 期。
② 王小舒：《明末清初山东新城王氏家族的历史选择》，《山东大学学报(哲学社会科学版)》，2011 年第 6 期。
③ 宋豪飞：《明清桐城桂林方氏家族文化特征探析》，《安徽农业大学学报(社会科学版)》，2014 年第 5 期。
④ 萧放：《明清家族共同体组织民俗论纲》，《湖北民族学院学报(哲学社会科学版)》，2005 年第 6 期。
⑤ 王雪萍：《明清家训中驭婢言论的历史解读》，《史学月刊》，2007 年第 3 期。
⑥ 朱明勋：《宋元明清时期家训中的理财思想及其经济性质》，《晋阳学刊》，2007 年第 3 期。
⑦ 徐国利：《从明清徽州家谱看明清徽州宗族的职业观》，《河北学刊》，2011 年第 6 期。

利、勤俭治生，还侧重职业技能培训。[①] 石开玉对徽州家训中的女性观（包括女性角色观、教育观、职业观和名节观）进行了研究。[②] 此外，王卫平主要对明清时期苏州家训文本、体例以及兴盛原因进行了分析，并总结了苏州地区家训中的修身观、治家观以及训子观等德育内容。[③] 胥文玲对福建闽北地区家训文献进行了概述，其德育思想包括“修身立德”“励志勉学”“治家教子”“涉世从政”等部分。[④] 周国林研究了麻城民间家训种类及其德育的特点。他认为麻城地区家训中的德育思想从修身、治学到齐家、治国形成了一整套极强的移民文化属性，呈现出地域性与时代性相结合的特征。[⑤]

4. 关于明代家训教育实践方法的研究

从期刊论文角度分析，明清时期家训所涉及的教育实践内容几乎涵盖了日常生活的各个领域，并且不同领域的教育方式也不尽相同。譬如，陈延斌对明清时期家训的教化实践特点概括为十个方面的内容，包括贞烈观教化加强，社会风俗教化内容增多，宗子教育强化等，堪称该领域标志性的文章。[⑥] 另外，目前国内学者对这一问题研究时很少泛泛地宏观讨论，他们大多选取某一视角作为研究切入点，举例来说：

其一，从统治阶层群体进行分析，主要是针对帝王、官宦、士绅等家族教育实践方式的研究。李慧对明清帝王家训的教子方式做了比较研究，她选择朱元璋的《祖训录》《昭鉴录》以及康熙的《庭训格言》、“圣谕十六条”等家训名篇，总结其中的教子方式以及教育特点，包括以孝持家、以忠治国的忠孝观念等内容。王瑜则从士大夫的家庭人际关系角度探究了传统官宦家庭相处之道，他指出“为父之道”在于慈和严，“为子之道”在于敬和顺。[⑦] 徐祖澜在明清乡绅教化方式的研究中指出，编纂家训、组织乡约、诉讼调解和办理学务等构成了乡绅阶层丰富且多元的教化形式，并且其教化内容和性质在意识形态层

① 王昌宜：《明清徽州的职业教育》，《安徽大学学报（哲学社会科学版）》，2006 年第 1 期。
② 石开玉：《明清徽州传统家训中的女性观探析》，《重庆三峡学院学报》，2016 年第 5 期。
③ 王卫平、王莉：《明清时期苏州家训研究》，《汉江论坛》，2015 年第 8 期。
④ 胥文玲：《明清闽北家训的教育思想及现代启示》，《东南学术》，2014 年第 5 期。
⑤ 周国林：《明清以来麻城民间家训研究》，《湖北民族学院学报（哲学社会科学版）》，2016 年第 6 期。
⑥ 陈延斌：《试论明清家训的发展及其教化实践》，《齐鲁学刊》，2003 年第 1 期。
⑦ 王瑜：《从家训看明清士大夫对家庭人际关系的期许》，《广东石油化工学院学报》，2012 年第 5 期。

面与官方倡导的儒家思想基本一致，从而维护了乡村和社会关系的和谐。[①] 游子安主要探讨了从官方宣讲圣谕、宣讲拾遗到民间善书劝善方式的演变。作者指出，善书、圣谕、官箴、家训、蒙学等劝诫教化在明清社会广为流传。有关民间劝善方式的研究，是对善书等文献及其价值的进一步保存和认知。[②]

其二，从平民阶层进行分析，主要讨论平民百姓和寻常家族日常教化内容。譬如，江庆柏专门研究了苏南望族女性人格特点。古代女性在家庭中要承担的侍奉公婆、操持家政和教养子女的重要责任，因此苏南望族更加注重对女性的早期教育，注重幼承家学、幼承庭训。[③] 程建轩以徽州宗族家长制下的话语权力为切入点，主要从族长话语劝导的内容、特点以及教化方式进行分析，阐述了宗族管理中所蕴含的人文思想。[④] 宋豪飞以桐城、桂林方氏家族为例，概述了方氏家训中诗礼传家、勤学苦读、编撰著书等具有文学家族特点的教育方式。[⑤] 陈延斌对传统家训中的生态伦理教化理念进行了研究，其中取用有度，珍惜资源，爱惜物命，乐善好施，随顺自然不违自然之法等乃是传统家训中的生态观。而在具体教化实践中则采取了规范引导与严格践行相结合、注重家风熏陶、召开家庭聚谈会以及填写“功过格”等方式和手段。传统家训的生态伦理教化思想为我国生态文明建设提供了可资借鉴和利用的宝贵资源。[⑥]

从出版专著角度分析，在有关家庭教育和家庭德育的研究专著中，具有拓荒性意义的是马镛的《中国家庭教育史》(湖南教育出版社，1997 年)，该书对中国传统家教演变、发展及其教育特点做出了规律性的概括总结，我们亦可从朱熹、王阳明等明代家庭教育的案例中凝练出通过家训家书来教子育人的家教实践方式。徐梓著的《中国文化通论 · 家范志》(上海人民出版社，1998 年)同样从治家齐家视角对传统家庭的道德规范与家庭教育进行了四个

---

① 徐祖澜:《明清乡绅的教化之道论析》,《西华师范大学学报(哲学社会科学版)》,2012 年第 6 期。

② 游子安:《从宣讲圣谕到说善书——近代劝善方式之传承》,《文化遗产》,2008 年第 2 期。

③ 江庆柏:《明清苏南望族中的女性》,《传统文化与现代化》,1993 年第 3 期。

④ 程建轩:《明清徽州家长制下宗族管理中的话语抉择》,《蚌埠学院学报》,2016 年第 4 期。

⑤ 宋豪飞:《明清桐城桂林方氏家族文化特征探析》,《安徽农业大学学报(社会科学版)》,2014 年第 5 期。

⑥ 陈延斌、孟凡拼:《儒家传统家训中的生态伦理教化研究》,《东南大学学报(哲学社会科学版)》,2012 年第 12 期。

历史阶段的划分，并且书中详实地介绍了明代家训教育的内容和特点。王长金的《中国传统家训通论》(吉林人民出版社，2005 年)以通论的形式对传统家训进行了归纳和总结，并从家训的文化背景、历史渊源、家庭伦理、人生哲学、道德观念、教育思想和教育方法等七大方面进行了详实的论述，堪称从宏观上把握传统家训教育资源和德育价值的一部佳作。我们亦可从该书辑录的明代家训文本中挖掘出明代家庭德育的诸多特点。宋希仁主编的《治家丛书》(中国方正出版社，2002 年)分别从《家庭管理》《家庭文化》《家庭经济》和《家风家教》四本著作论述了古今中外治家名言，并附加作者对诸多教育方式方法的点评，作者还从家庭伦理与道德，家政与家庭经济、家庭管理与家庭教育等诸多方面阐述了治家齐家的观点。王志强的《当代中国家庭道德教育研究》(浙江大学出版社，2013 年)从家庭德育理论出发，结合古今家庭道德教育的特点、功能和作用，系统提出了当代家庭道德教育发展与完善的方法以及具体实践路径，为本书探讨“当代家庭德育体系的构建”提供了经验和启示。周海生的《守家训树家风：自古齐家即有方》(中华书局，2018 年)从治家之道、父慈子孝、教子有方、家国情怀等诸多方面对家训进行了现代价值的挖掘，其中涉及了大量明代家训文献资料。此外，作者还尤其重视传统家训的文化功能，以及家风家教对培育和塑造社会主义核心价值观的重要作用。

5. 关于(明代)家训德育思想当代价值的研究

在为数不多的关于“明代家训当代价值”的研究成果中，可以梳理出三条研究思路：一是探讨明代家训文本的当代价值，二是阐述明代家训族规的当代价值，三是有关明代家风、家学具有当代价值的观点。总体来说，对于这一问题的研究还停留于表面，还不够详实和完备，具体而言：

首先，对明代家训文本和家训文化当代价值的研究观点如下：石开玉和陈艳君的两篇文章都以明清徽州家训为切入点，论述了徽州传统家训注重立志勤学、尊师重道、克勤克俭和奉公守法的价值内涵以及对当代社会发展的几点启示。张妍从个人、社会到国家分层次揭示了明清家训的当代内涵和价值，认为明清家训在当今仍具有“闪光点”，对于提升全民族文化素养、培育社会风气以及提高青少年道德修养具有重要作用。[①] 而笔者认为，我国明代家

① 张妍：《明清家训及其现代价值研究》，《辽宁教育行政学院学报》，2017 年第 6 期。

训中优秀德育思想的当代价值主要表现为三个方面：第一，通过承续明代家训优秀德育思想的教育理念，来体现中国传统家训文化的继承性；第二，通过挖掘明代家训优秀德育思想的精神价值，来突出其民族性；第三，通过培育社会主义家庭道德文明新风尚，来彰显其时代性。挖掘与凝练明代家训中的优秀德育思想，能为社会主义核心价值观提供丰厚的传统文化底蕴，也能在一定程度上为当代家庭道德建设提供丰富的精神滋养。[①] 符得团则指出，中华家训文化生态数千年繁盛不衰的根本原因，不仅在于家训及其训教生活对中国人成人成才的现实意义，还在于家训文化的传承创新对中华优秀传统文化的社会普及价值。[②] 马建新则认为，家训文化是以儒家教以成人与学以成人的德性人格塑造思想为核心，其高明之处体现在普通民众在立德树人的理论和解决现实问题。因此，直面当今“小家庭”时代家训、家教和家风建设中出现的新情况、新问题、新挑战，把古代民间大众成功培育德性人格的家训文化精神，形成一条大众育民新人的成功之路。[③]

其次，对明代家法族规当代价值的研究观点如下：杨威认为，明清家族族规的当代价值在于对其伦理思想所进行的现代价值转化，要在坚持批判继承、综合创新的原则基础上，厘清其价值观念，对其内容进行选择，按照社会发展之需增添时代元素，以便为社会主义精神文明建设服务。[④] 王秀卿则认为，明清家法族规在于补充和完善了国家法律，维系了家族内部的人伦秩序。重新审视家法族规并将其置于社会主义境遇之中，可以发挥宣扬社会良俗、辅助国家法律的作用，形成由国家到基层“自上而下”的新型社会行为规范模式。[⑤] 曹立前指出，纵观明代时期不断发展壮大的宗族，其保障机制具有深厚的社会基础。家法族规对于族产的支持以及家族制度的约束发挥了双重保障作用。有鉴于此，这对于当代中国的社会保障制度，特别是针对弱势群体、老人和儿童的公益事业以及“专款专用”的经济保障制度的发展均具有一定

① 杨威、刘宇：《明代家训德育思想的继承性、民族性与时代性》，《长白学刊》，2018 年第 2 期。
② 符得团：《中华家训文化的社会化基础与演进》，《甘肃社会科学》，2020 年第 1 期。
③ 马建欣：《中华家训文化的育人方式与创新路径》，《甘肃社会科学》，2021 年第 6 期。
④ 杨威：《明清家法族规伦理思想及其现代转化论略》，《学术交流》，2015 年第 2 期。
⑤ 王秀卿：《家法族规的历史价值与现实意义——以明清时期山西为例》，《人民论坛》，2014 年第 35 期。

有益的经验和启示。[1] 钱国旗则指出，明清家训家规是把精英化的道德理想转化为大众化的实践伦理的一种有益调适，由此推动了儒家伦理从官样教义进入民间生活，实现了儒家“化民成俗”的教化功能。[2]

最后，对明代家学、家风当代价值的研究观点可以概括如下：家训家教家风是承载中华文化、中国精神的价值符号和文化产品。[3] 杜立晖指出，家学文化中和谐思想的当代价值在于，它是个人全面发展的立足点、是家庭和谐的真谛、是维系和谐人际关系的基本法则，也是社会责任感和爱国主义情怀的催化剂。[4] 郑庚认为，应以马克思主义的世界观和方法论为指导，科学、系统地分析现代社会和家庭的特点和需求进而来赋予传统家学新理解和新要求，以期同社会主义核心价值观产生共鸣。[5] 蒋明宏等以明清苏南望族家学为例，阐述了其家学内容、伦理教化和治学方法的多样性，特别论述了在近代教育转型之中家学内涵能够紧随时代发展，不断提升家学的生命力，这对当代认知“家庭”与“学习”的关系有着重要的指导意义。[6]

需要说明的是，目前，对明代家训德育思想当代价值的论述并不多见，学者们往往将其纳入传统家训的整体范畴内进行讨论说明。故此，对此类问题的研究我们可以视为对包括明代家训在内的“中国传统家训的当代价值”的研究综述，其文献成果大体上也可以概括为以下三种类型：

其一，许多学者以当代教育理论为依据，从德育目标、内容、方法、原则和途径等角度来探讨家训的现实意义。例如，佘双好在理清传统家训发展历史的基础上，概括了传统家庭教育的四大特点，并结合当代家庭教育形势提出了借鉴要求，即在教育目标上要以德教为先，注重人格培养；在教育原则上要继承家国一体的优良传统；在教育方式上要注重早期教育，劝学勉学。[7] 陈新

① 曹立前、张占力：《试论明清宗族保障的经济支持与制度性约束机制》，《山东师范大学学报（人文社会科学版）》，2009 年第 4 期。

② 钱国旗、刘坤：《从明清家训家规看儒家伦理的日常生活指向》，《北京社会科学》，2022 年第 9 期。

③ 林伯海：《传中华家训家教家风　树新时代文明新风》，《红旗文稿》，2022 年第 12 期。

④ 杜立晖：《古代家学的“和谐”思想及其当代价值——以明清时期黄河三角洲杜氏家学为例》，《广西社会科学》，2010 年第 1 期。

⑤ 郑庚：《明清时期苏州家学特征及现代启示》，《江苏师范大学学报（哲学社会科学版）》，2017 年第 6 期。

⑥ 蒋明宏、胡佳新：《略论明清苏南望族家学》，《江南大学学报（人文社会科学版）》，2017 年第 1 期。

⑦ 佘双好：《我国古代家庭教育优良传统和方法探析——从家训看我国古代家庭教育传统和方法》，《武汉大学学报（社会科学版）》，2001 年第 1 期。

专认为传统家训道德培育的启示在于：其目的是塑造子女的德性人格，推行生活化的德育目标；其任务是继承传统家训文化精神，创设民间化的德育范式，努力实现社会主义核心价值体系在家庭层面的具体化。[①] 顾莉对传统家训的价值从人生价值观、婚姻价值观、职业价值观和政治价值观等四个层面做了系统分析，并将传统家训价值观的核心目标及其实现机制进行了具体论述，即家庭管理机制是实现目标，家庭教育是重要保证，教育方法是具体路径。[②] 洪明认为传统家训在当代社会建设中的现实价值表现为，传统家训是当代家庭道德建设和道德教育的补充与完善，同时构建当代家训新形式，也应该适时地融入公民伦理教育、社会公德教育等新内容。[③] 张戈平从具有秩序价值的传统家训教育方案中概述了志向引导、品德养成、谦让和睦以及廉洁守法四个方面的规范秩序的教育方向。[④] 陈延斌认为，吸纳作为修德"教科书"的传统家训修德教化理念和内容，滋养今天的家庭美德教育；借鉴传统家训修德教化注重日常训诲，从日常生活养成的做法，持之以恒地加强蒙以养正的教育。[⑤] 龙静云认为，应坚持贴近生活原则，遵循优秀传统家训的传承发展规律；应将优秀传统家训中某些价值意义突出的道德规范法律化，以法律的刚性支持其发挥作用；同时还应把优秀传统家训融入政府、社区、学校和家庭四位一体的教育全过程，夯实优秀传统家训的传承发展途径，创新优秀传统家训的传承发展方式。[⑥]

其二，许多学者还致力于深入挖掘和阐释家训的文本价值，试图从中提炼出思想内核与精神实质，为当前我国公民道德建设以及提升家庭道德教育的整体水平做出贡献。例如，陈延斌试图寻找传统家训中的处世之道与当代中国道德建设的契合点，将家训中的教育理念作为社会公德建设和人生观塑造的重要内容。[⑦] 陈延斌还指出要汲取传统家训"孝为立身之本"的观念，特

---

① 陈新专、符得团：《传统家训道德培育的当代启示》，《甘肃社会科学》，2011 年第 5 期。

② 顾莉：《传统家训价值观的文化经脉内容架构和实现机制》，《学习与实践》，2016 年第 2 期。

③ 洪明：《简析家训在当代社会建设中的道德教育功能》，《天津社会科学》，2010 年第 4 期。

④ 张戈平：《论家庭教育的秩序支撑功能——从中国传统家训出发的理论考察》，《华东政法大学学报》，2022 年第 4 期。

⑤ 陈延斌：《传统家训修德教化：内涵、路径及其借鉴》，《甘肃社会科学》，2023 年第 2 期。

⑥ 龙静云、马余露：《优秀传统家训在新时代公民道德建设中的实践创新》，《江汉论坛》，2021 年第 6 期。

⑦ 陈延斌：《传统家训的处世之道与中国现阶段的道德建设》，《道德与文明》，2001 年第 4 期。

别是敬为孝先、慈孝相应、注重践履等德育思想，并将其与我们时代特点相结合，运用于青少年孝德教化之中，提高孝德教育的针对性和感染力。① 沈时蓉将中国家训文献的发展脉络划分为五大阶段，认为凝练和汲取家训中的精华成分对于当今社会的精神文明建设具有“五个有利于”的价值借鉴与经验参考。② 施敏锋认为传统家训中的伦理道德教育理念对于当下道德教育实践的意义在于：一是对单纯的“主客”教育模式的纠偏作用，二是对当前思想政治工作的改革与发展具有的借鉴价值。③ 张静莉对传统家训进行了“五个维度”的概括，认为传统家训的当代启示是有助于增强民族凝聚力的集体潜意识，有助于帮助个体寻求在社会中的平衡点，以及有助于推进社会主义文化的大发展大繁荣。④ 王卫平认为，借鉴苏州家风家教特点，有助于当今家庭家风家教的重塑与完善，还可以醇化社会风气。⑤

其三，也有部分学者试图从教育学、新闻学、伦理学和社会学等角度来挖掘家训德育思想的多层意蕴。例如，谢清果把家训作为一种传播控制实践策略，家训的发展历史始终与权力和控制问题相互缠绕，其实质是家族长者共同构成的集体性主体，通过特定媒介实践以实现对子孙后代无限延展的时间和空间的权力转移和承续。⑥

刘芳君的论文尝试从教育人类学的视角来研究家训在家庭教育中的重要影响。唐湘玉从新媒体传播策略视角谈中华传统家风家训的传播现状。拙作《论当代家风场域—惯习的运作逻辑》从社会学“场域—惯习”的运作逻辑出发，试图在社会主义核心价值观的视域下，探讨社会与家庭的场域联系以及家风惯习的运作机制。向玉乔指出，家训家风是家庭道德记忆的主要内容和主要表现形式。家庭伦理必须转化为家庭道德才能成为活的或现实的，

① 陈延斌：《中国传统家训的孝道教化及其现代意蕴》，《孝感学院学报》，2011 年第 1 期。

② 沈时蓉：《中国古代家训著作的发展阶段及其当代价值》，《北京化工大学学报（社会科学版）》，2002 年第 4 期。

③ 施敏锋：《传统家训中的伦理道德教育理念及其当下价值探析》，《黑龙江高教研究》，2010 年第 3 期。

④ 张静莉、钱海婷：《中国传统家训的当代论域及其启示》，《求索》，2013 年第 3 期。

⑤ 王卫平、王莉：《明清时期苏州家训研究》，《汉江论坛》，2015 年第 8 期。

⑥ 谢清果、王皓然：《以“训”传家：作为一种传播控制实践的家训》，《新闻与传播研究》，2021 年第 9 期。

同时更多地通过可持续发展能力来得凸显。①

0.2.2 国外研究现状

中国传统家训对东南亚地区影响深远，受儒家文化圈的辐射影响，日本、韩国、朝鲜以及越南等国家都在不同程度上被中国传统家训所影响，这些国家在家庭教育方面均借鉴了我国家训文献并且采用了我国家训的教育形式。

中国传统家训对韩国影响较为深远。据学者刘永连的统计数据指出，韩国文集编纂委员会整理出版的《韩国历代文集丛书》(韩国景仁文化社，2013年)完整地记录了中国家训文本共计105篇，其中14世纪的有1篇，15世纪有2篇，16世纪有20篇，17世纪有21篇，18世纪有25篇，19世纪达28篇，20世纪仍有8篇。② 这是至今为止韩国对中国传统家训文献整理最为详实的资料。不难发现，明代中后期至晚清以前，中国传统家训对韩国影响最大，而这一历史时期亦是中国传统家训的繁荣与鼎盛时期。15世纪以降，李朝统治者与明朝政府交往频繁，这一时期朝鲜半岛汲取了丰富的中国传统文化资源，使得该地域的儒学思潮繁荣发展，因此，韩国家训的发展表现出对中国传统文化的认同与继承。具体来说，大体有以下三方面特征：其一，部分韩国家训以中国家训为参考范本和理论依据，甚至有的韩国家训直接引用中国家训文献资料。譬如，班昭的《女诫》、颜之推的《颜氏家训》、司马光的《家范》和《居家杂仪》、朱熹的《家礼》等家训文献对韩国家训创作影响较为深远，李朝初期朴堧(1378—1458)所著《家训十七则》就直接指出："治丧治葬一依文公《家礼》。"③其二，韩国家训在思想内容和知识体系上以儒家学说为核心。韩国家训推崇儒家孔子、孟子、朱熹和二程等人学说，注重学习《诗经》《尚书》《论语》《中庸》《孝经》《二程全书》等儒家经典史书。其三，韩国家训在继承中国家训的基础上，也发展了诸多符合韩国家庭的新内容和新形式。譬如，韩国家训在对女子德性要求方面更加具体，将"女德"划分为"女诫""妇诫""妻妾诫""诫侧室文"(专门针对小妾的女德内容)以及"仆婢诫"。由此可知，中

---

① 向玉乔：《家庭伦理与家庭道德记忆》，《伦理学研究》，2019年第1期。

② 刘永连：《从韩国文集中的家训文献看朝鲜半岛家庭教育与中国传统文化的关系》，《东北史地》，2011年第4期。

③ 朴堧：《兰溪遗稿》，见韩国文集编纂委员会：《韩国历代文集丛书》第203册，第96页。

国传统家训传播至朝鲜半岛并逐渐形成和发展出具有本国特色的东北亚文化形式，这是值得我们关注的。

中国传统家训也是日本民族在家庭教育过程中被借鉴和模仿的重要内容之一。日本家训大体分为皇室和贵族家族、武家家训、商家家训和农家家训等类型。学者李卓认为，日本家训中关于修身处世、治家传家、治世经邦等思想深受中国儒家思想特别是朱子学说的影响，但日本家训的训诫对象、编撰风格、功能作用等方面又明显区别于中国传统家训，这是由日本独有的家族结构与社会特征所决定的。[①] 吉田真弓发表的《明朝女训读写的政治背景——仁孝皇后"内训"和永乐帝》(《中国女性史研究》，2001 年第 10 期)主要分析和论述了《内训》对明代女子德性的影响。另外还有米村千代的《家的存续战略：历史社会学考察》(1999 年)，钟清汉的《贤人家训的做人学问》(2004 年)，浅见政资的《家训的劝勉：给家庭和你带来幸运的根本》(2005 年)，多贺秋五郎著的《中国宗谱》(2008 年)等著作都或多或少地提及了明代家训。

综上所述，国内外有关传统家训的研究还是颇为丰富的。结合目前学术界研究现状，我们既可从中汲取宝贵经验，亦可找出些许不足和问题。

第一，对明代家训的研究视角需要拓展。目前关于明代家训的研究多以史学、伦理学和文化学等为研究基点，从思想政治教育学科的研究视角为数不多，其研究成果亦不够深入和系统。且学科相互交叉、理论相互支撑亦不够充分。因此，对明代家训做进一步科学且系统的学术研究，其现实意义不言而喻。

第二，对明代家训的内容研究需要具体。大多家训通论研究只对明代家训进行了粗线条的梳理，分析流于言表，缺乏规律性探讨，缺少细致且深入的考据和论证，这导致对明代家训优秀与糟粕内容梳理不清，进而影响到对明代家训资源的扬弃与继承。故此，我们应对明代家训内容进行系统的归类研究，在对某一具体时期的经济、政治及文化等因素进行细致研究的基础上，分析该时期家训中的某一或多个内容(如德育内容)的形式、特点、社会功能和历史地位等问题，方可充分说明明代家训的历史价值及其可被利用的现实意义，才能真正为当代家庭德育体系的构建做出合理性贡献。

---

① 李卓：《日本家训的基本特征》，《山西大学学报(哲学社会科学版)》，2009 年第 1 期。

第三,对明代家训实践价值的利用开发有待深化。这表现为对明代家训中的教育方式、方法的研究尚不清晰,对其借鉴和参考价值的研究亦不够深入,并且缺乏与当代家庭教育实践相结合的具体实践途径。这从某种程度上影响到了对明代家训资源的继承与运用。以上内容也是我国学者亟待加强和尚需深入研究的着力之处。

0.3 研究思路与方法

本书以历史和现实双主线逻辑来研究明代家训中的优秀德育思想及其当代价值。通过侧重对明代家训德育思想的内容阐述和价值分析,将其研究成果运用于当代家庭德育的理论与实践之中,进而达成历史价值与现实意义的统一。此外,本书还以"扬弃"与"继承"的双重视域来审视明代家训的当代价值,在清晰把握明代家训优秀德育思想的同时,更侧重于将其德育思想的内涵进行价值转化,使其符合并运用于当代社会主义家庭伦理道德构建之中,进而形成理论内涵与价值意蕴的自觉统一。

具体研究思路如图 0.1 所示。

0.4 创新之处

第一,选取明代家训及其德育思想作为研究切入点,拓宽了对明代家训文本研究的对象和范围,拓展了关于明代家训的研究视角。目前,学术界对待传统家训多采用通论的研究方式,即把传统家训视为整体范畴来宏观把握和研究,对共性问题研究较多,对个案研究较少。对某些"家喻户晓"的家训个例关注较多,对其他家训关注较少。因此,本书以中国家训史分期研究为依据,力求扩宽明代家训的参考文本,从大量且繁杂的明代"家训""家诫""家规""宗规""祠规"及"家谱""族谱"中爬梳并整理一些前人少有引用的家训文献资料近百篇(详见附录),尽力使文本资料丰富、详实。在充分掌握第一手资料的基础上,对明代家训德育思想予以全面、系统的评述,力图使研究目标更为明确,研究内容更具针对性。例如,本书在分析明代家训的特定历史成因时,选取了经济形式、政治制度、文化思想和社会风俗四大方面,共计十二

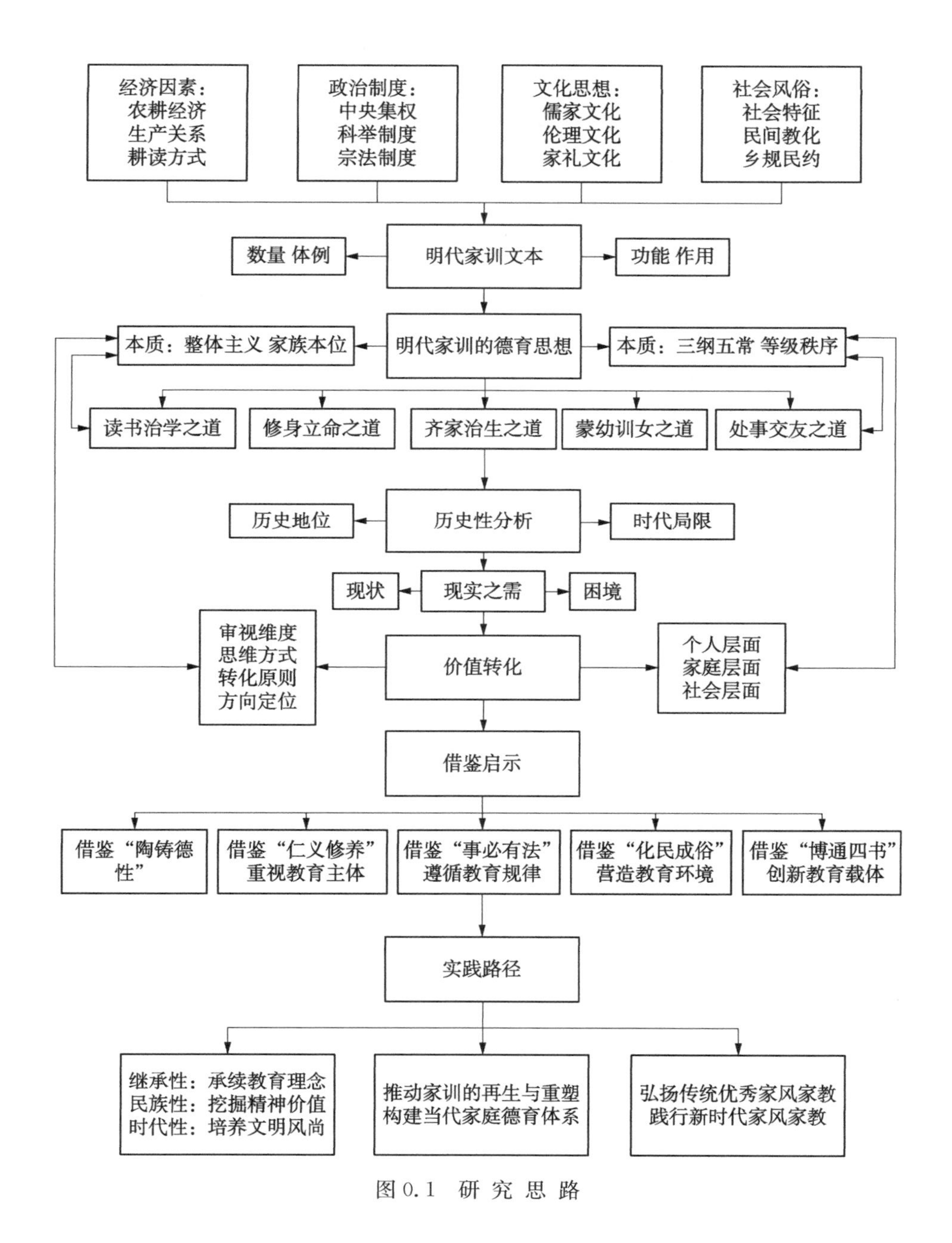

图0.1　研究思路

个影响因素，以期描述一幅具体、详实且全面的“全息图景”，进而来论证明代家训何以发展、繁荣的根源之所在。

第二，明确指出并且合理构建了明代家训德育思想价值转化的内在逻辑与基本思路，丰富了传统家训当代价值的研究成果。具体而言：一是从四个维度（即审视维度、思维方式、转换原则、方向定位）确立了明代家训德育思想价值转化的基本路向。二是从三个层面（即个人层面、家庭层面、社会层面）对其价值转化的目标做出明确的“着力点”与“落脚点”。三是从理论层面凝练出明代家训德育思想的五条借鉴经验（即“陶铸德性”“仁义修养”“事必有法”“化民成俗”“博通四书”），以期对当代家庭德育体系的发展提供合理性补充与完善。四是从实践层面阐释了明代家训德育思想的继承性、民族性和时代性等特征，并提出了具体的践行方式与实践途径。

第1章

追本与溯源:明代家训与明代社会历史透析

“家训”是指父母对于子女的教化与劝导。《后汉书·文苑传下·边让》就指出:“龀夙孤,不尽家训”,即是指长辈垂训晚辈之言语。中国传统家训肇始于先秦,《尚书》中的《康诰》《酒诰》乃是周武王对自己的弟弟的劝诫文章,称得上首篇典型意义上的家训。汉魏六朝出现的家训如班昭的《女诫》、秘康的《家诫》、诸葛亮的《诫子书》是这一时期的名篇佳作。两汉魏晋时期的家训改变了由秦以来的口头传授形式,并转化成为“家书”“遗令”等文本形式,其特点表现为篇幅较小且内容单一,没有形成包容性较大的专著,故略显“稚嫩”。北齐颜之推的《颜氏家训》堪称首部最完备的家训名篇,它标志着传统家训的发展“渐入佳境”。隋唐宋元是传统家训的成熟时期,在这一阶段,传统家训呈现出体例完备、数量增加等特点,并且长篇专著和家书也日臻完善。明清时期乃传统家训的繁荣和鼎盛时期,家训数量浩繁、题材广泛、内容丰富、形式多样,其社会影响亦是空前绝后。这一时期,中央集权日益强化,封建统治者大力提倡家训,传统家族制度日趋成熟,商品经济逐步发达,科举制度和教育水平不断发展,社会风气浸染与熏陶,加之家训自身发展之趋势,才终促成中国传统家训鼎盛之势。与以往各历史时期相比,明代家训的教化范围不仅向社会底层平民扩大和普及,其教化功能与作用也不断地强化。原因在于,其一,明代家训通俗易懂,能将说理和劝诫的效果更好地传递给普通民众。这样,明代家训就起到了运用儒家思想来规范人们日常行为的作用。其二,通过明代家训来教诲家人、训诫子孙,期许家中子弟成才、家风不坠、家道昌隆。传统家训由明代至清代中期发展至顶峰之后,伴随着封建社会的没落与消亡,传统家训也逐渐衰落与转型。

总之,通过纵向分析和了解传统家训形成、发展、繁荣、鼎盛以及衰落的历史进程来俯瞰中国传统家训的整体概貌，便于我们勾勒与描述明代家训的样态，同时也有助于对其德育思想的深入挖掘与阐述。

1.1 明代家训与传统经济形式

马克思说："人们自己创造自己的历史，但是他们并不是随心所欲地创造，并不是在他们自己选定的条件下创造，而是在直接碰到的、既定的、从过去承继下来的条件下创造。"[①]与此相应，中国传统家训作为基层生活样态的真实反映，也必定符合历史创造的客观规律，它的外在表象和内在特征与其特定历史时期的经济、政治、社会风俗和思想文化等因素有着千丝万缕的联系。总体而言，明代家训仍然归属于中国传统家庭伦理与道德规范体系之列。与晚清特殊时期的"三千年未有之变局"不同，明代家训的变化趋势要缓慢且细致得多，但由于诸多历史性因素所引发的家庭伦理道德观念之变化势必影响到明代家训德育思想的总体特征与风貌。恩格斯亦在《家庭、私有制和国家起源》一书中指出了家庭与生产之间的关系，他说"根据唯物主义观点，历史中的决定性因素，归根结底是直接生活的生产和再生产。但是，生产本身又有两种。一方面是生活资料即食物、衣服、住房以及为此所必需的工具的生产；另一方面是人自身的生产，即种的繁衍。一定历史时代和一定地区内的人们生活于其下的社会制度，受着两种生产的制约：一方面受劳动的发展阶段的制约，另一方面受家庭的发展阶段的制约。"[②]这一唯物史观的重要论述为明代家训与明代经济之间的关系提供了重要的理论支撑。毋庸置疑，明代社会依然是以农业经济为主体。尽管在生产方式和技术水平方面仍然处于较为落后的传统农业阶段，但与以往各个时期相比，其进步水平是十分明显的。可以说，农耕经济为明代家训的进一步发展奠定了必要的物质基础与发展条件。换言之，如若探讨明代家训德育思想的内核与实质，则必然要以明代的社会经济为出发点来探究明代家训与各种历史因素之间的内在联系。

---

① 《马克思恩格斯文集》第 2 卷，北京：人民出版社，2009 年，第 470 - 471 页。

② 《马克思恩格斯选集》第 4 卷，北京：人民出版社，1995 年，第 2 页。

1.1.1 地理与自然环境形成了独特的耕作方式和教育理念

由于独特的地理风貌和自然环境——东南环海，西靠山脊，加之半封闭和相对独立的生存氛围，中国形成了以农业为本的经济运作模式。众所周知，长江与黄河是孕育华夏文明的摇篮，河谷平原冲击而成的肥沃土壤更适宜以农耕为主的定居生活。人们依据气候与季节的规律性变化来掌握农业生产与生活，这是农耕文明的典型特征。梁启超曾说："地理与人民二者常相待，然后文明以起，历史以成。"①中西方自然与地理因素的差异是导致中西方文化迥异的前提和基础。古希腊是西方文明的发源地，与中国大陆性气候不同，西欧多属于温带海洋性气候和地中海气候，更适合畜牧业发展。所以，欧洲人更倾向于游牧文明，通过规律性的季节迁移来寻求充足水源和牧草茂盛之地来饲养家畜，形成了人和家畜共同生活并且以畜牧业为主导的生产、生活方式。而从地理风貌来看，希腊被海洋"环抱"，四周岛屿星罗棋布。受地域因素的局限，生产和生活物资受到一定程度的限制，这便促使海洋贸易与商业经济的迅速发展。由此可见，自然与地理因素影响到中西方文明的发展方向与总体特征。中国农耕经济使得人们对土地和自然的联结更为紧密，更具有稳定性和持久性。而西方文明受自然束缚较小，加之人口密度不大，难以形成相对稳定的思维模式。因此，中国文明形成了"家国天下"的整体性世界观，即中华民族政治和文化的共同体。纵观中国历史发展走向，统一稳定时期居多，即便有动荡与战争，但多数情况仍可视为民族的内部矛盾与纷争。相比较而言，西方文明则更加倾向于自由性、主观性以及个体的差异性，古希腊即是城邦体制下的城市与城市间的"结盟"关系。如钱穆先生所言："雅典是雅典，斯巴达是斯巴达，各自为政。只是一城邦，不成为一国。"②

在中国古代社会，自给自足的自然经济占据主导地位，小农生产和家庭手工业构成了这一经济形式的基本单位。这样，"男耕女织"即以性别为分工的生产、生活方式便自然而然地确立起来。男子从事田间劳作，女子则从事家务劳动和手工业工作。男子通过农业劳动生产出家庭所需的食物，而女子

① 梁启超：《饮冰室合集·文集》之六，北京：中华书局，1989 年，第 4 页。
② 钱穆：《晚学盲言》，北京：生活·读书·新知三联书店，2010 年，第 5 页。

通过手工业劳动生产出家庭日常起居使用的“消耗品”，这即是以家庭“生产-消费”为主的自给自足的自然经济。在生产方式和生产工具尚不发达的古代社会，人们对土地的依赖程度较高，这就要求劳动人口相对集中，生产单位相对聚集。故此，传统家庭或家族数十年甚至数百年居住在一地而不迁移。再者而言，农耕经济强调家庭成员之间的协同劳动，人的生存与发展都要以家庭为依托，家庭成员之间紧密且有序的人际关系就显得尤为重要。加之农耕经济受到外来文化辐射与影响的概率相对较小，因此，在这样的前提条件下“家本位”的伦理道德观念便孕育而生。

传统家庭除了对物质资料的生产要求以外，还需要进行人口的再生产。古人十分重视家庭与婚姻，将夫妇关系视作“人伦之始”。《礼记·郊特牲》就指出：“天地合而后万物兴焉，夫昏礼，万世之始也。”司马光亦说：夫妇一伦乃“人道之大伦也”（《家范·妻》）。可见，古人十分重视家庭与婚姻。因为男女建立家庭的根本目的在于繁衍生息、传宗接代。家庭的生育功能主要体现在两个方面，其一，生儿育女能够使家庭的血统和脉系得以延续，进而保证了家庭世世代代人丁兴旺。古人认为，只有男女缔结婚姻，方可传宗接代，才能上承先祖，下传后世，使家族血脉得以延续。其二，繁衍子孙也就确保了家庭的劳动力。在生产力水平相对较低的阶段，需要大量劳动力来维持家庭的投入和产出。考虑到高死亡率等因素，人们必须早婚、多育以弥补家庭生产过程中劳动力不足的现象。此外，家庭不但具有生儿育女的责任，更有抚养子女的义务。古语有云：“家人有严君焉，父母之谓也。”（《易·家人》）抚育和教育子女不仅是源于人类自然流露且发自内心的原初情感，更是在独立经济单位下，彼此所形成的相互依存的亲缘关系。所谓“教以化之”，教育子女亦是传统家庭所具有的重要功能。古代中国的子女教育大部分是在家庭中进行的。这是因为农耕经济不仅需要家庭成员在同一空间生产、生活，通过家人的相互协作来维持家庭的生存与发展，同时也需要相同的道德观念对家庭成员进行教育和管理，并且还要将此观念传递给子孙后代。换言之，如若维系家庭内部的和谐与稳定，就要溯源于家庭、家族本身所积淀与承载的家庭教育理念。因此，在这样的前提下，家训这种教育形式便应运而生。可以说，传统家训亦是中国农耕文化映射在家庭中的必然产物。

1.1.2 明代农耕经济与生产力水平奠定了家训发展的基础

明朝建立之初，朝廷颁行了一系列劝奖垦荒的政令，包括兴修水利，减免徭役，并大规模推行移民和屯田政策，试图将因连年战乱而凋残不堪的国家现状得以迅速地恢复和发展。洪武年间，休养生息等政治举措有效地施行，使“中原草莽，人民稀少”（《明太祖实录》卷三十四）的社会局面得以改观，这也为明朝后期发展奠定了坚实的基础。

首先，人口和耕地面积有了较大幅度的提升。据统计，洪武二十四年（1391），全国田地面积共有387万余顷，弘治六年（1493）发展到837万余顷，到了万历三十年（1602），土地进一步开发利用，全国的耕地面积已经达到1161万余顷，[①]这一数字直至清代雍正年间都未能超过。其次，明代手工业水平也有显著的进步，矿冶业和纺织业进入快速发展阶段。明代中后期，江南地区成为官营丝织业的中心，民间纺织业在市镇已逐渐发展成专业性的商品产业。《明神宗实录》记载苏州的手工业已经“生齿最繁，恒产绝少，家杼轴而户纂组，机户出资，机工出力，相依为命久矣”。可以看出，这种规模化的手工业生产已经具有资本主义萌芽的性质。最后，明代中后期商品经济异常繁荣，这表现为具有专业性质的工商业市镇崛起以及地区性的商帮组织不断发展壮大，甚至达到“尽天下通都大邑及穷荒绝徼，乃至外薄戎夷蛮貊，海内外贡朔不通之地，……足迹无或不到”（金声：《金忠节公文集》卷七）之境地。足以见得，明代商业经营范围覆盖之广，经营产品种类名目之繁多。这一时期，种植业、畜牧业和渔业等蓬勃发展，它们在传统农业中的比重越来越大，农民的生产观念也从“田畴粳稌”向“诸利俱集”悄然地发生着转变。

明代经济对明代家庭的影响还体现在家庭人口数量等方面。总体而言，对于中国传统家庭的结构认知，人们多以“封建大家庭”来描述，但所谓大家庭的具体人口数据，还是要经过一番考量的。学者徐泓对明代家庭每户平均人口数量进行了统计：从洪武二十四年（1391）到明末，平均每户的人口数量为5.23～6.77，其中明代中期（成化至隆庆年间），每户平均人口较大，在6口

① 参见白寿彝总主编、王毓铨主编：《中国通史》第九卷，上海：上海人民出版社，1999年，第339页。

以上，而明代前期和后期人口较少，均在6口以下。[①] 这一数值在明代家训或史籍之中也有相关印证。譬如，杨廷和记载道："大约五品一年之俸，可为一家八口之供。"(《杨文忠公三录》卷七《辞谢录三》)温璜之母在《温氏母训》中也说道："假若八口之家，能勤能俭，得十口赀粮；六口之家，能勤能朴，得八口赀粮，便有二分余剩，何等宽舒，何等康泰！"可见，对明代家庭人口规模的描述虽有些许不同，但总体变化不大。那么明代"大家庭"之称又从何而来呢？这是因为以上数据是以核心家庭、主干家庭[②]的结构模式进行统计而得出的结果。如果以和居共爨的宗族"大家庭"形式来计算，[③]即以三代同堂和四代同堂的家族比例来统计，则占人口总数的33.3%和9.5%。其中，有59%和21%的人可能成为三代或四代同堂家庭中的一员。这足以说明传统大家庭中的人口数量占据较大的比例。[④] 由此可以推断，明代人口数量在10人左右的家庭也占有一定的比例。此类家庭、家族特点在于累世同居，即指血缘关系在三至五代的直系或旁系亲属同居合爨的家庭生活形式，并仍然保持财产公有、共同生产、共同消费的生活传统。宋明以降出现的这种大量数世同居的大家庭，数量之多，规模之大，人口之多，为前代所罕有。

农耕经济、商品经济与家庭结构从一定程度上决定了明代家训的具体内容与特性。《古今图书集成·农桑部》描述了明代家庭勤农务本的内容，其中记载道："今天下太平，百姓除粮差之外，别无差遣，各宜用心生理，以足衣食，如法栽种桑麻枣柿棉花，每岁养蚕，所得丝绵，可供衣服，枣柿丰年可以卖钞，俭年可当粮食。"不难发现，明代自给自足的农耕经济在家庭内部已然达成了生产与消费的统一。人们通过种植业和手工业等生产方式可以满足家庭所需的生活物品，并按照家庭成员的自身需要进行合理分配，这种分配家产、土地、粮食和财物的方式和原则必然要在家庭之中达成共识。故此，明代家训

---

① 参阅徐泓：《明代家庭的权力结构及其成员间的关系》，《辅仁历史学报》，1993年第5期。注：徐泓主要根据梁方仲《中国历代户口、田地、田赋统计》(上海人民出版社1980年版)和韦庆远《明代黄册制度》(中华书局1961年版)中所提供的数据统计。

② 核心家庭，指由夫妻和未婚子女所组成的家庭，也包括只有夫妻二人组成的家庭；主干家庭，是指由夫妻和一对已婚子女所组成的家庭。

③ 一个家庭至少要包括父母、兄弟和子女三代。这种家庭在社会学上被称为"联合家庭"或"复合家庭"。

④ 参见张国刚主编、余新华著：《中国家庭史》第4卷，北京：人民出版社，2013年，第41页。

形成了约定俗成的家庭管理与经营模式，并在生活实践之中不断地补充与细化，使其外延不断地延伸与扩充，最终形成了有关治家理财的内容，并且成为明代家训中较为重要的组成部分。再者，传统农耕经济不断发展，百姓安居乐业，这就促进了家庭人口的繁衍壮大（当然我们亦要将灾荒、战乱以及死亡率等对家庭人口数量的影响因素考虑在内）。《明史》对经济富裕时的现状有这样的记载："是时宇内富庶，赋入盈羡，米粟自输京师数百万石外，府县仓廪蓄积甚丰，至红腐不可食。"（《食货志二・赋役》）可见，盛世太平时期，百姓生活富裕，家庭人丁兴旺，因此，家庭的主要功能由生产功能向教育功能转移，对子女道德修养和行为规范的教育成为父母的重要任务。而以书面形式制订学习计划和德育要求是古代家庭的首要选择，这在很大程度上促进了明代家训的发展与繁荣。最后，由于明代中后期商品经济的不断繁荣，许多富商大贾或商业世家为防止家业败落，同样重视对晚辈的道德教育。因此，出现了诸如商贾家训等新的家训形式以及职业观变化等新的教育特点。

1.1.3　耕读传家的家庭观念促成了家训的思维与教化模式

中华文明肇始于农耕文明。《周易・系辞下》指出："古者包羲氏之王天下也，仰则观象于天，俯则观法于地，……作结绳而为网罟，以佃以渔，盖取诸《离》。包羲氏没，神农氏作，斫木为耜，揉木为耒，耒耨之利，以教天下，盖取诸《益》。"以农业为本的生存方式强调对天、地与自然的依赖。久而久之，中国人便形成了讲究生活节律和遵循自然规律的思维模式。《管子・五行》曰："人与天调，然后天地之美生。"意即说人的生产和生活实践必须遵守自然循环的运作规律，包括四季更替、节气改变、气候变化等诸多内容。古时人们不但以日月星辰的位置变化来判断时间，依据"阴阳消息"的时令来安排生活作息，还要根据农作物的生根、发芽、开花与结果等多个环节的反复过程来判断劳动程序，实行有效调控。古语有云："上因天时，下尽地才，中用人力，是以群生遂长，五谷蕃殖。"（《淮南子・主术训》）可以说，古人在农耕过程中将自身充分地融入自然之中，不但把"天时""地利"与"人和"紧密地联系在一起，甚至将自身生命看作自然的一部分，"做到人与自然相适应，从而巩固人与社会、自然一体化的观念。这样一种整体的生态化观念，反过来使人们牢牢地维系在农业生产上，从事着周而复始的小农生产和以传统农业经济为主导的社会生活”[1]。

由农耕文明演变而来的教育方式，即“耕读传家”，在古代家庭中传承已久。先秦百家争鸣时期，农家学派就强调半耕半读的教育方式。北魏贾思勰说：“夫治生之道，不士则农。”(《齐民要术·杂说》)他认同半耕半读是较为合理的生活状态。清代张履祥亦说：“农功有时，多则半年，谚云农夫半年闲，况此半年之中，一月未尝几日之暇，一日未尝无几刻之息，以是开卷诵习，讲求义理，不已多乎。窃谓心逸日休，诚莫过此。”(《补农书》)可见，将农耕与学习相结合是较为适宜的古代家庭教育样态。包括儒家学派在内，对于“耕”和“读”的要求，明清时期的儒者与先秦相比亦有很大差别，即从最初的“焉用稼”逐渐转变为对“亦耕亦读”生活方式的认同与肯定。

明代时期，多数家庭认同耕读传家的教育理念，注重“农耕为本”“耕读传家”，并认为耕读是治生之需。明人姚舜牧在《药言》中说：“吾子孙但务耕读本业，……但就实地生理，切莫奔利于江湖。”明人吴麟徵的《家诫要言》也说道：“世变弥殷，只有读书明理，耕织治家，修身独善之策。”由此而知，耕读传家的教育观念不是强调“惟有读书高”这种片面又单一的价值取向，而是注重以治学和治生结合而成的教育功效。正如“读而废耕，饥寒交至；耕而废读，礼仪遂亡”(张履祥：《训子语》)所强调的读书与耕作作为相辅相成的两个关键性因素，缺一不可。由于明代经济基础并没有发生实质性的改变，因此，在以农业社会为依托的大背景下，耕读传家依然发挥着举足轻重的教育功能与效用，尤其体现在明代家训的教育思维与教育形式等诸多方面。

首先，明代家训依旧提倡安土重迁的思想观念。《吕氏春秋·审时》曰：“夫稼，为之者人也，生之者地也，养之天也。”在经济尚不发达的条件下，人们囿于土地之中，在乡村范围内生活和劳作，很少与外界沟通。明代家训强调“累世乡居”，视土地为“命根”，要求“子孙不许移家入城”(庞尚鹏：《庞氏家训》)。可见，其中所蕴含的浓厚重土情结是农民在这片土地上辛勤耕耘的真实写照。其次，明代家训提倡恬逸安定的生活方式，推崇稳固不变的思维模式。农民在耕作劳动中注重对自然规律的遵循与农耕经验的继承。他们的生活方式较为封闭、单调、形式化。久而久之，这种“靠天吃饭”的谋生手段便

① 王长金：《传统家训思想通论》，长春：吉林人民出版社，2006年，第19页。

形成了一种“乐知天命”的性格特征，即“日求三餐，夜求一宿”的豁达个性，在日常生活中则更偏向于“卧起弄书琴，园蔬有余滋”（陶渊明：《和郭主簿》）这种安定且闲逸的生活方式。在这种相对静态与保守的思维方式下，人们满足于既定存在的事物，只知“所当然”而不考虑“所以然”。从某种意义来说，农耕文明是一种向“善”的文明。它本质上强调顺天应命，人与天调，即在相对有限的土地中期盼风调雨顺，以期达到衣食富足，寝食无忧的生存状态。最后，明代家训以“明人伦”为教育目的，强调伦理秩序和道德规范。毋庸置疑，中国家文化之“根”深深地扎在农耕文明的土壤中。农耕文明更倾向于对“常”和“久”等恒量的追求，其表现对家庭延绵永远的期许以及对宗法秩序和道德伦常定律的遵守，“从孝悌的亲亲之情扩充升华为‘泛爱众’的普遍道德时，也必须有‘明人伦’的道德教化。‘耕’与‘读’、仁与智、行与知、尊德性与道问学，是密切结合在一起的”①。明代家训以较大篇幅进行家庭伦理和道德品行的教育，通过亲情的感化和家风的熏染，来促进人们对家庭的归属感和认同感，这亦有助于形成患难与共、相互扶持的家庭风貌。再者来说，农耕经济使家庭成员间的血缘关系更具稳定性，耕读传家的教育观念又巩固了家训的思维与教化模式，这又进一步升华了传统家庭的人文氛围和人情味道。

1.2　明代家训与明代政治制度

政治生活是人类社会生活的重要组成部分，同时，政治制度也规约着人的生存状态与生活方式。亚里士多德的一句名言“人是天生的政治动物”即揭示了人在社会生活中所具有的政治属性。人们无法脱离政治环境，是因为政治离不开权力，而对权力的运用与追求是政治的最终目的。在中国传统社会，伦理道德与政治体制是相互涵摄的，表现为封建专制主义的政治特征从国家渗透到社会乃至家庭生活的方方面面。在家庭层面，政治的表现即是拥有权力的家长对家庭资源的分配以及对家庭成员的管理等一切控制活动的总和。明代家训不仅是明代家庭伦理道德体系的集中体现，同时它也映射出这一历史阶段政治体制的诸多特点。本节以明代政治制度的制定与实施为

① 李存山：《中华民族的耕读传统及其现代意义》，《中国社会科学院研究生院学报》，2017 年第 1 期。

切入点，阐释政治制度与家训文化之间的内在关联与相互影响。

1.2.1 中央集权的巩固与明代帝王家训的缔连

明代被普遍认为是一个相对稳定且治国有方的历史朝代。明朝建于战火硝烟之中，建国之初，为使国泰民安，朱元璋在政治、军事、法律等诸多方面进行了一系列改革。这些政治改革和治国措施对整个明代产生了深远影响。首先，全面改革国家官僚机构，促使封建专制日趋完善。洪武初年，朱元璋废除了自元代以来一直沿袭的官僚机构，开始实施中书省制度。简而言之，中央中书省由丞相掌管，地方行中书省由三司行使管理职责。① 洪武十三年，以丞相胡惟庸一案为契机，朱元璋又将中书省和丞相制废除，将政务由吏、户、礼、兵、刑、工六部分理。其次，专门设立从事侦缉活动的特务机构锦衣卫，确定了厂卫特务统治的先河。在军事方面，朱元璋废除了大都督府，取而代之为五军都督府，并且每府设有左右都督，都督仅仅负责管理和训练士兵，但没有调动军队的权力。这样，兵权由大都督府过渡到皇帝一人手中，极大地加强了君主的权力。再次，洪武三年，开始推行严格的户籍制度。其规定为“各书户之乡贯、丁口、名、岁，以字号编为勘合，用半印钤记”，并且要求“男女田宅牛畜备载”(《续文献通考》卷十三《户口考》)。这种“籍藏于部，帖给之民”的户籍制度不但便于对平民百姓的统计和管理，也为征收赋税提供了依据。最后，颁布《大明律》《大诰》等一系列法典来维护国家的长治久安。可以说，明代建国之初的一系列政治举措使得皇权与专制得到了空前的强化。这些政治举措不但对明代统治起到了至关重要的作用，甚至被清代所效仿和沿用。然而，从另一方面来讲，中央集权的过度集中也为明代中后期的社会矛盾与危机埋下了伏笔。

以帝王家训来说，出于治理国家、教育和管理皇室子孙的需要，明代皇帝、皇后大多论著家训，其中尤以明太祖朱元璋的《祖训录》《昭鉴录》、明成祖朱棣的《圣学心法》以及明仁孝文皇后徐氏的《内训》等最具代表性。总体而言，这些帝王所著之家训与以往帝训相比较，不但教育内容更加详实、贴近生

① 三司即承宣布政使司、都指挥使司和提刑按察使司。三司权力相互牵制防止集权的发生。洪武二年，朱元璋又增设布政使司共十三个。

活，教育方式也更为系统和全面。可以说，这一时期的帝训在明代家训中具有独树一帜的鲜明特色。明代帝王之所以如此重视家训，是因为如下原因：

其一，帝王家训将皇家教育与国家管理得以有效衔接。基于中国固有的“整体性”与“统一性”的思维模式，以及“伦理本位”与“家国同构”的特殊社会结构，古代帝王治理国家强调“家国天下”的政治格局，并将国家视为自己的“家”，即所谓的“五帝官天下，三王家天下，家以传子，官以传贤”（《汉书・盖宽饶传》）。故此，皇帝治理朝政则具有两层内涵，一方面指的是“治家”，另一方面指的是“治国”。皇帝通过家训的形式教化子孙和臣民，既是注重“父与子”的家庭格局，也更强调“君与臣”的政治秩序。而对于皇室子孙而言，对父辈的“孝”其根本是对国家的“忠”，进而达成了“在家事亲”与“在国事君”的统一。其二，帝王家训是教育皇室子孙的重要方式和手段。古代帝王深知教化皇族子孙和管理朝政事务的重要性，朱元璋即位之初就强调“治天下者，正家为先”（《明史・后妃列传一》）。朱棣也在《圣学心法・序》中写道：“吾以是而遗子孙者，盖各安长治之道。后世能守吾之言，以不忘圣贤之懿训，则国家鲜有失道之败。”可见，帝王家训不仅是皇帝教育子孙的谆谆教导，也是留给后辈治理朝政的制度规范与法律准绳。因此，明代皇帝多通过家训来对皇室子孙进行治国理政能力的培养以及为政之德素质的提升。譬如，朱元璋要求太子朱标要“日临群臣，听断诸司启事，以练习国政”（《明实录・太祖实录》卷四一）。朱棣在《圣学心法》中则强调为政之关键在于“治心修身，涵养以充其器量”，并且还要礼待臣下，虚心纳谏，“是故待下有礼，则天下之士鼓奋而相从”。总之，帝王家训的合理制定与有效执行无疑有助于统治阶级对国家的管理以及对皇室子孙的教育。《管子・君臣》曰：“道德立于上，则百姓化于下矣。”明代皇帝亲自撰写家训，这在一定程度上也加速了明代家训的传播、普及与发展。“帝王重视对皇族子孙的训诫，身体力行地参与家训文化的建设，通过饱受儒家思想浸润的官僚士大夫的积极宣传，必然会带来全社会的效仿。”[①]这种自上而下的家训“启发式”传播和普及所产生的社会效应为明代家训的发展与繁荣起到了促进作用。

① 程时用：《历代帝王与我国传统家训的发展》，《河南社会科学》，2010年第2期。

1.2.2 明代科举制度对治学家训的促进与影响

科举制度是古代朝廷通过考试来选拔人才和任命官职的政治制度。科举制度在中国存续了一千三百多年之久，其形成、发展和完善的过程是与中国封建社会各个历史阶段的政治体制相适应的。概言之，科举制度大体经历了四个发展阶段：创立于隋唐、发展于宋代，鼎盛于明清直至衰亡于清末。

明初科举考试的程序和方法大体上沿用了元代的科举旧制。洪武年间，朱元璋规定科目考试以八股文取士，以“四书”“五经”命题，并专门从朱熹注释的《四书章句集注》中考取经、义、策等要目。明代还首创在会试中根据地区不同采用南卷、中卷和北卷的分卷制度，[①]并将学校、科举和铨选（选官制度）有机地统一起来，即“学校以教育之，科目以登进之，荐举以旁招之，铨选以布列之，天下人才尽于是矣”（《明史》卷六九《选举志一》）。可见，明代科举标志着中国传统考试制度的成熟与完善。

总体来说，明代科举制度的最大贡献是打破了阶层的束缚和局限。《明史·太祖本纪二》就讲：“天下之治，天下之贤共理之。”具体而言，政府在选官用人上不再将门第、血统和财富作为唯一的评判标准，而是以科考成绩作为晋升的主要依据。所以，平民阶层更希望通过科举考试来光耀门楣。譬如，明代政治家张居正乃是“鸿鹄振羽翮，翻飞入帝乡”（刘希夷：《饯李秀才赴举》）的典型代表。他的父辈之上四代皆为平民，而张居正则是通过科举考试才走向了仕途之路。张居正亦对科举制度做了一番客观的评价，他说：“至我国家，立贤无方，惟才是用，采灵菌于粪壤，拔姬姜于憔悴，王谢子弟或杂在庸流，而韦布闾巷之士化为望族，昔之侈盛竞爽者溺于今之世矣。”[②]诸如张居正这般从平民向官宦阶层转变的事例在明代并不少见，学者何炳棣曾统计，在明清时期的12 000位进士、23 000位举人之中，有一半左右均来自寒门小户，

---

① 明代科举考试分为乡试、会试和殿试。《明史·选举二》将科举考试介绍得较为详实：“三年大比，以诸生试之直省，曰乡试。中式者为举人。次年，以举人试之京师，曰会试。中式者，天子亲策于廷，曰挺试，亦曰殿试。分一、二、三甲以为名第之次。一甲止三人，曰状元、榜眼、探花，赐进士及第。二甲若干人，赐进士出身。三甲若干人，赐同进士出身。状元、榜眼、探花之名，制所定也。而士大夫又通以乡试第一名为解元，会试第一名为会元，二、三甲第一为传胪云。子、午、卯、酉年乡试，辰、戌、丑、未年会试。”

② 张居正：《张文忠公全集》文集八《西陵何氏族谱序》。

其中明代约占55%,清代约占37%。[①] 余英时也曾说:“明初百余年间的进士来自平民家庭者高达60%,这样长期吸收知识分子的政治传统在世界文化史中亦是独一无二的。”[②]所以“白衣卿相”可谓科举制下的平常现象。

虽然科举制度看似为布衣平民搭建了“一步登天”的通途,但是明代时期科考的淘汰率依然很高。三年一次的进士考试上榜率不过二三百人,各省举人总和也不过千余人,虽然中秀才的比例很大,总数近万人,但这与数以百万的读书人相比也可谓凤毛麟角。在某种意义上说,科举考试依然是精英选拔的政治策略。从今人视角出发来看待明代科举制度,人们大多持否定的态度,认为中国科举从明代之后便逐渐走向没落,并且八股文禁锢了读书人的思想,这固然有一定的道理。但如若在宏观历史视域下加以考虑,所谓“八股”无非是实行了规范化的考试形式,并以此降低了人的主观干扰因素进而增大了客观评判标准的政治举措。总之,明代科举是从社会精英中选拔人才的政治制度,亦是中国古代科举制度长期发展的必然结果,它又与传统家庭“学而优则仕”的教育观念具有十分密切的联系,因此,这在很大程度上确保了国家治理水平的优越性和先进性。

通过明代科举制度的日趋完善不难推测,这一时期的教育体系亦是相对成熟的。明代的教育场所大体由两部分组成:其一,是存在于民间基层的社学、塾学等教育机构。据史料记载:“社学者,一社之学也。百又十户为里,里必有社,故学于里者名社学云。”(冯应京:《皇明经世实用编》)可见,在政府的大力扶持下,明代的基层教育已初具规模。其二,另一重要的教育场所还应归属于家庭。传统社会的教育制度和教育环境使个体对家庭有较高的依附性和依赖感,个人所取得的社会成就和地位往往和家庭的教育有直接的关联。由此可见,古代家教具有不可替代且无法比拟的教育功能。受科举制度的影响,明代家训中有关治学内容可谓相当丰富,其中教育方式方法也基本反应在明代家训之中。譬如,明人方孝孺曰:“敦人有恒纪,非学莫能序。故贤者由学以明,不贤者废学以昏,……君子临事而不眩,制变而不扰者,非学安能定其心哉!学者,君子之绳墨也。治天下如一室,发于心,见于事,出而

---

① 参见冯天瑜:《中国文化生成史》下册,武汉:武汉大学出版社,2013年,第710页。

② 参见冯天瑜:《中国文化生成史》下册,武汉:武汉大学出版社,2013年,第710页。

不匮，烦而不紊……”①明人陈献章曰：“四书与六经，千古道在那。愿汝勤诵读，一读一百过。磋余老且病，终日面壁坐。古称有志士，读书万卷破。”（《景阳读书潮连赋比勖之》）可以说，明代家训中的治学思想可谓洋洋大观，比比皆是。值得一提的是，与平民家庭相比，士绅和官僚阶层则更加注重通过家训方式教育后辈来维持家庭的稳定与兴盛。这是因为，自宋、明以降就有“千年田换八百主”（辛弃疾：《稼轩词》卷三《最高楼》）的说法，这意味着官绅普遍不是世袭制的，他们的财富和地产也不一定是朝廷封赐的，这样就出现了“贫富无定势，财产无定主”的局面，“就一个阶层来说，官绅地主是稳定的；但其中的个体则是变动的，兴衰不定，隆替无常”②。由此可知，明代士绅和官僚世家是科举制度的既得利益者，为了保存家族的权势和地位，大多家庭都比较重视教化子弟，不但将读书学习作为重要内容，还强调治学的方法和技巧。而在实际生活中，达官显宦和名门望族的子弟往往更容易道德败坏。为杜绝此类事情，多数家训更加注重道德教化并以此警示家人。譬如，明人徐桢稷在家训《耻言》中就指出，世家子弟往往有四恃，即“财足以豪，势足以逞，门第足以矜，小才足以先人”，以此生“六恶”，乃“奢、淫、懒、傲、刚狠和浮薄”，如欲家道兴旺，家事太平，先要“戒四恃，绝六恶”。可见，一时的富贵并不足恃，一家的兴衰还要以治学严谨的家风家教为保障。正因如此，明代家训中有关治学修身、谨言慎行以及戒骄奢淫的教化内容才显得尤为丰富、尤为重要。

1.2.3 宗法制度、宗族制度与明代家训规约化

人们对“宗法”概念的界定范围较为宽泛，加之又与宗族、宗族制度有交叠之处，故此有必要对宗法制度和宗族制度进行一番梳理。宗法制度在中国有几千年的漫长发展及演变的历史过程。事实上，“宗法制度”大体可以从两方面展开论述，一是存在于周代贵族宗族中的一种特殊的世系原则，可称为“大宗小宗之法”。由于它只存在于特殊的政治框架之中，故被界定为狭义的宗法制度。二是周代以后广泛存在于社会宗族之中的一种普遍的世系原则，史称为“宗子之法”。由于它是在原初宗法制度的基础上演变而形成的，故被

---

① 方孝孺：《逊志斋集》卷一《杂诫》，《文渊阁四库全书》本。

② 张显清：《明代社会研究》，北京：中国社会科学出版社，2015 年，第 286 页。

称为广义的宗法制度。[①]

早在殷商时期,中国就出现了以宗族为主的社会组织。“这种宗族在很大程度上是对原始社会末期父系氏族组织的继承,然而,宗族内部是不平等的,有着明确的等级划分和地位差别,这是与氏族组织的本质区别。”[②]直至周代,宗族制度被制度化,其结果就是宗法制度的产生。王国维先生对此进行了解释:“周人制度之大异于商者,一曰立子立嫡之制,由是而生宗法及丧服之制,并由是而有封建子弟之制。”[③]由此可知,嫡长子继承制是宗法制度的核心与实质,而宗法制度的建立,就是为了区别“大宗”和“小宗”等级尊卑,确定亲疏。那么,何为“大宗”与“小宗”?《礼记·大传》有云:“别子为祖,继别为宗,继祢者为小宗。”吕思勉先生亦对此做出了详实的解释:“天子为天下之大宗,诸侯为天下之小宗”;“周公在鲁为大宗,在周为小宗”;“正姓所以表大宗,庶姓所以表小宗”[④]。概言之,宗法制度确立了“宗”的地位,即家长专制;明确了宗法组织,即强调等级严密;以嫡嫡相传为原则,即血缘关系为统治依据,以及由此形成的自上而下的权力结构的“金字塔”。随着奴隶制的瓦解,分封制让位于郡县制,封建官僚制度取代了世卿世禄制,其结果即是宗族与政权的分离。狭义层面的宗法制逐渐消失,取而代之的是广义层面的宗法制度,即北宋张载所解释的“宗子法”的制度,“管摄天下人心,收宗族,厚风俗,使人不忘本,须是明谱系、世族与立宗子法”[⑤]。由此可知,后世的宗法制度继承了原初宗法制的精神实质,即血缘、家长和等级这些核心要素。具体而言,在以家庭、家族为基本单位的封建社会中,家长或族长具有绝对的权力和地位,[⑥]他们管理着家庭和宗族的事务和财产。由于敬奉同一祖先,各个家庭之间存在着稳固的血缘关系并且长期生活在同一地区,加之共同社会环境和伦理文化等因素的影响,就形成了传统社会中的宗法家族,而管理家族的一系

---

① 参见钱杭:《中国宗族史研究入门》,上海:复旦大学出版社,2009年,第91-92页。

② 李卓:《中日家族制度比较研究》,北京:人民出版社,2004年,第47页。

③ 王国维:《观堂集林》卷一十,北京:中华书局,1959年,第453、458页。

④ 钱杭:《中国宗族史研究入门》,上海:复旦大学出版社,2009年,第108页。

⑤ 张载:《张载集》卷八《经学理窟·宗法》。

⑥ 南宋的吕祖谦在《宗法条目》中列举了族长在家族中的具体职责,包括祭祀、忌日、省坟、婚嫁、生子、租赋、家塾、合族、宾客、庆吊、送终、会计和规矩等十三个方面的内容。事实上,宗子原意为“承宗之子”或“群宗之子”,即已经或即将继承上一代宗主位置的人。但在宋代以后随着宗族平民化趋势,族人一般称其为“族尊”“尊长”“家长”或“宗长”,而“宗子”一称便不常用了。

列规范制度即为宗法家族制度。[①] 因此，梁启超说："中国古代的政治是家族本位的政治。"[②]这一点不无道理。

宋代以降，家族逐渐出现平民化趋势。到了明代，家族日趋发展和壮大，家族制度不但成为社会的基本组织制度，更因其实际效用而广泛地渗入村落乡里之间。据记载："明代中后叶，尤其是清代二百多年间，宗族组织遍及全国，修族谱已普及庶民之家。"[③]直至毛泽东在农村调查期间依然感慨，农村仍然是"普遍以一姓为单位的家族组织"[④]。为了确保家族制度的有效执行，家训的规约化发挥了至关重要的作用。家族或宗族制订的家训、家规即是通常意义上的家法族规。与狭义家训的区别在于"家法族规具有准法律的性质和功能，因而可以将其视为一种家庭或家族的法律工具。究其实质，家法族规是为了调整家族内部的各种血缘、伦理关系，维系家族内部秩序而制订的一系列道德规范的总称。"[⑤]明代的家法族规之所以发展迅速，其原因可以概括为两点：其一，明代家法族规的制订不但是为了更有效地在家族内部贯彻和执行法礼准则，同时，这种近乎法律条文的规范形式使家长、族长对家庭人员和财产管理有了可操作性的依据。譬如，明人徐三重在《家则》中就指出："家长最当谨守礼法，不得妄为；至公无私，不得偏向。又须以至诚待下，常存平恕。临事之际，毋察察之明，毋昧昧而昏。好恶必当。体恤必周。视一家如一身，以一身整束一家，则法行而情合矣。"其二，明代家法族规是从家训的"母体"中孕育而出的。更进一步讲，家法族规在训诫、告诫等正面说服教育的基础上，又增添了法律性质的惩戒条例与惩罚措施，体现出家规与国法的一致性。如明人林希元说道："鞭朴不可驰于家，刑罚不可驰于国。以国之不

---

① 实际上，关于"宗法宗族"制度或"宗法家族"制度是否可以合并统称在学术界是有争议的。根据"宗法"广义和狭义概念的区别可知，仅凭狭义概念来界定"宗法制"和"宗族制"，二者所指是不同范围和视阈，但根据广义概念的界定，二者之间又表现出继承和演化的关系。因此，很多学者认为"宗族制"和"宗法制"并不完全吻合，但又有紧密的关联性，为了便于读者理解和论述，故仍可沿用"宗法宗族制"一说。（见于李文治、江太新：《中国宗法宗族制和族田义庄》，北京：社会科学文献出版社，2000 年，第 1 页。）

② 梁启超：《先秦政治思想史》，上海：上海书店，1986 年，第 40 页。

③ 李卓：《中日家族制度比较研究》，北京：人民出版社，2004 年，第 49 页。

④ 《毛泽东选集》第 1 卷，北京：人民出版社，1964 年，第 73 页。

⑤ 杨威、刘宇：《明清家法族规中的优秀德育思想及其当代价值研究》，北京：人民日报出版社，2016 年，第 130 页。

可不用刑罚,家之不可不用鞭朴,可见矣。"①此外,家法族规还涵盖了族中各项公共事务,诸如祭祀、婚嫁、修族谱、建祠堂等各项要求、步骤与程序来达到"敬宗收族"的效果。概言之,通过家法族规的介入,使得宗法制度与各个家族的自身情况得以结合,亦可说,家法族规是宗法制度在家族内部得以贯彻和执行的基本前提和重要保障。

在中国传统思想体系中,认识论与知识论之间本身就互摄互涵,畛域不清。所以,宗法制度、伦理秩序与道德规范之间亦可视为同根同源。而家族往往是国家意志和政策的执行者。正如梁漱溟先生所说:"由家族到国家,国家混合在家族里面。"②家法族规乃是宗法制度的家法化,它体现了明代专制主义与宗族制度更为紧密地结合在一起,其结果势必强化了家长的绝对权威,同时亦将道德教化更为有效地落实到家庭之中,这在一定程度上对维护封建国家的统治秩序以及实现社会的长治久安发挥了积极的效用。

1.3 明代家训与明代思想文化

钱穆先生说:"文化是体,历史是此体所表现的相。或说是现象,在现象背后则必有一体。看着种种相,只能接触到这个体。"③钱穆代表了文化决定论的观点和主张,即认为文化是历史发展的原动力,他认为文化对于历史的影响甚至要比经济和政治更为深远。同样,马克斯·韦伯也认为:"思想文化因素能够以同等的重要性同经济因素发生交互影响。"④他指出西方资本主义兴起就在于"资本主义精神"作为西方文化深处的内驱力发挥了至关重要的作用。而相对于中国而言,儒家文化崇尚中庸之道,重视家庭伦理和血缘关系,故此,人系于集体之中便很难发展出独立自由的个体化经济模式。可见,每一种文化都有其产生和发展的独特历史条件。中国文化类型属于伦理型文化,而家庭伦理文化不仅是整个社会伦理的核心,也是中国传统文化精神

① 林希元:《同安林次崖先生文集》卷十二《家训》。
② 参见张岱年:《张岱年全集》第6卷,石家庄:河北人民出版社,1996年,第223页。
③ 钱穆:《中国文化丛谈(一)》,台北:三民书局,1969年,第54页。
④ [德]马克斯·韦伯:《新教伦理与资本主义精神》,于晓等译,北京:生活·读书·新知三联书店,1987年,第39页。

内核的集中体现。因此，在传统家庭的教育观念中无处不涵括伦理型文化的精神实质与深刻意蕴。

1.3.1 明代家训与儒家文化

明代家训受儒家思想的影响最为深远。梳理明代家训德育思想的脉络，可以将其视为儒家思想的“民间范本”。众所周知，明代是儒学向民间过渡的重要历史阶段。虽然儒学世俗化和民间化的路径有很多种，但家训无疑是行之有效的途径之一。明代家训不但打通了儒家思想由精英文化向世俗生活入驻的隔膜，同时也将儒家思想的精髓与内核在普通家庭中得以通融和领悟，具体来说：

第一，明代家训的核心内容是儒家思想。这表现为，其一，许多明代家训在创作之初就直接以儒家著作为参见文本，抑或是直接引用儒家原典中的佳句、箴言来凸显教育的权威性、绝对性和正确性。譬如，明人姚舜牧在《药言》中就直接引用《中庸》中的“‘人皆曰予知，驱而纳诸罟擭陷阱之中而莫之知辟也’”来告诫晚辈不要利欲熏心而误入歧途。又如，万衣在《万氏家训·序》同样引用孔子的嘉言来教育子孙，其中写道：“仲尼曰：‘性相近也，习相远也。’言人性习于善则善，习于恶则恶”又曰：“语曰：‘玉不琢不成器，人不学不知义。’夫有金玉之资，无父兄之教，谬于所习，鲜有不失其本性者矣，作家训。”[①]其二，明代家训与儒家思想所倡导的价值观是基本一致的。儒家思想强调“修齐治平”，明代家训同样将修身和治家作为重要的德育要目。儒家思想强调“仁义忠孝”，而明代家训更加注重伦理规范和道德教育。换言之，明代家训讲求上敬宗主与父母，下睦邻里与友人，其目的是用仁义忠孝来维系人伦常情，乃至献身和效忠于整个国家。可以说，明代家训中的德育内容与儒家修身慎行的君子人格是一脉相承的，它不但将儒家忠孝仁义、中庸之道、君子人格等思想诠释转化为教育子孙后辈的箴言警句，还将儒家思想自始至终贯穿于日常家庭生活的每一言行举止之中。

第二，明代家训是儒家思想向世俗化和民间化过渡的桥梁。纵观儒学的发展脉络，其文化表现形式大体有三种形态：其一，是作为思想和学术观点的

---

① 万衣：《万子迂谈》卷六《万氏家训》，《四库全书存目丛书》。

原初形态，即“学统的儒学”，它可以理解为是古代先哲们殚精竭虑所创造出的关于世界观和方法论等“玄之又玄”的理论体系。其二，是作为官学化形态而被统治阶级用来治理国家的理论依据。在此层面，儒学作为一种“显学”上升到意识形态的高度并被社会精英人群广为利用。政治化的儒学长期与封建专制相结合，这无疑对国家治理起到过积极的作用。然而，儒学成为服务于官方的政治理论，就难免脱去其理想主义外衣，日益成为局限和束缚人们思想的枷锁。其三，儒学的民间形态则更具有“人间烟火”气息，它作为一种“隐流”来诠释社会、教化子民，这是对以上两种儒学形态的合理性补充与完善。可以说，明代家训正是精英文化与民间文化相互融合的产物。这是因为，从明代家训的劝诫方式来看，一方面，明代家训的语言简洁明快，注重用实例来证理论，加之作者本人的观点阐述，将儒家典籍中晦涩难懂的部分自然而然地转化成日常生活用语，使得儒家思想更容易被理解和掌握。另一方面，从明代家训的创作特点来看，明代家训切实地贴近生活，在教化和训诫民众的同时能够将儒家思想形象生动地宣传出去，并且在遵循儒学本旨的基础上又能对其合理性分析，既说理透彻又富有启发性，进而加速了儒学世俗化和民间化的普及进程。

第三，明代家训受宋明理学的影响更为深远。明代政府之所以重视和抬高程朱理学，主要是因为“‘存天理、灭人欲’的说教和对封建纲常礼教的极力倡导，是维护封建统治的强大精神力量，因而深得封建社会后期统治者的赏识”①。朱熹曰：“此心之灵，其觉于理者，道心也，其觉于欲者，人心也。”（《朱子语类》卷六十二）即是说通过对世俗欲望的克制来将“人心”化为“道心”，并且还要将“道心”提升到“天理”的高度。而与程朱理学相对立的阳明心学则强调“心即理”。王阳明曰：“心，一也，未杂于人谓之道心，杂以人伪谓之人心”，意即说心之外再无理可言。这样，“人心之得其正者即道心，道心之失其正者即人心”，天理即被“吾心之良知即所谓天理”所取代。② 朱学与王学之间的分庭抗礼由来已久。明代中期，阳明学派在政治上亦有强大的势力范围，但与官学化的程朱理学不同，阳明心学更倾向于以地域化儒学的形式而存

① 徐少锦、陈延斌：《中国家训史》，北京：人民出版社，2011年，第493－494页。
② 王阳明：《传习录（上）》，上海：上海古籍书店，2000年，第174页。

在，故更加具有民间性格。虽然阳明心学对于程朱理学的“天理”一说起到了纠偏的作用，但在强调伦理纲常和道德规范等教化方面，两者却殊途同归并没有本质性差别。实际上，自宋代以降，理学逐渐渗入民间社会，加之中央集权与家族制度的相互配合，对平民的伦理道德规范早已经不断地强化了，这一表现集中体现在明代家训的内容之中。譬如，《庭帏杂录》讲：“穷理养心，如空中朗月无所不照。见其微而知其著，察其迹而知其因，识诚高矣。而又虚怀降气，不弃贫贱，不嫌臭秽，若恫瘝乃身，而耐心救之，所谓气之下也。”杨继盛在《杨忠愍公遗笔》中亦说：“以为此事合天理不合天理，若是不合天理，便止而勿行，若是合天理，便行。”其中不难发现宋明理学对明代家训的影响。值得一提的是，明代家训对女子道德修养要求日益增加，是伴随着宋明理学在封建礼教方面的日益强化而同步产生的。特别是古代女子遵守“三纲五常”和“三从四德”等封建礼教，从某种程度上说也是宋明理学为她们铸上了肉体和精神的双重枷锁。

1.3.2 明代家训与家庭伦理文化

伦理文化在中国传统文化系统之中处于核心位置。可以说，包括以儒家文化为首的中国传统文化其内在运作逻辑与发展脉络都是围绕着伦理文化这一核心而展开说明的。在中国传统社会，家庭伦理与社会伦理在某种程度上是相通的，甚至是浑然一体的，这是因为，其一，社会伦理是在家庭伦理的基础上展开的，“由血缘纽带维系着的宗法制度及其遗存和变种却长期保留着，并给予社会生活的方方面面以深刻的影响。从这个意义上讲，我们可以将古代中国视作世界文明史上相当典型的宗法社会”①。而宗法关系的长期遗存乃是家庭伦理文化的前提和依据。其二，中国传统社会又以家庭为本位，家庭伦理不仅用来规范家庭成员内部的人伦秩序，甚至成为社会乃至国家伦理秩序生成与运作的基点与前提。马克思说：“人们自觉或不自觉地，归根结底总是从他们的阶级地位所依据的实际关系中——从他们生产和交换的经济关系中，吸取自己的伦理。”②因此，中国传统家庭伦理文化是以伦理道

① 冯天瑜：《中国文化简史》，上海：上海人民出版社，1993年，第63页。
② 《马克思恩格斯选集》第3卷，北京：人民出版社，1995年，第433－434页。

德为核心内容，并遵循家庭、家族生产关系和宗法血缘关系缔结而成的——“本质上是一种人伦关系，是建立在伦理的基础上通过人们的情感信念来处理关系”的道德和规范体系。①

除上文所述的物质资料生产和人口生产之外，家庭还要进行第三种社会生产，就是精神文化生产。传统家庭的精神文化生产则主要聚焦在伦理道德的构建之中。“在文化史上，虽然世界上没有一个民族的文化不要道德或不讲道德，但也确实没有一个民族像中国这样把道德在文化价值体系中抬高到如此重要的地位。”②可见，传统家庭伦理文化的核心即为伦理本位的道德观念。再者说，中国传统伦理文化具象于家庭伦理之中，同样，家庭伦理的外延扩展开即为整个社会关系的伦理原则和行为准则，故家庭关系是社会生活中最基本的人际关系。中国古代世家大族之所以重视家训，其原因就在于家训可以规范家族成员间的伦理等级秩序，维系社会的长治久安。传统家训无论以何种体例和样态出现，其本质都是以伦理规范和道德教化为首要任务。家训的精神内核和价值取向是以儒家思想为核心，以修身、齐家、治国、平天下为目标，不但遵循人际关系和社会秩序的和谐融洽，还注重人文素养与品性培育的统一。一言以蔽之，“中国传统家训实际上就是中国传统家庭伦理道德的集中表达——不仅是理论上的总结，而且还是道德实践的介质”③。因此，传统家训是精神文化的生产媒介，也是传统家庭伦理文化最为重要的载体形式。

以明代家训为例，它所表现出的家庭伦理文化大体可以从两个维度展开说明。其一，明代家训始终将“伦理本位”的价值追求置于首要地位，这在一定程度上提升了伦理秩序和道德规范的约束力。梁漱溟先生指出：要“用‘伦理本位’这话，乃显示出中国社会间的关系而解答了重点问题”④。这是因为，以血缘和宗法关系为特点的氏族社会在中国解体并不充分，故中国人思维模式和行为规范大多凭借千百年来的生活习性和经验为标准，或者说在法律形成之前，其伦理文化便早已“自然而然”地形成一套人伦规范体系。明人薛瑄

① 张岱年、方克立主编：《中国文化概论》，北京：北京师范大学出版社，2004 年，第 211 页。
② 黄俊杰编：《传统中华文化与现代价值的激荡》，北京：社会科学文献出版社，2000 年，第 20 页。
③ 周俊武：《论中国传统家庭伦理文化的逻辑进路》，《伦理学研究》，2012 年第 6 期。
④ 梁漱溟：《中国文化要义》，上海：上海人民出版社，2011 年，第 78 页。

曰："人之所以异于禽兽者，伦理而已，何谓伦？父子君臣夫妇长幼朋友五者之伦序是也。何谓理？父子有亲，君臣有义，夫妇有别，长幼有序，朋友有信，五者之天理是也。"(《诫子书》)方孝孺在《杂著·幼仪杂箴》中亦曰："伦序得则众志一，家合为一，而不富者未之有也。"可见，明代家训无不是将人伦关系置于核心位置。譬如，以古代"孝道"为例，如前所述，传统家庭伦理文化依托于宗法等级制和父系家长制，所以"以孝为先"的道德观念自古有之。明代时期，"万善百行，唯孝为尊"(吕坤:《闺范·女子之道》)。在传统家庭伦理文化的熏染之下，浓烈的孝亲、孝道观念不但被视为一切伦理道德之母体，更在宗法意识的笼罩下转化为"事亲孝，然后可以移于君；居家理，然后可以移于国"(《大学衍义补》卷四十《礼仪之节》)。这种"移孝于忠"的重心转移，亦是封建社会后期家庭伦理文化进一步强化的凭证。其二，明代家训进一步强化了伦理文化的核心与实质，使得明代家庭道德教化实现了常态化，进而形成"道德至上"和"教之以善"的德育标准。具体来说，明代家训注重"德智合一"的德性文化。重德礼，轻政法，在道德教化层面侧重"求善"的"德"治主义精神，而非"法"制，这即是明代家训教化之准则。正如仁孝文皇后在《内训·母仪章》所言："教之者导之以美德、养之以廉逊、率之以勤俭、本之以慈爱、临之以严格，以立其身，以成其德。"由此可见，明代家训的日臻完善，不但使传统家庭道德教化较之以往有了更加系统和详实的规定，同时也促进了中国传统家庭伦理文化的日趋发展与成熟。

1.3.3 明代家训与家礼、宗教文化

所谓"家礼"，一方面是对"冠昏(婚)丧祭"等家庭仪式做出的相应规定。另一方面，是从人伦关系角度制定出的"规范化、制度化了的道德行为规范，也是人们日常交往中所必须遵守的基本行为模式，它告诉人们如何进退揖让、待人接物、迎来送往，也即如何依'礼数'而行"[①]。南宋时期，朱熹订立《朱子家礼》，在此后的六七百年期间，成为明清家庭、家族制定家训、家礼条文时必须借鉴和参照的重要范本。譬如，明人王祖嫡言："一依《家礼》，庶人心有

---

① 杨威、孙永贺:《返本与开新:中国传统家训文化中的优秀德育思想研究》，哈尔滨:黑龙江人民出版社，2012年，第64页。

统摄，此第一当留心者。”[①]明人丘濬亦写道：“《朱子家礼》最得崇本敦实之意，于是‘取世传朱子《家礼》而损益以当时之制’，编成《家礼仪节》。”古人重家礼，是由于“礼”通常被认为是附有象征性质和表演性质的一系列行为方式或文化传统。究其本质而言，“它可以是特殊场合情境下庄严神圣的典礼，也可以是世俗功利性的礼仪、做法。或者亦可将其理解为被传统所规范的一套约定俗成的生存技术或由国家意识形态所运作的一套权力技术”[②]。

家礼真正发端于明代。伴随着明代家训的发展，家礼才得以系统地普及传统家庭之中。家礼以儒学为源头，“本身就是一种与生命存在及其现实形态互渗同一的习俗。一种生活方式是一种生命意志的历史表达”[③]。在血缘和宗法的牵引下，中国自古就有“尊祖”“重史”的传统。在政治上尊崇“正统”，在思想上讲究“道统”。《礼记》曰：“万物本乎天，人本乎祖。”意即说在家庭中“尊宗敬祖”“恪守古训”就是对传统和祖先的尊重。明代家训中特别重视殡殓死者和居丧祭奠的种种礼节，这不仅是为了表达对祖辈的崇敬与悼念之情，更是想凭借血缘的延续与逝去之人进行某种“交流”与“联系”。正如杨庆堃先生所言：“但若究其实质，就可以发现这实际上也寄托着中国人对永恒世界的追求以及超越世界的敬畏。”[④]如若我们信奉神灵的话，那就应是供奉和祭祀先祖了。事实上，纵览明代家训中有关礼仪的繁文缛节，无论是婚丧嫁娶，抑或是敬祖祭祀，从某种程度而言，都与宗教文化有着或多或少的联系。再者而言，中国古代德育教化往往都要借助自然或天道之力来加强说服力和感染力，“被中国人视为神祇的无形世界的积极力量，人们可以通过举行祭祀和祈祷仪式而与之沟通；并且通过这些仪式，宇宙被理解为会作出某种反应。道德秩序，同样被反映到宇宙秩序之上”[⑤]。我们可以这样认为，任何一种教化本身都不应仅仅停留在理论层面，而应归属于实践，即是要通过仪式或习俗等方式，把伦理秩序和道德观念灌输到人的精神层面从而产生教育作用和效果来影响个体的行为方式和人格塑造。正如老子所言：“人法地，地

---

① 王祖嫡：《师竹堂集》卷九《家庭庸言・序》，《四库未收书辑刊》本。
② 郭于华主编：《仪式与社会变迁》，北京：社会科学文献出版社，2000 年，第 1－3 页。
③ 陈明：《文化儒学：思辨与论辩》，成都：四川人民出版社，2009 年，第 35 页。
④ 李存山：《家风十章》，南宁：广西人民出版社，2016 年，第 26－27 页。
⑤ ［英］崔瑞德、［美］牟复礼编：《剑桥中国明代史》下卷，张书生等译，北京：中国社会科学出版社，2006 年，第 812 页。

法天，天法道，道法自然。”（《老子·二十五》）中国这种别具一格的“天人合一”的教化范式，将个人、国家、天下乃至宇宙都紧密地联系在一起并纳入人伦纲常之中，进而达成了“人伦效法自然”抑或曰“自然被人伦化”的“大一统”。

整体而言，明代的宗教大体上呈现出衰微之势。洪武、永乐年间，随着宋明理学地位的确立，佛教和僧侣被施行严格的限令，佛教并没有太多发展余地。明初功臣宋濂近佛，刘基近道，天下闻名。但宋濂在佛学上的造诣并没有促进佛教的长足发展。相比较而言，道教乃是中国本土宗教，社会基础较为广泛。朱元璋对道教亦有着特殊情感，但在君主专制的极端条件下，道教逐渐演变为统治者神化自身的工具，并逐渐向修炼斋醮的道路发展。所谓儒释道合流之趋势也不过是宗教的儒化过程罢了。可见，明代宗教已在很大程度上被削弱了。然而，中国人却也不缺乏“宗教的替代品”。梁漱溟先生就指出中国的伦理道德具有宗教之用处，即用伦理生活来填补宗教给人心灵的慰藉，他说：“中国之家庭伦理，所以成一宗教替代品者，亦即为它融合人我泯忘躯壳，虽不离现实而拓远一步，使人从较深较大处寻取人生意义。”[①]明代时期，理学家更是将伦理纲常提升到“天人一理”的高度来寻求天道与人道的统一。不可小觑的是，这种伦理精神控制力量之强大，足以摆脱宗教给人对彼岸世界的向往。在传统家庭教化思想中，既没有众神、天堂与地狱的另一个世界，亦没有轮回、转世与再生的生命妄想，只有在此生人伦世界之中遵循等级和尊卑的秩序来履行生命的义务与职责。因此，明代家训中将父慈子孝、夫和妻柔、兄爱弟敬等伦理道德规范与血缘感情相结合是合情合理的。即便没有玄奥的信仰体系，依然可以在“家”中安放灵魂，寻求精神上的寄托。

1.4 明代家训与明代社会风俗

中国传统社会被费孝通先生称之为“乡土中国”，其社会特征是“有机的团结”，即“一种并没有具体目的，只是因为在一起生长而发生的社会”，也可称之为“礼俗社会”，其表现为“生于斯、死于斯的社会。常态的生活是终老是

① 梁漱溟：《中国文化要义》，上海：上海人民出版社，2011年，第85页。

乡”。① 在这样的社会中，每个人眼中都是“熟人”构成的“熟悉”环境。处于熟人社会交往模式中的群体大多对契约不十分重视，他们往往更倾向于对社会规矩和风俗可靠性的依赖。或者说，生活在基层的民众是通过家庭、宗族以及邻里等人际关系缔结在一起，形成了一定规模的民间组织形式，并以自愿和共同认定的道德公约来规范生产生活。故此，从社会教化的角度来说，改善社会风俗对于基层民众协调人际关系、营造安定社会氛围起到了积极的作用。同时将社会风俗与家庭教育相互结合，通过风俗习气的长期砥砺与劝勉来彰善纠过，亦是传统家庭与社会共同发挥教化功能的具体体现。

1.4.1　家国同构的社会基础与家国情怀

“家国同构”是中国封建社会最为显著的社会属性与社会特征。如前文所述，中国古代社会的基本组织形式大体上有两种形态，其一是原始部落社会形态，其二是宗法制社会形态，前者产生了崇拜氏族神灵和部落之神的神权制，后者则产生了依靠血缘和尊卑等级而成的宗法制。但从严格意义上来讲，自东周以降，狭义的宗法制度便逐渐式微，而实际上一直沿用的是一种与自然经济、政治文化相适应的——是将神权、父权、族权乃至政权融为一体的宗法制和君主制的结合体，即“宗法—君主专制”。张岱年先生认为：“宗法制度是氏族社会的血缘关系在新的历史条件下演化而形成的。”②它也可以被认为是具有血缘关系的氏族社会和宗法社会未充分瓦解而留下的“后遗症”。这种影响中国两千余年封建社会格局的制度最为直接且最为重要的影响即是形成了极为特殊的“家国同构”的社会特性。具体而言，“家国同构”是一种使“家”和“国”相互连通并紧密结合在一起的社会组织结构，“家”是“国”的雏形，“国”是“家”的扩展。以血缘为基础的家庭延伸为社会关系网络，从家族、宗族进而拓展至国家的构成。换言之，家庭、家族成为“国”与“民”之间的媒介，即“家是小国，国是大家”。将家族的运作模式渗透到国家的治理形式之中，从而在一定程度上使“国”成为类似于“家”的外延。这种国家管理模式之所以能有效地运转，就体现在父权与君权的政治伦理（诸如父子与君臣的关

---

① 费孝通：《乡土中国》，北京：北京大学出版社，2012年，第13－14页。
② 张岱年、方克立：《中国文化概论》，北京：北京师范大学出版社，1994年，第56页。

系）之中，即在家庭、家族中，父亲、族长掌管一切，而在国家层面，君王至尊，权力至大，君王驾崩，天子继位，血脉相通，代代继承。

“家国同构”归根到底说的是“家”与“国”是合二为一的统一体。在结构上来看，是强调由父权和君权架构的等级制度严格的“权力金字塔”。具体来说，在家庭层面即是“家长制”或“族长制”为首的管理机制，而在国家层面则是“家长制”的扩张版，即以“君权制”为首的国家统治机制。从伦理秩序来讲，家庭是维系“父父—子子”的家庭伦理秩序，而国家则是强调“君君—臣臣”的政治秩序。而这种秩序的确立是不能被打破的。《韩非子·忠孝》曰：“臣事君、子事父、妻事夫，三者顺则天下治，三者逆则天下乱，此天下之常道也。”这即是强调尊卑秩序和主从关系具有不可变更的永恒性，如若背道而驰，则天下大乱。明代时期，君主专制与宗族制度进一步结合，为了强化这种等级秩序，理学更将伦理纲常上升到了神圣化和先验性的地位。朱熹有言：“未有这事，先有这理。如未有君臣，已先有君臣之理；未有父子，已先有父子之理。”（《朱子语类》卷九十五）可见，父子和君臣关系，家庭和国家的关系，即是一个问题的两个方面。从根本上讲，“在家尽孝”和“为国尽忠”是一致的。正所谓“君者，国之隆也；夫者，家之隆也。隆一而治，自古及今，未有二隆争重而能长久者”（《荀子·致士》）。可见，皇权社会忠孝相通，孝亲服从于忠君，这也正是“家国同构”的本质之所在。

从另一种视角来分析，“家国同构”亦为儒家的“家国论”乃至家国情怀奠定了重要的理论基础。中国人对民族和国家的高度责任感和义务感亦由此而生。在汉语中，“国家”一词本身就是“家国同构”的最好证明。正如冯友兰先生所言：“有了以家为本位底生产制度，即有以家为本位底社会制度。以此等制度为中心底文化，我们名之为生产家庭化底文化。”[①]并且，“在以家为本位底社会制度中，所有一切底社会组织，均以家为中心。所有一切人与人底关系，都须套在家底关系中”。[②] 因此，从个人角度来说，对于家庭的感情也就表现为对国家的情感。对个人道德的至高要求也必然要升华为对国家的忠诚，即“上思报国之恩，下思积家之福”（袁黄：《训子语》）。可以说，在传统家

---

① 冯友兰：《三松堂全集》第4卷，郑州：河南人民出版社，1986年，第252页。
② 冯友兰：《三松堂全集》第4卷，郑州：河南人民出版社，1986年，第253页。

庭德育要求的范围内,对于家和国的期许亦是一致的。吕坤说道:“忠孝以辅国,尔父之训也。”(《闺范》)若以理性角度之思索,孝忠于“家国”,既是“父权”的需要,也是“君权”的需要。而若以情感角度之思考,则体现了古人克己奉公、精忠爱国等高尚情操都源自家庭教化,并以此达成了个人理想与国家之需的统一。同时,将修身、齐家与治国平天下的理想信念贯穿于家庭教育始终,其根本主旨仍是强调“一国兴让,济世经邦”的家国理想。

1.4.2　圣谕宣讲、私人讲学与民间教化

明代家训繁荣发展与圣谕的积极传布也有着很大的关联。在中国封建社会,圣谕教化的方式十分特殊。由于教化主体是皇帝本人,故代表了官方最权威的教育思想和价值观念。明朝洪武初年,朱元璋依据“为治之要,教化为先”(谷应泰:《明史纪事本末》卷一四)的治国理念,颁布了《昭鉴录》和《永鉴录》来劝谕、教化百姓。其中规定:“上命户部下令天下民:每乡里各置木铎一,内选年老或瞽者,每月六次持铎徇于道路,曰孝敬父母,尊敬长上,和睦乡里,教训子孙,各安生理,毋作非为。”这六项要求被称为“圣谕六言”。圣谕教化的影响力极为深远,不但在民间取得了良好成效,其教化方式直至清代仍被沿用。时人称赞道:“讲学以孝弟慈为宗,而推尊圣谕六言,直继唐虞十六字心传。”[①]圣谕教化在家庭层面的效用也尤为突出,其表现为,明代诸多家庭、家族将此“六言”写入家训和族规之中,并用来训诫子弟。譬如,明人高攀龙说道:“人失学不读书者,但守太祖高皇帝圣谕六言……时时在心上转一过,口中念一过,胜于诵经,自然生长善根,消沉罪过。”[②]明人沈长卿在《圣谕训蒙·序》中说道:“训蒙之书,如小儿开口乳、千字文、百家姓,殊不相宜。谨遵圣谕六条,各释一章,以便句读,亦宪章意也。”[③]明人项乔曰:“这训辞六句切于纲常伦理、日用长行之实,使人能遵守之便是孔夫子见生;使个个能遵守之便是尧舜之治。”[④]不难发现,通过家训与圣谕的相互结合,能够使道德教化

---

① 周之夔:《弃草二集》卷二,《四库禁毁书丛刊》集部第113册,北京:北京出版社,1997年,第71页。
② 高攀龙:《高子遗书》卷十《家训》,《文渊阁四库全书》第1292册,台北:台湾商务印书馆,1986年,第647页。
③ 沈长卿:《沈氏日旦》卷十,《续修四库全书》第1131册,上海:上海古籍出版社,2002年,第546页。
④ 项乔:《项乔集(上)》,上海:上海社会科学院出版社,2006年,第105页。

覆盖和融入百姓生活的方方面面，并在家庭和民间广泛地传播开来。值得一提的是，不但统治者对民间教化极为重视，宣讲和解读“圣谕”亦成为地方官员的重要工作。官绅的身体力行同样为营造良好的社会风气作出了努力。可以说，“地方官员讲究宣讲艺术，十分注重宣讲语言的通俗化。将中国古代的圣谕律令包含的微言大义，用通俗浅近的语言传播给民众，增强了教化的实效性”①。

再者而言，明代时期，理学盛行，私人讲学风靡一时。士绅、文人的民间教化对改善世风、民风起到了积极的效用。钱穆先生就认为：“宋明理学精神乃是由士人集团，上面影响政治，下面注意农村社会，而成为自宋以下一千年来中国历史一种安定与指导之力量。”②至明代王阳明心学兴起，私人讲学不仅是知识分子之间的学术交流与探讨，更发展成为面向平民、面向社会开放的宣扬儒家思想的教化活动。儒者们大多饱读儒家经典，以向民间宣讲儒学为己任，成为民间教育力量的中流砥柱。儒学的民间化特点表现为使用口语白话，内容形象生动，浅显易懂。譬如，记载王阳明语录和论学书信的《传习录》等，都真实地再现了当年他们讲学或论辩时所记录下来的早期白话之作。在学派争鸣与互相交流的过程中，儒学的地域化运动使得局限于书斋的知识分子们的学术思想通过儒学地域化运动开始向民间推广，并由局部地区扩展到全国，进而被越来越多的平民百姓所知晓。可以说，这种仅仅局限于精英少数群体之间探讨与交流的现象发生了本质性的改变，“儒学从原生的人文化型构阶段经官学化过程进入地域化的空间表现形式，也就是儒学冲破制度化神秘化的官方意识形态而构成不同的文化精英群落的过程”③。其中最具平民色彩的应属王艮为首的泰州学派。可以想象，在明代中期以后，这样一批主张“入山林求会隐逸，至市井启发愚蒙”（《王心斋先生遗集·年谱》）的“平民教师”行走于乡镇与村落之间，把“良知”与“求道”贯彻到百姓的日常生活之中，可谓是“知行合一”的践行者。在这一过程中，儒学中有关伦理道德的思想内容在每家每户之间逐渐传播开来，并被普通民众所知晓，加之与家庭德育（以家训为主要教化方式）的相辅相成，真正起到了“修人纪，崇风教”

① 王司瑜：《中国古代教化思想及方式研究》，博士学位论文，黑龙江大学哲学学院，2013年，第42页。
② 钱穆：《国史大纲（下册）》，北京：商务印书馆，1996年，第812页。
③ 杨念群：《儒学地域化的基本形态》，北京：生活·读书·新知三联书店，1997年，第18页。

(《明史·太祖本纪三》)的良好社会效果。

1.4.3 乡规民约与社会风俗习气的营造

乡约(乡规民约)是中国古代乡治理论与实践的重要内容。乡规民约属于民间自愿组织并制定的道德规范公约。明代乡约制定大体上以宋代《吕氏乡约》为参考范本。[①] 据史料记载,明代大学士谢缙最早建议推行乡约,他在《大庖西书》中写道:“欲求古人治家之理,睦邻之法,若古蓝田吕氏乡约,今义门郑氏之家范,布告天下。”但这一提议并没有被朱元璋采纳。然而,就在同一历史时期,乡约已经在个别地区先后出现。例如,在广东南海陈村中就出现了“为乡约,率先闾里,早输租赋;里社之会,规勉六行”的乡约形式。[②] 直至永乐年间,乡规民约被地方乡绅所重视并逐步施行,其中尤以正德年间王阳明制定的《南赣乡约》最为著名。王阳明巡抚南赣正是兵荒马乱社会动荡之时,他极力提倡通过儒家教化来维持地方的社会治安,故撰写此乡约。《南赣乡约》亦称为《阳明先生乡约法》,其内容主要是通过修养身心、劝人向善来改善民风。他说道:“自今凡尔同乡之民,皆宜孝尔父母,敬尔兄长,教训尔子孙,和顺尔乡里,死伤相助,患难相恤,善相劝勉,恶相告戒,息讼罢争,讲信修睦,务为良善之民,共成仁厚之俗。”(《王阳明全集》卷十七)为确保乡约的顺利执行,王阳明还将《圣谕六言》引入乡约之中,并先后发布了一系列告谕。这样,官方教化的力量逐渐渗入到乡约之中,把自觉的道德规范转化为政府谕令,曾经“温情脉脉”的说教转变成强制的执行,进而强化了统治者对乡民日常生活的控制与治理。杨开道先生对此评价说:“吕氏乡约是人民主持,南赣乡约是政府提倡;吕氏乡约是根据约言,南赣乡约是根据圣训,乡约效力或者因为官府的提倡可以增加,乡约精神也许因为官府的提倡愈加丧失。”[③]可

---

① 《吕氏乡约》是北宋时期学者吕大钧与其兄弟共同制定,其目的是教化乡民,改善社会风气。由于此乡约是在吕大钧的家乡蓝田所制,故又称《蓝田吕氏乡约》。它被认为是我国历史上第一部成文的村规民约,其主要内容有“德业相劝、过失相规、礼俗相交、患难相恤”四项约规。《吕氏乡约》之所以影响广泛,是因为朱熹对其进行了修缮和整合,增加了读约之礼和宣讲等内容,更加突出了乡约的仪式性和教化功能。此版本更为完善,故被称为“朱子增损吕氏乡约”。我们现在所阅读的吕氏乡约,基本是这个版本。(参见杨开道:《中国乡约制度》,北京:商务印书馆,2015年,第14页。)

② 欧大任:《欧虞部文集》卷十一《高祖处士南野府君行状》,《四库禁毁书丛刊》集部第47册,北京:北京出版社,1997年,第166页。

③ 杨开道:《中国乡约制度》,北京:商务印书馆,2015年,第18页。

见,由于政府和地方官员的介入,最终使乡约改变了原初的特性,官方意义上的乡约早已退却了民间自治的“味道”,也就失去乡约最初之本意。

明代中后期,乡约被广泛地应用与施行。尤其嘉靖、隆庆、万历年间,乡约与保甲、社仓、社学等结合在一起,通过地方官员和士绅的共同作用,形成了一整套正式的条例规定并在全国范围内广泛推行。正如吕坤所言:“劝善惩恶,莫如乡约;缉奸弭盗,莫如保甲。”①实际上,明清同宗同族大多在一乡一村聚集而居。家训或族规就起到了乡约的作用,其中的条例和禁令均带有自愿、非自愿或强制性的色彩。“民办乡约中意欲构建一种无需外力强加的,人人都自觉遵守儒家伦理道德规范的乡村秩序,这无疑带有一定理想主义色彩”②,但在加强伦理道德教化方面,自官至民试图寻求一条自上而下的道德规范体系,这一美好初衷是毋庸置疑的。而乡规民约与家训、族规之间的德育教化功能不仅是相通的,更是相辅相成的。可以说,乡规民约从一定程度上对明代家训的教育和训诫起到了强化和巩固的作用,二者目的皆在教化民众,和睦乡里,以厚风俗。

值得一提的是,在改善民间社会风俗方面,明代善书的盛行也曾起到过一定的积极作用。其中尤以袁黄的劝善文《了凡四训》社会影响最大。古代善书大多是宗教读物,是辑录佛教、道教及相关谶纬学说的书籍,亦包括大量有关道德教育的事例、故事和箴言等。明代以降,特别是清代时期,佛教宝卷、功过格等形式的善书在民间广为流传。善书中涵盖了佛家因果报应之说、道教的积善消恶之说均具有道德说教的功能,加之统治者将其与圣谕、乡约等民间教化形式相结合进一步强化了“仁孝节义”等价值观念,对改善民风、提高百姓道德水平以及维护统治秩序均发挥过一定的社会功效。可以说,这种民间风俗与民间信仰“亦有使人迁善改过的作用,但其多有功利的性质,须引导和升华使人于正途。要引导民间信仰、民众生活,要有一套与之相契合的教化的理念,这样才能提升点化它,使之不至于陷入巫蛊小道。”③

此外,为形成社会舆论,营造民间道德教化的良好氛围,政府还对家庭、家族或个人进行旌表,这与明代家训所提倡的家庭氛围和家庭风貌不谋而

① 吕坤:《实政录》卷三《查理乡甲》。

② 徐祖澜:《明清乡绅的教化之道论析》,《西华师范大学学报(哲学社会科学版)》,2012 年第 6 期。

③ 李景林:《教化视域中的儒学》,北京:中国社会科学出版社,2013 年,第 13 页。

合。所谓旌表，即古代朝廷为推行礼教，导民向善而推行的道德激励和表彰手段。旌表代表了中国封建社会统治阶级意识形态和传统道德价值取向的“风向标”。它不但具有绝对的权威性和官方合法性，也能最为直观地折射出中国传统社会伦理道德的整体风貌。可以说，旌表起到了“激扬风化敦率人伦”的社会教化之功效。[①] 例如，浦江“义门”郑氏，乃是元、明两代所树立的“家族之典范”。早在洪武初年，朱元璋便召见郑氏八世孙郑濂，询问治家之道，答曰：“谨守祖宗成法”并上呈《郑氏规范》。朱元璋翻阅后感慨：“人家有法守之，尚能长久，况国乎？”[②]洪武十八年，朱元璋又赞许郑氏家族为“江南第一家”，并于五年后亲笔题写“孝义家”赐之。此外，还专门聘用郑氏族人为皇家教师，专门为太子传授家庭孝义之道。这种示范作用影响之深远，甚至在后世的家训中经常被提及并作为标榜。明代姚儒在《教家要略》中就称郑氏规范为家训之典范。嘉靖时期《鄱阳洪氏统宗谱》以及隆庆时期《歙县泽富王氏会通宗谱》中所制定的家规都是效仿《郑氏规范》的“再翻版”。实际上，树立榜样，以教风俗自古便有之。《尚书》之中就记载道：“旌别淑慝，表厥宅里。”只是到了明清时期，对于民间家庭和人物的旌表范围更为广泛和具体，主要包括忠臣、孝子、义士、节妇、贞妇、烈女等，其奖励方式主要是封官赐爵、树立匾额、立石碑、牌坊、建祠堂、旌善亭或实物赏赐等。一般来讲，民间和顺美满家庭和孝义贞节之人要由地方官员推荐至朝廷，经“风宪官核”核实上奏，方可旌表奖励。当时的家庭多以旌表为荣，并通过家教来对家庭成员，特别是晚辈、妇女进行种种道德要求。譬如，明代家训中对节妇和烈女的要求就有：“宗妇不幸少年丧夫，清苦自持，节行凛然，终身无玷者，族长务要会众呈报司府，以闻于朝，旌表其节。”[③]又譬如明代家训中记录了旌表家庭的标准为“天顺元年，诏民间同居共爨五世以上，乡党称其孝友者，有司取勘以闻即为旌表”[④]等。由此可知，这种给予平民或“小人物”以“至高无上”的道德荣耀对社会大众的激励作用是显而易见的，同时此类旌表也对教化民风、安定民心、营造社会良好风气起到了积极的作用。但是以今日的道德评判标准来

① 《册府元龟》卷一三七《帝王部・旌表一》。
② 毛策：《浙江浦江郑氏家族考略》(谱牒学研究第二辑)，杭州：浙江大学出版社，2009 年，第 157 页。
③ 费成康：《中国的家法族规》，北京：中国社会科学院出版社，1998 年，第 273 页。
④ 黄仲昭：《弘治八闽通志》卷七十二，福州：福建人民出版社，2006 年，第 1013 页。

看，许多旌表内容还是要辩证地加以对待，下一章节将进行系统的论述与说明。

1.5 本章小结

本章主要介绍了明代家训的特定历史背景，以及促使其发展和繁荣的影响因素。从经济因素来分析，地理风貌与自然环境形成了农耕文明的典型特性。小农生产和家庭手工业构成了自给自足经济形式的基本单位。农耕经济与家庭结构形成了耕读传家的教化方式，这从一定程度上决定了明代家训的内容与特征。从政治因素来分析，在统治阶级层面，伴随着中央集权的巩固与强化，表现为帝王家训与国家管理之间的有效衔接。在社会精英阶层，科举制度不但对士绅和官僚的流动性产生影响，更使得这一阶层极为重视家庭教育和读书治学。在平民百姓层面，宗法和宗族制度促使明代家训不断向规约化和系统化方向发展。从文化因素来分析，明代家训与儒家文化、伦理文化和家礼文化形成了层层推进，不断具体化的递进关系，既打通了儒家思想由精英文化向世俗生活融入的界限，同时也将儒家思想的精髓与内核（伦理文化与家礼文化）在普通家庭中得以融会贯通。从社会因素来分析，在“家国同构”的前提下，圣谕宣讲、个人讲学以及乡规民约等教化方式自上而下地灌输了封建统治阶层的道德标准。从某种程度上来说，这些民间教化方式与明训家训相辅相成，发挥了改善社会风气与促进民风的作用。

第2章

挖掘与阐释:明代家训德育思想述要

明代家训中的德育思想是十分丰富的。朱明勋认为,明代家训可以称之为“盛”,但不能称为“鼎盛”或“最盛”。[①] 这是因为,明代家训应视为是中国传统家训鼎盛的“预备阶段”,距离清代前期的空前繁荣还有一段距离,但这也不能掩饰明代家训的形式多样,洋洋大观。概言之,明代家训中的德育思想大体有五大方面内容,即读书治学之道、修身立命之道、齐家治生之道、蒙幼训女之道以及处事交友之道。可以说,无论是从数量、体裁还是内容、形式都日臻成熟与完善。然而,要清楚地认识到,由于这部分思想形成和发展于封建社会,必然有特定时代的落后和腐朽印记是需令人加以辩证分析和正确对待的。但从整体上看,其中所蕴含的美德仍然不失为一笔宝贵的文化遗产,亟待挖掘与阐释。为了便于对明代家训中的德育思想有较为全面和深入的了解,故欲用一整章笔墨对这一问题进行详细的探讨。

2.1 明代家训的特点分析

对明代家训特点进行科学分析,不但有助于梳理和归纳它的历史发展脉络,同时也能以此为凭借来判断某一特定时期家训的发展程度与水平。总体而言,对明代家训特点的研究是进行明代家训德育思想研究的重要一环。明代家训达到繁荣阶段,在特点上亦有诸多独到之处,这在数量、形式、特例、功能与作用等方面均有充分的体现。

---

① 参见朱明勋:《中国传统家训研究》,博士学位论文,四川大学文学与新闻学院,2004年,第193页。

2.1.1 明代家训的体例特点

对家训体例和形式的分析是研究传统家训不容忽视的重要环节。这是因为，只有家训的体例与形式较为丰富的历史时期，才可以证明传统家训逐渐走向成熟与完善。举例而言，秦汉时期就已经出现了家训文献。但这一时期的家训大多隐匿于其他专著之中，有章可循的家训内容大多在《史记》《国语》《左传》《战国策》中寻求只言片语。而影响力相对较高的诸如班昭的《女诫》，这类家训可谓凤毛麟角。南北朝时期，《颜氏家训》是中国家训的成熟之作，但纵观两晋隋唐时期，家训体例和形式又相对单一，数量极为有限，除"家书""遗令"或"诗训"等形式以外，并没有出现包容性较大的家训专著。可以说，这一时期的家训还略显"单薄"和"稚嫩"。故此，有理由认为，数量、体例和形式是判断某一时间家训发展程度最基本、最直观，也是最为有效的标准。

从明代家训的数量来说，其专著数量已经十分可观。由于大多专著散落于民间，故具体数字尚未有明确定论，但仍可以从古籍之中窥见一斑。据统计，《明史・艺文志》的"经部・小学类"中一共收录明代家训专著二十四部；[①]《中国丛书综录》中收集明代家训著作 28 部；[②]《丛书集成新编》与《丛书集成续编》中共计收录明代家训 36 部；《古今图书集成・明伦汇编・家范典》中共收录明代家训二十四部。[③] 其中，由于家训收录标准不同，故有少部分家训被重复收录。总体而言，明代家训专著数量仅次于清代，但目前统计数字也远非当时家训实况。因为除去家训专著之外，大部分独立家训篇章还隐匿于浩瀚的族谱、家谱、碑文和书信之中。虽然这些单篇家训数量不胜枚举，但大多数文本却被历史无情湮没，只能在有章可循的家训资源中挖掘可资借鉴的内容为当今所用。

从明代家训的体例来说，基本可以分为训诫体、散文体、警句体、歌诀体和诗训体这五大类。具体而言：

---

① 参见朱明勋：《中国传统家训研究》，博士学位论文，四川大学文学与新闻学院，2004 年，第 115 - 116 页。

② 陈节：《古代家训中的道德教育思想探析》，《福建学刊》，1996 年第 2 期。

③ 参见王瑜：《明清士绅家训研究(1368—1840)》，博士学位论文，华中师范大学历史文献学，2007 年，第 4 页。

第一，训诫体是明代家训最为常见的体例。此类家训不拘泥于固定形式，直接进行劝导和告诫，随事示教。这类家训文章长短随意，有理有据，语言内容因文而异。有的家训中还将纪传体融入训诫体之中，先描述人或事物，再进行一番分析和评论，力图达到以理服人的教育目的。这种事例分析通常从正反两方面进行描写，强调感染力与震慑力。譬如，许云村在《许氏贻谋四则》中说道："学者识见欲远，操守欲正，器局欲大，然须从幼养成温恭端默气象，处众恒以退让下人，绝口勿矜门阀，勿炫行能，勿优劣乡人，勿臧否时政，勿品评士大夫文行，言偶及之，称善不称恶。"可以看出，作者既从正面劝告子弟应该如何学习，同时又警示家人不应逾越之标准。一般而言，训诫体家训的作者文化修养相对较高，帝王，文臣官宦所著家训多采用此体例。

第二，散文体家训也是明代广泛使用的体例，与以往各时期相比并没有太多变化。以杨继盛的《赴义前一夕遗嘱》为例，其中写道："你姐是你同胞的人……你娘要与她东西，你两个休要违阻，不但失兄弟之情，且使你娘生气，又为不友，又为不孝，记之记之。"又说："敬你哥哥要十分小心，合敬吾一般的敬才是。若你哥哥计较你些儿，你便自家拜跪，与他陪（赔）礼。"可以看出，其内容与训诫体比较略显轻松明快，也更为详实和丰富。

第三，警句体，特点是：其一，句子既饱含意蕴、耐人寻味，同时又言简意赅、警醒他人。譬如，陈继儒在《安得长者言》中讲到行善积德时说："或本薄福人，宜行厚德事；或本薄德人，宜行惜福事。"在谨言慎行方面，他说："喜时之言多失信，怒时之言多失体。"项乔在《项氏家训》中通常使用格言警句来教化子弟，例如："有钱置产要分明，暗昧交关便起争。纵有神通能作主，后来难保子孙耕。""末作游民懒不耕，何尝衣食得丰盈。赌钱输了终为盗，饮酒多时便起争。""饶人尺地未为痴，免破家财任尔欺。善恶报人如反掌，子孙长保是便宜"等。其二，警句体多使用先人名言来阐释自己的观点。譬如：吕坤在《闺范·女子之道》中曰："宋儒有云：'死大下事易，成犬下事难。'故圣人贵德，尤贵有才之德……"可见此类题材虽语句简短但训诫作用却能一语中的。

第四，明代家训中的箴言、歌诀体家训数量也颇为丰富，也具有鲜明特色。此类家训语言短小精悍，大多附于家训之中或结尾部分，并以四言、五言、七言等韵文形式独立成篇，可唱可诵，朗朗上口。譬如，吕坤的《演小儿语》就是对古代儿歌和蒙学的改编和演绎，其中有些极富有哲理且寓意深刻的话语采用了歌诀体，例如“箬帚秧，扫帚秧，直干繁枝万丈长，上边扫尽满天云，下边扫尽世间尘。中天日月悬双镜，家家户户都清净，不怕六合扫不了，且向自家心上扫。”又譬如，王阳明的《训儿篇》则采用了箴言形式，意在教育幼儿道德常识，他说：“幼儿曹，听训教。勤读书，行孝道。学谦恭，循礼义，节饮食，戒游嬉戏。毋说谎，毋贪利。毋任性，毋尚气。毋责人，须自治。”（《王文正公全书》卷三）由此可知，这一体裁家训作为开蒙读物大多适合蒙幼、儿童等初学者，其内容采用通俗易懂的方式表现出来，容易记忆。

第五，诗训体家训在明代也十分常见。此类诗歌可讲究韵律、格式，也可不拘一格，自成体系，但其中的教育意义亦是显而易见的。现举方孝孺的一首《勉学诗》为例，该诗主要教育子女应对父母尽孝道：“儿童聚嬉戏，不离父母傍。父母顾盼之，百忧为尔忘。惟此慈爱心，比同春日光。……儿身以长大，能不念往常。愉色与婉容，倾心奉高堂。嗟哉力何短，父母恩更长。”

2.1.2 明代家训的德育内容特点分析

为了更便于对明代家训的德育内容特点进行归纳与概括，现将部分家训内容简介汇总于表 2.1。

表 2.1 明代家训德育内容简述

作者	家训名称	家训内容简介
曹端	家规辑略	祠堂、家长、宗子、男女、劝惩、习学、婚姻、丧礼、推仁等
曹端	夜行烛	明孝保身、明礼正家、明礼却俗、兄弟之亲、睦族和乡、训诫子孙、善恶分辨、祸福因由等
陈其德	垂训朴语	读书、人品、养心、保家、老年、儿童、训后、劝善等
崔汲	家闲	居家、祀先、事亲、处兄弟、择妇、处宗族、读书、力农等
方孝孺	家人箴	正伦、谨礼、务学、笃行、自省、崇畏、择术、虑远、慎言等
方孝孺	宗仪	尊祖、重谱、广睦、奉终、务学、谨行、修德、体仁
郭应聘	家训	蒙训、端习尚、崇谦德、务世业、谨昏嫁、重庙祀、修宗谱、禁停葬、厚吊恤、先亲睦、节经费、严出入、儆僭逾等
何伦	何氏家规	孝亲敬长、隆师亲友、待人接物、鞠育教养、读书写字、出处进退、节义勤俭、饮食服御、量度权衡、保守身价等

（续表）

作者	家训名称	家训内容简介
何士晋	宗规	乡约当遵、祠墓当展、名分当正、宗族当睦、谱牒当重、闺门当肃、蒙养当豫、职业当勤、赋役当供、节俭当崇等
黄佐	泰泉乡礼	立教、明伦、敬身、小学大学之教、崇孝敬、广亲睦、忠信等
霍韬	家训	冠婚、丧祭、子侄、蒙归、汇训上下、田圃、衣布、膳食等
吕坤	闺范	女子之道、夫妇之道、妇人之道、母道、姐妹之道、妯娌之道、姑嫂之道
吕坤	四礼翼	冠礼翼、婚礼翼、丧礼翼、祭礼翼
吕坤	宗约歌	劝祭祖、劝孝亲、劝友爱、劝和邻、劝教子、劝勤业、劝节俭
刘良臣	凤川子克己示儿编	正心、持身、居家、理财、明经、接人、崇礼、治官、归田等
刘氏	女范捷录	统论、后德、母仪、孝行、贞烈、忠义、慈爱、秉礼、智慧、勤俭、才德
陆树声	陆氏家训	守护祖墓、孝敬父兄、和睦宗族、教导子弟、谨慎交游、男女婚嫁、置买产业
庞尚鹏	庞氏家训	本业、考岁用、遵礼度、禁奢靡、严约束、崇厚德、慎典守等
秦坊	范家集略	身范、程范、文范、言范、说范、闺范
丘濬	家礼仪节	通礼、冠礼、昏礼、丧礼、祭礼
仁孝文皇后	内训	德性、修身、慎言、勤励、警戒、节俭、事君、母仪、慈幼等
沈鲤	文雅社约	书札、宴会、称呼、揖让、交际、冠服、闲家、田宅、劝义、冠婚、丧祭、身俭、心俭、女训约言、垂涕衷言、社仓议等
宋诩	宋氏家规部	正己、正人、严祠墓、谨堂室、教子孙、时饮食、均衣服等
宋诩	宋氏家要部	正家之要(立心、立身、奉亲、奉先)治家之要(守国法、慎家教、宜正大等)理家之要
王澈	王氏族约	祠仪、简任、籍考、汇训、冠昏、丧祭、内治、嘉言、善行等
王樵	王樵家书	读书、做官、处事、治学、治家等
吴时行	吴氏家训	投匿公庭、盗卖田产、赌博倾荡、横泼生事、酗酒犯上等
王演畴	讲宗约会规	期会款式、讲约规条、周咨族众、讥察正供、平情息讼、矜恤孤苦、禁戢闲谈

（续表）

作者	家训名称	家训内容简介
王祖嫡	家庭庸言	祠堂、坟墓、义田、冠昏、丧祭、孝友、交游、耕读、俭约、讲学、经术、史学、养生、容忍、居乡、言语、土木、祸福等
徐学周	槜李徐翼所公家训	训为父章、训为子章、训兄弟章、训夫妇章、训农章、训读章、训女章
徐桢稷	耻言	治家、修身、处事、教子等
许相卿	许氏贻谋	家则、学则、祠则、墓则
姚儒	教家要略	祖宗、家长、夫妇、婚姻、务农、睦邻、安分、衣食、剑约等
杨兆坊	杨氏塾训	教子孙、孝亲、友悌、睦族、妇德、嗜学、俭身、谨礼、雅量、端谨、施惠、坚忍、知人、立教、政事、官箴、诚信、师道等
袁颢	袁氏家训	家难、主德、民职、为学、治家
袁黄	了凡四训	立命之学、改过之法、积善之方、谦德之效
袁黄	训儿俗说	立志、敦伦、事师、处众、修业、崇礼、报本、治家
张永明	家训	孝父母、宜兄弟、正夫妇、训子孙、睦宗族、勤学业、力本业
支大纶	家训	立统纪、择学术、严家范、崇俭素、端仕进、习礼仪、敦友谊、习百忍、安贫贱等
庄元臣	治家条约	严内外、慎火烛、勤作业、节财费、修交际、修祭祀、立庄规、定家用、定修仪、清支缺、明簿账、慎出放、禁巫卜等

纵览明代家训的德育思想，在汲取前代家训内容的基础上也出现了许多前朝未有的变化和特点。归纳来说，大体有以下几大方面：

其一，修身与治学成为明代家训的重要主题。修身乃儒家一以贯之的治学之道。儒家经典典籍《大学》与《中庸》本就是讲学习和修身的学问与方法，并以此提高内在德性进而实现“内圣外王”之最终理想。明代时期，理学盛行，从很大程度上来讲，理学的重要内容即为修身和治学。朱熹整理的《四书集注》不但是官方科举考试的评判标准而备受世人推崇，更是明代家训教育子弟修身与治学的参考范本。故此，在家庭教育中，修身与治学既是治家、治国的前提和基础，也是提升个人道德修养的必由之路。

其二，训女和蒙学教育普遍出现。女子和儿童教育是明代家训修身与治学内容的延伸，而这两部分内容也是以往家训中很少提及的。明代家训中出现了专门为女性道德教化撰写的《内训》《女范捷录》《温氏母训》《女诫》和《新妇谱》等，同时也出现了大量针对幼儿开蒙的家训。这一时期，随着对女性教化的加强，明代家训中既出现了超越封建社会的进步思想，同时有关女性贞烈观念的负面内容也日益增多。

其三，礼仪规范与社会风俗教化日益增多。明代家训中强化了人们日常交往中的礼仪规范，一方面，不仅体现在家庭内部形成了制度化、规范化的道德行为准则，同时还规定了家庭成员在冠、昏、丧、祭等家庭重大事件中所要遵循的程序与原则。另一方面，明代社会民间教化也明显增多。这与封建统治者的高度重视以及民间讲学的传播与推广密不可分。朱元璋颁布的《圣谕六言》以及明代法典《大诰》更加注重“正纲常，明上下”的民间礼教规范。并且，王阳明《南赣乡约》等一系列乡规民约与家训专著共同对改善社会风气发挥了一定的作用。

其四，家法族规的奖惩力度逐渐加强。明代专制集权的日益强化逐渐渗入到家庭层面。明代家训中的奖励机制是为了鼓励家庭成员更好地规范言行和修身养性，而惩罚制度则更起到震慑家人的作用，其中以家法族规的法律化特征更为突出，有关奖励与惩罚的规定也更为具体。例如，《庞氏家训》中就记载了鞭打、杖责等惩罚措施，在《蒋氏家训》《家规辑略》等家训中还记载了除名、递交官府甚至处死等十分严重的惩治措施。

其五，家庭事务管理更为具体，择业观选择更为丰富。明代中后叶，工商业进一步发展，商人数量明显增加，在各行各业中出现了不同程度的资本主义萌芽。中国传统“重农轻商”或是“重农抑商”的职业传统有所改善。故此，明代家训中不仅出现了诸如“士农工商，业虽不同，皆是本职”（王孟祺：《讲宗约会规》）这种较为进步的职业观，同时还出现了商贾家训这类新的家训形式。

2.1.3　明代家训的社会功能与作用

通过上述有关内容与特点的分析可以看出，明代家训在中国家训发展史上占据着重要的位置。同时也对明代家庭和社会的发展发挥了不可估量的重要作用。具体而言：

第一，将儒家思想普及至民间，达成了“家教立范”与“修齐治平”的统一。

中国古代社会，儒家思想作为主流意识形态在文化与道德领域始终占据着主导地位。正所谓“儒者宣而明之”（《隋书·经籍志》）。统治阶层和儒者们所极力倡导的是要将儒家思想普及于民众的实际生活之中。事实上，儒家思想的精神实质和文化内涵是通过一系列原典古籍表现出来的，其语言文字的华彩性、思想内核的深刻性以及逻辑论证的思辨性就决定了这种思想只能囿于极小部分的社会精英文化圈子中。如若将儒家思想普及至民间，就势必要将“阳春白雪”转化为“下里巴人”的表达方式，除去玄之又玄的高深成分，代之以朴实无华的浅显叙述方式。而传统家训则打破了统治阶级和读书人对儒家思想的垄断格局，构建了圣人之学向民间过渡最为行之有效的途径。明代家训开拓性地将经典著作、解经之书以通俗易懂的文字表达并传播开来，一方面，它将儒家思想，特别是宋代以来玄妙缜密的理学转化成为垂训子孙后代的勉励之言、训示教诲之言；另一方面，还在日常生活中将修身、齐家的个人目标与治国、平天下的人生理想结合在一起，缔结了儒家思想理想性与现实性的统一。由此可见，明代家训既遵循了儒学的理论本旨又将其运用于教化实践，明确了传统家庭道德教化的标准和规范，充分发挥其应有的社会功能与作用。

第二，衔接、调整家庭与社会之间的人伦关系，对维系传统社会的稳定与发展发挥了积极作用。明代家训是古代“家国同构”这一特殊社会属性孕育而生的文化产物，同时，它又与中国数千年来所沿袭的宗法制度息息相关。因此，明代家训对家庭成员的道德要求与社会、国家的道德标准大体上是一致的。可以说，家训的制定即是在家庭内部达成了成员之间的价值认同与规范共识，其作用是：一方面，为防止家人逾越正常伦理秩序，避免家庭内部矛盾激化起到了一定的监督和警示作用；另一方面，为管理家庭事务，维护家庭的稳定与和谐提供了重要的制度保障。明代社会，家庭、家族组织庞大，要使得合家兴盛，采用“国有国法，家有家规”的治理原则就更为行之有效。正如曹端所言：“国有国法，家有家法，人事之常也。治国无法则不能治其国，治家无法则不能治其家，譬则为方圆者不可以无规矩，为平直者不可以无准绳。是故，善治国善治家者，必先立法以垂其后”[1]，意即说，家法与国法相辅相成，

---

① 曹端：《曹端集》，北京：中华书局，2003 年，第 181 页。

二者构成了统一的整体。古语有云："民为邦本，本固邦宁。"(《尚书·夏书》)明代家训的社会功能就在于将人和社会紧密地联系在一起的同时，亦达成了社会意识与家庭道德认同之间的共识。

第三，对维护家道昌盛、长久安康，对改善社会风俗起到了正向作用。众所周知，与现代个体家庭不同，传统大家庭合爨共居，数世同堂，同一族群人口数量从几十人到几百人不等。家庭之中，受性格特点、价值取向、利益倾向等因素的影响，家庭内部的人际关系十分复杂。加之传统大家庭资产庞大，拥有田地、房屋众多，有关家务管理和财产分配的原则就显得尤为重要。如若对家庭成员管理不当，对家庭财产分配不均，不但会使家人之间产生不必要的矛盾，甚至还可导致家产倾荡，家道衰败。因此，制定一套较为完备的家训是十分必要的。另外，明代中后期，鉴于世风日下，众多家训、家诫或家法族规要求家庭成员注重言谈举止和行为规范。这一时期还涌现出大量"戒书"，如袾宏的《戒杀文》、曹鼐的《防淫篇》、孙念劬的《戒嗜酒文》等都意在提醒家人戒除恶习，心存善念，以礼待人。由此可见，明代家训所提倡的道德教化在一定程度上对改变家庭风气，维护家庭稳定以及安定社会秩序发挥了积极的作用。

2.2 明代家训德育思想的内容概述

概括而言，明代家训的德育内容大体由修身、治学、齐家、交游等几方面构成。其中，治学多从学习目标、学习方法以及学习态度等方面展开；修身主要从谨言和慎行两方面论述；治家方面则较为具体，包括人伦关系，治家管理，礼仪规范等内容；交游方面则着重强调邻里亲戚，师生友人的处世之道。明代家训的德育思想基本是以儒家的"修齐治平"为依据而展开的。方孝孺在《家人箴》中说道："是以圣人之道，必察乎物理，诚其念虑，以正其心，然后推之修身，身既修矣，然后推之齐家，家既可齐，而不优于为国与天下者无有也。"[①]这段话便基本概括了明代家训德育思想的总体思路与德育要求。

① 方孝孺：《逊志斋集》卷一，宁波：宁波出版社，2000年，第28页。

2.2.1 明代家训的读书治学之道

古人云："万般皆下品，惟有读书高。"（汪洙：《神童诗》）古人视读书为天下第一要事，即是强调读书学习的重要性。孔子曰："生而知之者，上也；学而知之者，次也；困而学之，又其次也；困而不学，民斯为下矣。"（《论语·季氏》）就连孔子本人也自诩"吾非生而知之者，好古，敏以求之"（《论语·述而》），更不用说大多数人生来并非聪慧之人。如若要达成儒家"内圣外王"的圣贤境界，就更加需要后天的读书与顿悟。方孝孺言："人或可以不食也，而不可以不学也。不食则死，死则已；不学而生，则入于禽兽而不知也。与其禽兽也，宁死。"（《杂诫》）可见，崇儒尚文、求知重道的观念在明代家庭中依然根深蒂固。所以明代家训中的勉学思想不但强调学贵有恒、专心致志的学习态度与毅力，更加强调熟读精思、学以致用的学习方法与目的。具体而言，可以从以下三个方面展开论述：

2.2.1.1 "学贵济世，学以致用"——治学的志向

立志乃做人之基。古人云："天行健，君子以自强不息。"（《周易·乾卦》）即是说，"人贵立志"乃是人生修为和道德修养的第一要素。从古至今，凡成大业者，不但要志存高远，胸怀宏图伟略，更要自强不息，发愤图强，方能不断攀登，实现人生价值。正如苏轼所言："古之立大事者，不惟有超世之才，亦必有坚韧不拔之志。"（苏轼：《晁错论》）可以说，立志是人们确立人生方向和目标所应具备的矢志不移的决心和毅力，也是人们为达到人生境界和价值目标所应拥有的坚韧不拔的意志和品格。此外，立志也是治学之基。正所谓"非学无以广才，非志无以成学"（诸葛亮：《诫子书》）。在古人看来，读书不但能"求圣求贤"，成为君子，更能"学而优则仕"，济世安邦。因此，树立远大目标和学习志向就是读书最为必要的前提和基础，不但要"志以发言，言以出信"，更应该"信以立志，参以定之"（《左传·襄公二十七年》）。

明代家训中有关立志勤学的德育思想大体包括两方面内容：其一，明代家训强调立志的重要性。譬如，明人杨继盛曰："人须要立志，初时立志为君子，后来多有变为小人的，若初时不先立下一个定志，则中无定向便无所不为，便为天下之小人，众人皆贱恶尔。"（《谕应尾应箕两儿》）杨继盛用平实的语言教育后辈立志的几层含义，一是说立志可辨明君子与小人之别，这里所

指不是从道德层面区分善与恶,而是要认清做人应具备的知识与眼界;二是说立志之人方可得到社会的认可,而无志向之人终究一事无成被世人嫌弃;三是说志向不应以官职权位的高低为标准,真正有志之人应该是人人敬重的君子。可以说,杨继盛这段训子之言基本涵盖了立志的核心内涵。明人姚舜牧则认为立志乃人生之根基,他说:“凡人须立志,志不先立,一生通是虚浮,如何可以任得事?”(《药言》)明人徐学周认为人不读书与动物无异,“人不读书,禽兽何异。读不识字,不读何异”,他教育子弟立志读书不是在于功名利禄,更重要的是不辱门风,切勿徇私舞弊、贪赃枉法,“一脉书香,慎勿使坠。读书成名,岂志饱温。毋黩货贿,毋侧权门。戒之念之,义命攸存”[①]。同样,明人姚儒认为人生的乐事在于立志读书,他说:“人生至乐,无如读书;至要,无如教子。富者之教子须重道,贫者之教子须是守节。”(《教家要略》)览遍明代家训中的立志思想,不难发现,明确学习志向要比掌握才能技艺更为重要。王阳明在《示弟立志说》中说:“学莫先于立志,志之不立,犹不种其根,而徒事培拥灌溉,劳苦无成。”即是说,如若没有才能,也可积极主动学习,成为有用之才。如若没有学习志向,即便花费再多的劳力与苦心,也没有成才的希望。他又说:“志不立,天下无可成之事,虽百工技艺,未有不本于志者。……志不立,如无舵之舟,无衔之马,飘荡奔逸,终亦何所底乎?”(王阳明:《教条示龙场诸生·立志》)

其二,明代家训指出了立志的目的。《庭帏杂录》中将志向分为三个层次:“士之品有三,志于道德者为上,志于功名者为次,志于富贵者为下。近世人家生子,禀赋稍异,父母、师友即以富贵期之。其子幸而有成,富贵之外,不复知功名为何物,况道德乎!”[②]可以看出,不同家庭树立的志向不同,最终的教育成果也会不尽相同。所以,自立下志向之初就在一定程度上决定了人一生发展的目标与方向。明代期间,科举制度成熟,无论家境贫寒或是富贵者,大多期许通过仕途之路来建功立业,光宗耀祖,这也是多数读书人的首选目标。姚舜牧就在《药言》中指出:“士、农、工、商各居一艺,士为贵,农次之,工商又次之。”足以见得谋求官位和取得功名对读书人的重要意义。更

---

① 徐学周:《槜李徐翼所公家训》,见《明董其昌行书徐公家训碑》。

② 袁衷:《庭帷杂录》,见《丛书集成新编》第33卷,台北:新文丰出版社,2008年,第177页。

有甚者，诸如范进中举这种极尽病态的渴求金榜题名的事例也是当时社会现状的真实反映，这从侧面反映出知识分子对追求功名利禄的急功近利。需要注意，明代家训中所反映出的立志观念还是将修身做人放在第一位的，而对仕途的要求是第二位的。例如，吕维祺曰："读书要存心养性，明道理为真儒，出为名世，非为取科第之阶梯而已。"[①]明人陈继儒曰："富贵功名，上者以道德享之；其次以功业当之；又其次以学问识见驾驭之。其下，不取辱则去祸。"[②]

其三，读书志向除考取功名之外，还在于治国安邦。多数明代家训将读书立志与国家兴亡联系在一起，希望家庭子嗣立不凡之志，成国家栋梁之才。例如，明人陈其德说道："读书人未仕当为名教攸关之人，既仕当为君民倚赖之人，致仕当为乡国推重之人，方不愧'读书'二字之意。"[③]又如，明人何尔健在《廷尉公训约》中教育后代要"以立志读书为正务"，读书不仅是为了功名科举，更重要的是济世经邦。他说："人能日日诵读，玩索探求，虚心就正有道之君子，读遍典坟，穷则为通儒为正人；达者为忠臣，为义士。有济于国家，有光于祖宗，岂特邀一科、博一第而已也。"[④]嘉靖年间进士山东察御史杨爵因上书入狱七年。他在狱中虽百般折磨，但仍不忘教育家中后辈立志读书。他的《杨忠介集》中收录了35篇家书，其中大多内容是在狱中写给儿侄二人，信中爱国之情跃然纸上，亦可见他心系天下之胸怀。他说："我今日患难，关世道之升降、天下之安危，不是一身一家小小利害。大丈夫志在天下国家，不以生死存亡为念，但尔儿女子之情不能自已，然亦徒忧无益。"(《杨爵家书》)明末官员吴麟徵，在动乱之世告诫家人要保全安危，却依然不忘教育子女要读书立志，要志向远大。他说道："世变日多，只宜杜门读书，学作好人，勤俭作家保身为上。"他还指出："争目前之事，则忘远大之图；深儿女之怀，便短英雄之气。"(《家诫要言》)总之，"天下兴亡，匹夫有责"(顾炎武：《日知录·正始》)，明代家训所倡导的读书明志不乏舍生取义、为国为民的家国情怀，这也是我

① 吕维祺：《吕维祺语录·论子》，《古今图书集成·明伦汇编·家范典》卷三九，"教子部"。

② 陈继儒：《安得长者言》，见陈眉公《宝颜堂秘笈》本。

③ 陈其德：《垂训朴语·读书十三则》，《四库全书存目丛书》本。

④ 何尔健：《廷尉公训约》，见何兹全、郭良玉整理《按辽御珰疏稿》，郑州：中州书画社，1982年，第99页。

国古代人民以天下社稷为重之真实写照。

2.2.1.2 “学贵有恒,学在勤勉”——治学的态度

《礼记·学记》中指出:“玉不琢,不成器,人不学,不知道。”明代家训强调读书的重要性,首先便是要端正读书与治学的态度。方孝孺指出:“人孰为重?身为重。身孰为大?学为大。天命之全,天爵之贵,备乎心身,不亦重乎?不学则夷乎物,学则可以守身,可以治民,可以立教,学不亦大乎?学者,圣人所以助乎天也,天设其伦,非学莫能。”[①]方孝孺认为身心与读书同等重要,一个人的学识能通晓天道人伦之常理,能治国理政安邦定国,才是真正的圣贤之人。姚舜牧亦将读书态度放在首要位置上,他强调读圣贤之书在于人品和人格的历练,而非追求权力与利禄之名分,他说:“世间极占地位的是读书一着,然读书占地位在人品上,不在势位上。”[②]明人刘良臣则认为,人的品性德行与读书态度的关系十分密切,他指出:“道德文辞举业,二者本相通而不相悖,相资而不相害,……体用兼备矣。”[③]

其次,明代家训强调读书要勤学苦练、持之以恒、贵在坚持。譬如,明人唐文献教导儿子读书要养成习惯,坚持不懈,他说道:“从今立一决定志,先定一课程,务须为有常,十日之内不废一日,一年之内不废半月,到半年之后,工夫纯熟,觉一日作辍,心中不自安,便是长进消息矣。”[④]同样强调读书要学贵有恒,日积月累还有陈献章,他在《景阳读书潮连赋比勖之》中言:“愿汝勤诵读,一读一百过。磋余老且病,终日面壁坐。古称有志士,读书万卷破。”可以说,学识与道德修养的提升是不断沉淀和自我完善的过程,王阳明也指出君子立志学习应坚定不移,应贯彻始终,他说:“是以君子之学无时无处而不以立志为事。正目而视之,无他见也;倾耳而听之,无他闻也,如猫捕鼠,如鸡覆卵,精神心思凝聚融结,而不复知有他。然后此志常立,神气精明,义理昭著。”[⑤]我们认为,学习态度是较为稳定且持久的心理和行为倾向,它反映了学习者对待学习的价值认知和心理认同。明代家训如此重视读书志向与读书

① 方孝孺:《逊志斋集》卷一《杂诫》,《文渊阁四库全书》本。

② 姚舜牧:《药言》,见《丛书集成新编》第33卷,台北:新文丰出版社,2008年,第201页。

③ 刘良臣:《凤川子克己示儿编》,《续修四库全书》本,1983年。

④ 唐文献:《唐文恪公文集·家训》,见赵振:《中国历代家训文献叙录》,济南:齐鲁书社,2014年,第239-240页。

⑤ 王阳明:《王文成全书》卷七《示弟立志说》。

态度，即是对学习者作出正确读书行为的心理预设，进而为落实良好学习方法打下坚实基础。

最后，明代家训认为读书可以改变脾气秉性和生活态度。譬如，吴麟徵在《家诫要言》中指出："多读书则气清，气清则神正，神正则吉祥出焉，自天祐之；读书少则身暇，身暇则邪间，邪间则过恶作焉，忧患及之。"庞尚鹏也说道："学贵变化气质，岂为猎章句、干利禄哉？如轻浮则矫之以严正，褊急则矫之以宽松，暴戾则矫之以和厚，迂迟则矫之以敏迅，随其性之所偏，而约之使归于正，乃见学问之功大，以古人为鉴，莫先于读书。"[①]明代文学家、书法家陆深指导儿子陆楫要正确认识读书与身心之间的关系，他指出："读书学问，大事在养心，养心先须养气，元气充足，百事可办。……无益之事，足以费日，力害身心，当畏之如蛇蝎可也。"(《京中家书二十三首》)既然读书要用心，那么做学问更要发自肺腑，不应矫揉造作，他又说，"作文须要从胸次流出，方成作家，细看两汉、韩文，当有自得处，又须从与自己合处用工，切不可随人赞毁也。"陆深如此重视读书心境，更要求儿子"我平生文字稿薄可一一收束，一字不可失也；交游书札自可作一柜藏起，楼上俱可架阁也"(《京中家书二十四首》)。陆氏一家固有的文化内核早已深深地根植于家族血脉之中，融入家庭成员的一言一行之中。这种家族学风虽历经时代兴衰起伏，岁月沧桑砥砺，但其家族的文化气质和文学素养依旧绵延不断，泽被后世。这种现象也印证了中国千余年来文化家族体制与家族精神不断发展、演变的特性，进而揭示某些文学世家长盛不衰的根本原因。

2.2.1.3 "熟读精思，循序渐进"——治学的方法

荀子曰："吾尝终日而思矣，不如须臾之所学也；吾尝跂而望矣，不如登高之博见也。"(《荀子·劝学》)有关知识与践行之间的关系，自古便被先哲们广泛讨论。明代时期，受理学思想影响，"知行合一"的观念被更多人所接受并运用于日常教育之中。明代家训在教育和培养子孙方面，尤为重视"知与行"的结合，特别是治学方法，不但要求善于观察和思考，还要身体力行，从日常生活出发，总结读书的经验和规律。正如明人薛瑄所言："若小学，若四书，如

① 庞尚鹏：《庞氏家训》，见《丛书集成新编》第33卷，台北：新文丰出版社，2008年，第192页。

六经之类，诵读之，讲贯之，思索之，体认之，反求诸日用人伦之间。”①明代家训中总结出一系列可资借鉴的读书经验与方法，在此列举一二：

其一，读书要温故知新，养成良好的学习习惯。何伦在《何氏家规》中说道：“读书以百遍为度，务要反复熟嚼，方始味出，使其言皆若出于吾之口，使其意皆若出于吾之心，融会贯通，然后为得。如未精熟，再加百遍可也，仍要时时温习。若功夫未到，先自背诵，含糊强记，终是认字不真，见理不透，徒敝精神，无益学问。”②意即说读书浅尝辄止终究读不出什么道理，务必要做到书读百遍其义自见。明人王樵曰：“书忌泛读，须从经学世务上紧切用工。大抵学只有身心、世务两事，理会得此两事则何事不了矣。”③意思是说，仅仅从书本中获取知识，难免收效肤浅，如若能亲身躬行，则必然持久难忘。明人韩霖则认为，言传和身教要统一才能养成读书习惯。他指出：“教之法，言身二者，父与师之教法也。夫童稚之心，如未书素简；亲师之舌，如笔墨写书，必入之深而后存之久。”④

其二，读书要不耻下问，戒除陋习。杨爵告诫后辈，“读讲有疑当静坐思之，在先生朋友前又当虚己质问，不要以问人为羞，心有所疑不问，岂能知世上有一样人。心上不知以问人，又恐笑人，这样人终不能成。”（《杨爵家书》）姚儒教育子女说：“人多是耻于问人，假使今日问于人，明日胜于人，有何不可？盖聚天下众人之善者，圣人也；此舜之所以好问而孔子所以无常师也。”⑤另外，明代家训中还列举出一些读书的不良习惯，要求晚辈引以为戒。譬如《庭帏杂录》中就记录了袁衷父亲告诫兄弟两人读书“八戒”：“余幼学作文，父书‘八戒’于稿簿之前曰：‘毋剿袭，毋雷同，毋以浅见而窥，毋以满志而发，毋以作文之心而妄想俗事，毋以鄙秽之念而轻测真诠，毋自是而恶人言，毋倦勤而怠己。’”⑥《杂录》中还要求写作之时不能模仿他者，要贵在创新，有自己的观点，其文曰：“作文、句法、字法，要当皆有源流，诚不可

---

① 薛瑄：《敬轩文集》卷十二《书》，《文渊阁四库全书》本。

② 何伦：《何氏家规》，见《丛书集成续编》第61卷，台北：新文丰出版社，1988年，第32页。

③ 王樵：《王樵家书·与仲男肯堂书》，《方麓集》载有全文。

④ 韩霖：《铎书·维风说》，引孙尚扬、肖清和等：《铎书校注》，北京：华夏出版社，2008年，第103－104页。

⑤ 姚儒：《教家要略》，万历二十四年忠恕堂刻《由醇录》本。

⑥ 袁衷等辑：《庭帏杂录（卷下）》，见《丛书集成新编》第33卷，台北：新文丰出版社，2008年，第179页。

不熟玩古书，然不可蹈袭，亦不可刻意摹拟，须要说理精到。有千古不可磨灭之见，亦须有关风化。不为徒作，乃可言文。若规规摹拟，则自家生意索然矣。”①从明代家训的治学思想可以发现，其读书方法大多是主观经验传授，虽欠缺一些科学性和系统性，但其内容又往往符合各自家庭的教化特点并具有针对性。

其三，读书要经史结合，循序渐进，方可培养出优秀人才。明人林希元在《家训》中主要记载了教导儿子林一松和林一梧读书方法，并且针对两个儿子不同的学习习惯进行教育。他指出：“儿子方今要紧只在多读多作，一松尤以多作为先，每早读书，食饭后就作‘义’一篇了，然后看书。做到一二月后，当自有功效，笔下自纯熟矣。”又对另一子说：“一梧可读汉文，但全史未熟，根本门户未立，虽读古文无益也，须将《通鉴纲目》及性理诸书，日夜熟读，以立根本门户。”②杨士奇则强调因材施教，认为对待不同天赋的子女要选择不同的书籍来学习。他说：“须访求有德有学之人为师，以教子侄。择其资质颖悟者教之以治经，次者教之读书讲解、习诗文杂学。必皆教之正心、修身、事亲、处人之道为本。”③方孝孺也认为子女要在不同的年龄学习不同的礼数和艺技，“树木生有枝，子弟教及时；七年异男女，八岁分尊卑。二五学书计，逢人多礼仪。三五学射御，四五加冠矮”(《勉学诗》)。

明代时期，儒家的“四书五经”依然是读书学习的主要科目。明成祖朱棣曰：“六经者，圣人为治之迹也。六经之道明，则天地人心可见，而至治之功可成。”(《四书大全》卷首)明代科举考试规定“四书”要使用朱熹集注，“五经”要以程朱传注为主。这就更要求读书人应该认真研磨“四书五经”。刘良臣在《凤川子克己示儿编》中言：“天下之理，五经载之尽矣，天下之事，五经处之至矣，诸史则成际，百家皆绪余也，一经不通，则为偏学，一经精通可互参考，四书五经如四时五行，四德五常，缺一不可也。”唐文献在《家训》中说道：“三六九作文，每日经书四篇，断不可缺一次。”④袁颢的学习方法更侧重于对原典文

① 袁衷等辑：《庭帏杂录(卷下)》，见《丛书集成新编》第33卷，台北：新文丰出版社，2008年，第179页。

② 林希元：《林次崖先生文集》卷十二《家训》，见赵振：《中国历代家训文献叙录》，济南：齐鲁书社，2014年，第166页。

③ 杨士奇：《东里续集》卷五十二《家训·训旅、鵷、艮、稷》。

④ 唐文献：《唐文恪公文集·家训》，见何兹全、郭良玉整理：《按辽御珰疏稿》，郑州：中州书画社，1982年。

本的理解："读书之法，须扫除外好，屏绝纷华，洁洁静静，使胸襟湛然，从容展卷，必起恭敬，如与圣贤相对，俯而读，仰而思，字字要见本源，句句须归自己"①。许云村则将每日读书任务与读书方法详实地记录下来。在读书习惯方面，他要求："务要心口眼三到，毋得目视东西，手弄他物，一书已熟，方读书，毋务泛观，毋务强记。"在读书内容方面，他要求："初读蒙训，日四句至六句，次读古文孝经，日二行至三行，次读古小学，朱子小学，日三行至四行，看读背读通读如后法，乃读大学论语孟子中庸集注，渐增至千字止，自孝经以下，读过书，日带温，倍不辍。乃读易、诗正文，……乃读周礼仪礼礼记左氏春秋正文，乃读本经连注，每日所读以上诸书，随日所授，先与训释意义，则心解易熟，亦渐开善端，少长业次，但勿间其功，切勿穷其力也。"②许云村制定的读书任务从幼儿蒙学至孝经、至小学、至四书五经、至读礼记等，所读之书由浅入深，由易到难，循序渐进，形成了一套较为系统和完善的学习体系。

综上所述，读书志向、读书态度和读书方法大体上是明代家训治学之道的主要内容。明代家训劝勉晚辈读书不仅仅是为了科举入仕，光耀门楣，更强调通过读书，将圣贤之志与自身德性相融合，进而端正学习和治学的态度。明代家训讲求学习方法，学习规律，重视读书技巧，可见，这些读书治学之道蕴藏着诸多闪光之处，值得今人去借鉴和学习。

2.2.2　明代家训的修身立命之道

所谓修身，是个人道德修养"自我提升、磨炼的道德活动，是个人为了培养优秀的品质、高尚的人格而进行的自我锻炼、自我陶冶、自我改造的活动"③。修身侧重于人的自觉性，就是除去道德规范等外在强制性教化之后的一种个人自身力求完善的道德需要。古代先哲们十分重视修身的重要性，老子曰："修之于身，其德乃真。"(《道德经》五十四《修德为本》)韩非子曰："修身洁白，而行公行正。"(《韩非子·饰邪》)可以说，先秦"百家争鸣"时期，不同学派对修身的侧重各有不同，但尤以儒家对其最为重视。孔子认为，修身在于

① 袁颢：《袁氏家训丛书·为学》，见赵振：《中国历代家训文献叙录》，济南：齐鲁书社，2014年，第156页。

② 许云村：《许氏贻谋四则》，《续修四库全书》本。

③ 张锡勤：《中国传统道德举要》，哈尔滨：黑龙江大学出版社，2009年，第341页。

"修己以安人""修己以安百姓"(《论语·宪问》)。孟子则进一步指出:"天下之本在国,国之本在家,家之本在身。"(《孟子·离娄上》)而将修身阐述得最为全面的应是儒家经典《礼记·大学》中所言:"古之欲明明德于天下者,先治其国。欲治其国者,先齐家。欲齐其家者,先修其身。……"《大学》中的这段话逻辑层层推进,其根基是以修身为先决条件。意即说,如若"德行天下",必先治理国家,必先齐家,必先修身。而事事万物有本末也必有始终,"知所先后,则近道矣",因此,修身不但可以齐家,更可以治国平天下,进而形成了一套"修齐治平"的逻辑闭环。这样,个人、家庭与国家便构成了三位一体的统一。总之,"自天子以至于庶人,壹是皆以修身为本"(《礼记·大学》)即是强调修身的关键和重要。

明代家训受儒家思想影响最为深远。事实上,宋明之前的家训中很少记录关于修身的内容,这说明修身思想与宋明理学的发展是具有同步性的。明代家训十分重视儒家思想特别是理学思想中的道德哲学,其修身内容也增添了理学的思辨特色。众多明代家训在开篇就将儒家"修齐治平"思想作为家庭德育的核心内涵,抑或将儒家原典作为修身立命的参见范本。方孝孺在《宗仪》序言中便写道:"盖善有余而法不足,法有余而守之之人不足,家与国通患之,况俱无焉者乎!余德不能化民,而窃有志于正家之道,作《宗仪》九篇,以告宗人。"[①]姚儒在《教家要略》的序言中引用《大学》来教育家庭成员。他强调:"古君子修身以教家,故民彝立而家道正。格物致知,诚意正心,所以修身而治国、平天下,则是教家之推。世之箕裘嗣业者,如颜氏有家训之作,郑氏有家规之作,要皆不失《大学》教人之法,用善夫后而已。"[②]姚舜牧指出:"一部《大学》只说得修身,一部《中庸》只说得修道,一部《易经》只说得善补过,修补二字极好,器服坏了,且思修补,况于身心乎?"[③]上述事例足以证明儒家修身对明代家训影响之深远。

2.2.2.1 "诚意正心,修德于己"——务实与重行

古人认为,人的本性与道德修养是密切相关的。孟子强调"性善论"与荀子提倡"性恶论"虽处不同时代,但二者理论根源却殊途同归,归根到底都是

---

① 方孝孺:《逊志斋集》卷一,宁波:宁波出版社,2000年,第36-37页。

② 姚儒:《教家要略》,万历二十四年忠恕堂刻《由醇录》本。

③ 姚舜牧:《药言》,见《丛书集成新编》第33卷,台北:新文丰出版社,2008年,第200页。

在探讨人的本性与道德修养之间的关联。此后，董仲舒的“性三品”以及扬雄、王充和韩愈等人大抵上都认同人性的“有善有恶”论。宋明理学家提出了双重人性论的标准，即由“天地之性”与“气质之性”推导出“人心之道”和“天理人欲”之说。儒家探讨人性论，是因为它是修身的先决条件。而修身之过程，需要经由“诚意”和“正心”方能达成。其中，尤以“诚意”为重。朱熹曾讲："透过诚意之关则善，不然则恶。"（《朱子语类》卷十五）意思是说，只有除去外部纷扰的表现，寻求内心真诚之善，才能内化为道德情感和道德信念，从而形成“正心”的良性道德素养，即“诚其意者，自修之首也”。①

纵观明代家训中的修身之“诚意”，其先决条件在于树立正确的道德认知，即有能够区分是非善恶的道德标准。高攀龙言："吾人立身天地间，只思量作得一个人，是第一义，余事都没要紧。"他将道德标准定义为："以孝弟（悌）为本，以忠信为主，以廉洁为先，以诚实为要……"②明人刘良臣认为修身标准在于："言有章，动有礼，肄业精，修识谨，入恭出敬，崇俭睦邻，忠君信友，尊德乐义，为官循良，谋虑深远。"③再者，有关修身的方法，明代家训认为读书治学、言行务实和慎独自省这三者尤为重要。这与《中庸》所说“好学近乎知，力行近乎仁，知耻近乎勇。知斯三者则知所以修身”的一番话有异曲同工之妙。由于读书治学的内容在上一章节中已经做出详实论述，故不在此多言，这里着重论述“务实重行”和“慎独自省”这两种修身方法。

其一，明代家训讲求修身，要务实重行，谨言慎行。关于“知与行”的问题，宋明理学家们曾有过激烈的争论。代表性观点包括程朱的“知先行后”说、王阳明的“知行合一”说。清代的王夫之又提出了“行先知后”说。朱熹虽讲“论先后，知为先”，但是他又强调“论轻重，行为重”（《朱子语类》卷九）。“知”与“行”的位置无论孰前孰后，先哲们对于它们在道德认知和在实践中的重要性这一观点是基本一致的。一般来讲，古人所讲的道德应是一种实践精神，而非精神实践。正所谓“行高人自重”（袁采：《袁氏世范·处己》）。如若道德只停留在精神层面而不付诸实践，那么，德行修养则毫无意义可言。总体而言，明代家训中的修身是强调知与行的统一，并且还十分重视将道德修

① 参见朱熹：《晦庵集》卷六十《书·答周南中》，《文渊阁四库全书》本。
② 高攀龙：《高子遗书》卷十《家训》，《文渊阁四库全书》本。
③ 刘良臣：《孝弟堂训》，见赵振：《中国历代家训文献叙录》，济南：齐鲁书社，2014年，第159页。

养融入至日常生活的实践之中。譬如，方孝孺告诫族人要谨言慎行，如言行不慎，不但有损声誉，甚至毁掉家族盛名，他强调："才极乎美，艺极乎精，政事治功极乎可称，而行一有不掩焉，则人视之如污秽不洁，避之如虎狼，贱之如犬豕。……可不慎乎！"[①]张永明认为名门望族家的子弟更应该注重个人修身。他指出："门高则骄心易生，族盛则为人所嫉。……故膏粱子弟，学宜加勤，行宜加励，仅得比他人耳。"他强调躬身实践，务实力行乃是善良的开端，"男子立身天地间，以孝、弟、忠、信、礼、义、廉、耻八字，朝夕体认，实践躬行，万善百行皆从此出"。[②] 曹端在《夜行烛·保身全家》中指出"不忍事、听妇言、好饮酒、恶谏诤四者"乃是修身之忌讳，并且强调注重言行是修身的前提和基础，"所以古之君子，切以此戒焉"。姚舜牧在《药言》中对修身要求则更为具体和严格，他指出："决不可存苟且心，决不可做偷薄事，决不可学轻狂态，决不可做惫懒人。"方孝孺在《家人箴·自省》中所说："言恒患不能行，行恒患不能善，学恒患不能正，虑恒患不能远，改过恒患不能勇，临事恒患不能辨。"也就是通过家庭德育使道德认知与道德认同能够外化并落实于日常生活的言行之中，使得方孝孺所说的"言、行、学、虑"最终归于笃行。由此可见，明代家训中的修身即是道德实践的过程，在讲求务实重行、谨言慎行的同时还要克服知而不行、躬行不力的恶习。

其二，明代家训讲求修身，要日积月累，积善成德。正所谓"千丈之堤，以蝼蚁之穴溃；百尺之室，以突隙之烟焚"（《韩非子·喻老》）。中国自古便有揭示由量变到质变的辩证之理。北宋张载则明确提出了"渐化与着变"一说，他认为："变则化，由粗入精也；化而裁之谓之变，以着显微也。"（张载：《正蒙·神化》）可见，其内在含义是强调量变与质变的相互联系和转化。无论是自然界还是人类社会，都要遵守"量变与质变"这一不二法则。以此类推，在道德领域，人的善抑或是恶也都是日积月累的结果。明代家训认为，日常生活之中即便是微小之善与恶也是断然不可忽视的事情，轻视言行举止的甚微小事，或许可能引来祸端，酿成大祸，正如曹端在《夜行烛》中所言："小则殒身灭性，大则覆宗绝祀。"因此，在家庭道德教育的过程中，重视甚微与注重积累乃

① 方孝孺：《逊志斋集》卷一，宁波：宁波出版社，2000 年，第 51 页。
② 张永明：《张庄僖文集》卷五《家训》，《文渊阁四库全书》本。

是修身的又一重要原则。

荀子曰："积善成德，而神明自得，圣心备焉。"（《荀子·劝学》）明代家训注重积善成德的教育思维。一方面，指出了道德品质和德性修养是需要一言一行，一点一滴的积累方能成为圣贤之人，铸成君子人格，而这一过程是缓慢且长期的。譬如，高攀龙在《家训》中说道："善须是积，今日积，明日积，积小便大，一念之差，一言之差，一事之差，有因而丧身亡家者，岂可不畏也。……去无用可成大用，积小惠可成大德，此为善中一大功课也。"明人陈继儒说："人生一日，或闻一善言，见一善行，行一善事，此日方不虚生。"（《安得长者言》）杨继盛则认为修养身心的关键是要反思自身行为是否能够达到积善的标准，他说："见一件好事，则便思量我将来必定要行；见一件不好的事，则便思量我将来必定要戒；见一个好人，则思量我将来必要与他一般；见一个不好的人，则思量我将来切休要学他，则心地自然光明正大，行事自然不会苟且，便为天下第一等好人矣。"[①]另一方面，明代家训还强调不要忽视小恶的所造成的不良影响。虽然恶有大小之分，而世人常对大恶诘责，却对小恶无视，但善恶理应该泾渭分明，小恶积累终成大恶。譬如，明人方宏静认为："谓小善为无益而弗为，其大者曰非能为也，则何时为善？谓小恶为无伤而不去，其大者尝曰是亦小耳，则何恶不为？"[②]袁黄在《训子语》中教育子女说道："日日知非，日日改过，凡一日不知非，即一日安于自是，一日无过可改，即一日无步可进。天下聪明俊秀不少，所以德不加修，业不加广者，只为'因循'二字，耽搁一生。"[③]可以看出，明代家训中大多都不认为人的恶是先天的，只是后天教化不足，忽视了小恶，积少成多，终成恶的品质，做了坏人，即"玩于微，成于渐，而坏于积"（徐桢稷：《耻言》）。总之，要做到防微杜渐，克制小恶和小过错，"重小损，矜细行，防微敝"（吕坤：《呻吟语·广喻》），德性的积累乃是"进道入德，莫要于有恒"的过程，只有"不必欲速，不必助长，"方可"自到神圣地位"之境界（《呻吟语·修身》）。

---

① 杨继盛：《杨忠愍集》卷三《赴义前一夕遗嘱》，《文渊阁四库全书》本。

② 方宏静：《燕贻法录》/《方氏家训》，附于闵景贤《法楹》之后，收录于《广快书》，《续修四库全书》卷二十三《千一录》中。

③ 袁黄：《训子语》，见《丛书集成续编》第61卷，台北：新文丰出版社，1988年，第39页。

2.2.2.2 “静之存养，省察克治”——慎独与自省

慎独，意即为在自己独处、无他人的情况下，不需要监督和提醒，依然能够坚持修身原则，自觉遵守道德规范，恪守道德准则，坚持表里如一的行为方式。儒家思想认为慎独是一种至高的道德境界，只有做到了慎独，个人道德修养才真正达到了自律性与自觉性的统一。朱熹说：“独者，人所不知而己所独知之地也。”(《四书章句集注・大学章句》)意即强调慎独行为与他人无关，乃是修身者内心的活动。朱熹又说：“小处如此，大处亦如此。显明处如此，隐微处亦如此。表里内外，精粗隐显，无不慎之。”(《朱子语类》卷六十二)这无疑是很高的慎独标准。

为了强化道德修养，明代家训要求家庭成员在日常生活中坚持慎独。具体而言：其一，通过“主敬”来强化慎独。正所谓“涵养须用敬”(《二程遗书》卷一八)。即用诚敬和敬畏之心来保持一种严肃认真、一丝不苟的慎独态度。如方孝孺所言：“君子崇畏，畏心畏天。畏己有过，畏人之言。所畏者多，故卒安肆。”(《家人箴・崇畏》)又如吴麟徵所言：“身贵于物，汲汲为利，汲汲为名，俱非尊生之术。”他认为慎独的标准要先做到内心光明磊落，坦坦荡荡，“人心止此方寸地，要当光明洞达，直走向上一路。若有龌龊卑鄙襟怀，则一生德器怀矣”。再者，修身慎独要从小做起，坚持不懈，“少年人只宜修身笃行，信命读书，勿深以得失为念。人品须从小作(做)起，权宜、苟且、诡随之意多，则一生人品坏矣”(《家诫要言》)。其二，通过“诚意、正心”来进行慎独。古人言：“不诚则不独。”(《荀子・不苟》)他们所深恶痛绝的是表里不一的“诈善”。这种所谓的“善”是做给他人看的，而内心却是自欺欺人的双重道德标准，这是慎独极为避讳之事。明人项乔说：“不朽事业诚在人品。”(《项氏家训》)只有做到诚意、正心，才能达到真正的慎独。刘良臣在家训开篇即强调：“夫心者身之主也，不正则无以检其身，欲克己者莫先于正心，故首正心，而持身次之。”他还警告子孙不正心的严重性：“心，天君也；四肢百骸，其臣仆也。一念之发，理欲分也，君失其道，臣窃其柄，视听言动，即入异途，遂至夷狄禽兽之归，而本心亡矣。严乎慎哉！”[①]明人宋诩认为修身慎独的关键在于“立心”与

---

① 刘良臣：《克己示儿编・正心》，见赵振：《中国历代家训文献叙录》，济南：齐鲁书社，2014年，第160页。

“立行”。“立心”就是要做到“静而知所以存养之,则不见不闻之间,亦有所戒惧,而本心常存也。动而知所以省察之,则至隐至微之事,必谨其独,而心常失也”。“立行”就是要做到“善则当向而决于为,恶则当去而决于不为”。只有这样,方能达到君子立身的标准,即“穷而不失其义,达而不离其道,以成君子之名”①。

所谓自省,就是找出自身的不足,认知自身的过失,通过自我审视缺点的方式来提升道德素养的过程。孔子曰:“吾日三省吾身。”(《论语·学而》)就是强调经常反复自省的重要性。明代家训同样强调通过自省来修己、修身。首先,自省的基本要求和核心精神在于自觉悔改,改过及时。杨继盛认为,自省要日日省、随时省、遇事省,他说:“心以思为职,或独坐时,或深夜时,念头一起,则自思曰这是好念,是恶念?若是好念便扩充起来,必见之行。若是恶念,便禁止无思。方行一事,则思之,以为此事合天理不合天理,若是不合天理,便止而勿行,若是合天理,便行。”②明人崔汲认为自省可以让心志更加坚定,因此自省要坚持不懈、不可间断,只有竭尽全力,方可悟出真理,他指出:“夫用心不密,不能觉;造理不精,不能识;立志不坚,不能改;用力不勇,不能速;爱己不切,不能悔。夫财复得,即为己财;事差即改,孰非己善?”③袁黄在《了凡四训》中阐述了自省就是用善心和善念改正过错,他说道:“何谓从心而改?过有千端,惟心所造;吾心不动,过安从生?学者于好色、好货、好名、好怒,种种诸过,不必逐类寻求,但当一心为善,正念现前,邪念自然污染不上。”④其次,以“自镜”的方式来自省。古人通常以他人为鉴来对比自己的言行,时常以他人过失来引以为鉴,这称之为“自镜”。譬如,明人唐顺之说道:“居常只见人过,不见己过,此学者切骨病痛,亦学者公共病痛,此后读书人,须苦切点检自家病痛。盖所恶人许多病痛,若真知反己,则色色有之也。”⑤明人刘德新在《余庆堂十二戒》中说:“不以不如人之道德品谊为耻,而以胜于我之居处服食为羡。”这是说,见他人之优劣,与己身来比较,久而久之则形成虚

① 宋诩:《宋氏家要部》,《北京图书馆古籍珍本丛刊》本。
② 杨继盛:《杨忠愍集》卷三《赴义前一夕遗嘱》,《文渊阁四库全书》本。
③ 崔汲:《家闲》,明嘉靖十七年(1538)后渠书院刻本。
④ 袁黄:《了凡四训》节本,见赵振:《中国历代家训文献叙录》,济南:齐鲁书社,2014年,第215页。
⑤ 唐顺之:《荆川文集》卷四《与二弟书》,《四部丛刊初编》本。

心之态度,进而提升了修身之境界。最后,以隐喻或对比的方式来"省察克治",即通过自身的"省己""察己"来改正缺点,进而达到"克己""治己"。譬如,姚舜牧在《药言》中将"仁心"比作果实,如若内心已坏,则果实(即外在言行)也必然腐败,"桃梅杏果之实皆曰仁。仁,生生之意也。虫蚀其内,风透其外,能生乎哉?人心内生淫欲,外肆奸邪,即虫之蚀,风之透也"[1]。无独有偶,庞尚鹏在《训蒙歌》中也有类似的比喻,"凡做人,在心地,心地好,是良士,心地恶,是凶类。譬树果,心是蒂,蒂若坏,果必坠"[2]。吕坤在《呻吟语·广喻》中用射箭比喻自身过错要自己反省,不可怨天尤人也不可推卸责任,他说道:"射之不中也,弓无罪、矢无罪、鹄无罪。书之弗工也,笔无罪、墨无罪、纸无罪。"

综上所述,明代家训中的修身之道,承载儒家思想的文化底蕴和精神实质,不但注重个体自身修养的提升和道德素质的完善,并且强调"积道于躬,惟勤于教学;蓄德于己,多识于前言"(朱棣:《圣学心法》)来达成"内圣外王"的至高目标与理想。不言而喻,正因为修身如此重要,古人才持之以恒且不遗余力地从事道德修行,努力克己自强、超越自我,以期达成圣贤之人的完美人格和崇高境界。总之,"志欲大而心欲小,学欲博而业欲专,识欲高而气欲下,量欲宏而守欲洁"(袁衷:《庭帏杂录》),明代家训中诸多关于修身的独到见解,仍值得今人深入探究和仔细品味。

2.2.3 明代家训的齐家治生之道

古人重视齐家,把管理家庭作为治理国家的提前和基础。这是因为在古代,家庭关系是一切社会关系的核心与关键。所谓家庭关系,"是家庭成员之间依据自身的角色,在共同生活中的人际互动或联系,是家庭的本质要素在家庭人际交往中的表现形式,是家庭成员之间一切社会关系的总和。"[3]宗法制度形成了以血缘为基础的家庭和社会关系,人们依照管理家庭、家族的形式来治理社会和国家,进而形成了"家国同构"的社会构建模式。这种特殊社会组织形式表现为:一方面,"伦理本位"和"伦理至上"的原则不仅注重家庭、

① 姚舜牧:《药言》,见《丛书集成新编》第 33 卷,台北:新文丰出版社,2008 年,第 199 页。
② 庞尚鹏:《训蒙歌》,见《丛书集成新编》第 33 卷,台北:新文丰出版社,2008 年,第 195 页。
③ 邹强:《中国当代家庭教育变迁研究》,博士学位论文,华中师范大学教育学专业,2008 年,第 68 页。

家族的人伦关系,更将其扩展至整个社会和国家的治理层面。另一方面,中国传统社会的价值观念和道德规范也同样聚焦并适用于家庭生活之中,这就将家庭、社会和国家紧密地联系在一起。因此,齐家与治生在传统社会就显得尤为重要。明代以降,各类家训著述日益增多,有关齐家治生的思想逐渐发展、完善,并逐渐显现出系统化和细致化等特征。明人崔汲就引用了朱熹"居家四本"的句子并准确地概括了治家的基本准则:即"读书起家之本,勤俭治家之本,和顺齐家之本,循礼保家之本。"[①]明代家训的齐家内容大体上就从人伦和谐、管理有方、勤俭节约以及重礼规范等方面展开。

2.2.3.1　"孝亲敬长,兄友悌恭"——人伦之道

人伦之道的核心即为"孝","孝"乃人伦之本,乃一切道德的本源。宋明时期,"孝"的道德范畴不断扩展,其作用日益强化。曹端说:"孝乃百行之原,万善之首。"(《杂着·夜行烛》)姚舜牧说:"一孝立,万善从,是为肖子,是为完人。"(《药言》)高攀龙说:"以孝弟为本,以忠义为主。"(《家训》)可见,"孝"在人秩序之中处于无法撼动的至高地位。"孝"乃人类血亲关系的真实反映,父母是生命的创造者和养育者,这种人类原初情感的真挚流露即是尽孝、行孝的情感基础。《孝经·纪孝行章》中指出"尽孝"的五个标准:即"孝子之事亲也,居则致其敬,养则致其乐,病则致其忧,丧则致其哀,祭则致其严,五者备矣,然后事亲。"父母的养育之恩终生难以回报,故赡养父母乃是子女义不容辞的责任和义务。

明代家训也在如何尽孝方面提出了诸多要求。明人项乔认为从生活点滴做起才是孝道的根本,他指出:"平居必供奉衣食,虽贫不辞;有病必亲奉汤药,虽久不怠;有事必代其劳苦,虽难不避。"[②]他在《项氏家训》中还写道:"孝顺父母之道,为百行之本",孝子贤孙表现突出者还可受到宗族嘉奖,"有能孰崇道德,为孝子顺孙、义夫节妇及居官清慎勤、尽忠报国光前裕后,……死后仍附主于祠,永同始祖配享。"[③]明代家训还强调子女赡养老人不仅要"善养",还应该"敬养",对待父母要和颜悦色,恭敬体贴,始终如一。譬如,方孝孺就指出"敬孝""善孝"最为珍贵:"人之异于物者,以其知本也。……君子之为人

---

① 崔汲:《家闲》,明嘉靖十七年(1538)后渠书院刻本。

② 项乔:《项乔集(下)》,上海:上海社会科学院出版社,2006年,第513-516页。

③ 项乔:《项乔集(下)》,上海:上海社会科学院出版社,2006年,第513-516页。

子孙，非以养生为贵，而以奉终为贵；非以奉终为难，而以思孝广爱为难。”（《宗仪·尊祖》）韩霖也认为敬爱父母，要让父母安心，“孝顺之事亦多端，今先讲两件事：一是养父母的身，竭己之力，罄家之有。凡有棉帛，父母未衣，不忍先着体；凡有美味，父母未食，不忍先入口。……一是安父母的心，做好人，行好事，勿履险构怨，以危父母”[①]。同样，彭端吾也认为尽孝需安父母心，“保此身以安父母心，做好人以继父母志，便是至孝”[②]。明代是“孝”逐渐从家庭伦理向政治伦理转变的重要历史阶段，在三纲的统摄下，逐渐加剧了对“孝”单方向且绝对化的限定，孝的消极层面逐渐增强。可以说，传统孝道表现出等级森严的残酷一面，同时更要聚焦其温情脉脉的柔情之面。譬如，明人陈其德教育子女尽孝要趁早、要及时：“孝顺需趁早，孝顺不趁早，高堂容易老。……一旦恨终天，珍羞总虚渺。”[③]温璜之母还道出一家之中老人在世的诸多好处，句句朴实无华，却温情脉脉，令人感动，“堂上有白头，子孙之福。故旧联络，一也；乡党信服，二也；子孙禀令，僮仆遗规，三也；谈说祖宗故事与郡邑先辈典型，四也；解和少年暴急，五也；照料琐细，六也。”[④]基于以上论述，我们认为，今人对待明代家训中有关“孝道”的理解还应回归至它最基本、最原初的内容之中，即将敬老、尊老和爱老践行于当代家庭的日常生活之中，才是孝道的应有之义。

除孝亲敬长以外，明代家训还注重家庭伦理中的兄弟关系。古代往往“父兄”并称，这是因为传统家庭、家族大多严格区别大宗和小宗，其目的是确保本族权力和财产具有合理继承性和合法继承人。所以，长兄作为家族第一继承人其地位就显得尤为重要。故此，在伦理层面就更加注重诸弟对兄长的行为规范和准则。也可以说，无论是“孝”还是“悌”都具有宗法社会的道德属性。而“兄友弟恭”不但体现了古代兄弟之间的手足情深，强调晚辈之间的和睦相处，同时也为维系家庭中同辈之间的人伦关系提供了合理依据。具体而言，所谓“兄友”，即是说长兄应担负起对弟幼应有的关照爱护，“友”这一标准是要求长兄注意分寸和尺度的把握；而“弟恭”则是要求弟幼对待兄长要有敬

① 韩霖：《铎书·维风说》，引孙尚扬、肖清和等：《铎书校注》，北京：华夏出版社，2008年，第57－58页。
② 彭端吾：《彭氏家训》，见张师载：《课子随笔钞》卷二，《有福读书堂丛刻》本。
③ 陈其德：《松涛先生自叙》，见《垂训朴语·趁早歌五首》（之二），《四库全书存目丛书》本。
④ 温璜母：《温氏母训》，《文渊阁四库全书》本。

重的态度和表现。举例来说，姚舜牧在《药言》中言："孝弟是人之本，不孝不弟便不成人了。"明人黄标在《庭书频说》中亦说道："兄弟果能敦同胞之义，念天伦之情，兄怜弟幼而能友能宽，弟思兄长而知恭知忍，如此协和。"①明人周思兼在遗嘱中叮嘱两个儿子："兄弟本同一气，如左右手，互相扶持。……彼心与我心不甚相远，务要各相体谅，财上分明，不可一毫占便宜。"他还用比喻的方式教育儿子要兄弟团结："昔人以箸为喻，一箸易折，二箸合并，急忙难折。"②除此之外，明代家训还指出兄弟之间不要因利益和财务而分家疏远，彼此产生隔阂。譬如，郭应聘教育儿子们："骨肉天亲，连枝同气，凡利害休戚，当生死相维持。"他还指出："昔人云：'世间至易得者，田地；至难得者，兄弟。'当熟念之。"③明人王祖嫡同样认为："兄弟之间，但一人为利，一人知义，必不至于参商；惟二人俱知利耳不知义，故手足变为戈矛，骨肉化为寇仇尔。"④明人徐学周曰："兄长勿恃，弟幼勿忌。一恭一友，各尽斯臧。"⑤一言以蔽之，只有在家中"孝于父母，友于弟昆"，方可能将德行和善念"推及亲故，以至乡邻"⑥，这也正是明代家训注重人伦教育的核心之所在。

2.2.3.2　"勤俭持家，量入为出"——治生管理

家训中有关治家、治生等家庭管理的记录肇始于宋代，其中尤以北宋叶梦得的《石林治生家训要略》为典型代表。他"突破了北魏以来甚嚣数百年之久的将富国富民之业与治私人之生断然割裂、完全对立的传统文化观念的束缚。"⑦叶梦得将儒家思想"诗书礼乐"与"义理养心"结合起来，并主张"实治生之最善者"乃"士之治生也"。叶氏的治生思想对后世家训影响颇为深远，此后家训中关于治家、治生的内容逐渐发展完善，形成了传统家训中别具一格的特色内容。

从明代起，各类家训著作中有关治理家庭、管理家庭财务等记载逐渐普及。究其原因，大体有两点可以略做说明：其一，生产力水平有所提高，多数

---

① 黄标：《庭书频说》，收录于张师载《课子随笔钞》卷三。
② 周思兼：《家训》，《四库全书存目丛书》本。
③ 郭应聘：《郭襄靖公遗集》卷十六《家训·先亲睦》，《续修四库全书》本。
④ 王祖嫡：《师竹堂集》卷九《家庭庸言·孝友》，《四库未收书辑刊》本。
⑤ 徐学周：《檇李徐翼所公家训》，见《明董其昌行书徐公家训碑》。
⑥ 李廷机：《李文节公家礼·训词》，《四库禁毁书丛刊》本。
⑦ 王长金：《传统家训思想通论》，长春：吉林人民出版社，2006年，第179页。

家庭仍以土地为生，但又不仅仅依靠土地而生存。与此同时，商品经济的萌芽促进了家庭生产、消费水平的提高。因此，明代家训的治生内容以农业生产为主，家务管理多以财产分配为主。其二，随着家庭人口不断繁衍壮大，经营家业等事务日益繁缛，如若没有系统的管理策略，不但影响家庭成员之间的财物分配，甚至直接关系到家族的命运兴衰。所以，家庭管理就显得尤为重要。纵观明代家训的齐家治生之道，主要有四方面内容，具体而言：

第一，明代家训重视治家之道，并且不同家庭的治家原则也不尽相同。曹端认为，治理家庭要以德为先，以德治家。他说："'成家之计，莫先于教子孙为善'，此我家严之常言也。"（《夜行烛·训诫子孙》）他还特别强调家长在治家中的重要作用："古人治家之道，惟以身教为先。为家长者，必先躬行仁义，谨守礼法，以率其下。"①（《家规辑略·序》）袁黄也认为："治家之事，道德为先。道德无端，起于日用。"②而霍韬的三个"第一"和五个"家"的原则简洁直接地规定了治家目标和要求：即"做第一等人事，做第一等人物，占第一等地步，使乡邦称为忠厚家，称为谨慎家，称为清白家，称为勤俭家，称为谦逊家。"③徐祯稷在《耻言》中认为严管家庭成员以及恪守治家之道才是家庭兴旺的根本。他说："人治家也以贻后也，治家不治守家之人，贻业不贻保业之道，智乎哉？"④同样，方孝孺认为，家庭成员之间要存敬畏之心，父严子顺，家庭和睦，子孙才不会做出格的事情，他说："有所畏者其家必齐，无所畏者必怠而睽。严厥父兄，相率以听。小大祗肃，靡敢骄横。于道为顺，顺足致和。"（《家人箴·崇畏》）方孝孺还强调持家要重"礼义"而轻"财利"，只有如此，才能保证家道的长治久安。他指出："古之为家者，汲汲于礼义。礼义可求而得，守之无不利也。今之为家者，汲汲于财利。财利求未必得，而有之不足恃也。舍可得而不求，求其不足恃者，而以不得为忧。"（《家人箴·择术》）此外，还有诸多家训告诫家人要杜绝不良嗜好与恶习，才是保家之关键。譬如，万衣告诫家人："士而好饮则丧志，农而好饮则丧稼，工而好饮则丧业，商而好饮则丧

① 曹端：《家规辑略·家长第二》，见《曹端集》，北京：中华书局，2003年，第186页。

② 袁黄：《训儿俗说·治家》，万历三十三年刊《了凡杂著》。

③ 霍韬：《渭厓文集》卷七《与家山书之十二》，见赵振：《中国历代家训文献叙录》，济南：齐鲁书社，2014年，第156页。

④ 胡二乐：《耻言序》，见徐祯稷：《耻言》，《四库未收书辑刊》本。

资，妇而好饮则丧守，……至于颠陨者，可不戒哉？可不惧哉。”[1]何伦则列举了十条“不可”警示家人不可触碰家规“底线”，如“第一不可奸骗人家妻女，第二不可赌博宿娼……第七不可傲人慢物，第八不可为贪心所使”，唯其如此才能“上不玷祖宗，辱父母，下不累妻子，害亲邻，一家安乐，为何如哉”（《何氏家规·保守身家之规》）。

第二，明代家训中的理财之法是量入为出，记账入薄。量入为出是古代家庭常用的管理财务的方法，大到几世同居的大家族，小至市井平民大多采用这种统筹理财之法。一般来说，古代家庭收入途径十分有限，而家庭人口数量又相对较多，因此，就必须提前考虑生活资料的合理化统筹，其中包括支出、消费、再生产，以及考虑备荒成本、上交税务和意外支出等诸多条目。可以说，量入为出之法对于自给自足的小农经济来说是十分适用的。故自宋代以后，这一方法被世人推崇并广泛使用。随着明代家训的逐步发展与完善，有关理财和家务管理等内容也日趋成熟。如庞尚鹏的《庞氏家训》、姚舜牧的《药言》、霍韬的《霍渭崖家训》以及许相卿的《许氏贻谋四则》等家训中对量入为出的理财方法均有详细的记录。现以庞尚鹏的《庞氏家训》为例，略述一二。如对粮食的管理方法：“每年计合家大小人口若干，总计食谷若干，预备宾客谷若干，每月一次照数支出，各另收贮。务令封固仓口，不许擅开，以防盗窃。……租谷上仓，除供岁用及差役外，每年仅存十分之二，故封积贮，以备凶荒。”对生产资料管理规定如下：“女子六岁以上，岁给吉贝十斤，麻一斤。……丈夫岁用麻布衣服，皆取给于其妻，吉贝于麻，各计每年给若干，不许雇人纺绩。”[2]又譬如，霍韬尤为重视家族的经济生产和经营管理，他强调：“居家生理，财货为急。聚百口以联居，仰赀于人岂可也。”一方面，要进行家庭成员的管理，“凡居家卑幼须统于尊，故立宗子一人，家长一人”（《家训·货殖》），另一方面，还要管理好农田和生产物资，“凡石湾窑冶，佛山炭铁，登州木植，可以便民同利者，司货者掌之……凡耕田三十亩，岁收，亩入十石为上功，七石为中功，五石为下功，灾不在此限。”为了能鼓励族人劳动耕种，积极参加生产劳动，家训中还制定了奖赏制度，如“报田十亩，以五亩为正绩。余

---

① 万衣：《万子迂谈》卷六《万氏家训》，《四库全书存目丛书》本。

② 庞尚鹏：《庞氏家训》，见张艳国：《家训辑览》，武汉：湖北教育出版社，1994年，第74－75页。

五亩，赏五分”(《家训·田圃》)。诸如此类量入为的出管理方式还有很多例子，不妨再列举一二。明人庄元臣管理家中田地要施行“凡桑地二十亩，每年雇长工三人，每人工银两贰钱，共银六两六钱。……逐月支放，不得预支”[①]。明人程钫在家训中对家族管理人员的产生、任职以及权力范围都进行了详实的规范，并提出了奖惩制度，“管理众事，每年五房各壹人轮值，壹年事完，先期邀下年接管人明算，将所领家议手册填注明白，复别具一册”[②]。而明人支大纶对家庭资产的收支记录十分详实，“一家产业赀财总造一册，以次相传：田若干，无大故不得轻售；米谷若干；器具若干。长子曰家督，无所不统……稍有积羡，即进公库”[③]。

除此以外，明代不少多世同堂的大家庭还实行簿记入账之法，即将一定时期的家庭收入和支出均记录在案，定期核对。这种方法不但便于对家庭财务进行有效管理，同时也防止家人对财产问题产生不必要的争端。一般而言，记账入薄的管理方式十分严谨，其要求是：账簿卷首有书字号、置立砧基簿、告官印押等内容，并且有“家中产业文券”等提示字样警示家人不可随便翻看。族长或家长还要将其封藏，妥善保管。另外，还要专门安排入账的记录人员学习记账方法，如有擅自违约者，由家长核实并按家规严肃惩罚。这里仍然以《庞氏家训》为例，对簿记入账略做说明。收入账记录为：“置岁入薄一扇，凡岁中收受钱谷，挨顺月日，逐项明开，每两月结一总数，终年经费，量入为出，务存盈余，不许妄用。”支出账记录为：“岁置出薄二扇，一扇为公费薄，凡百费皆书。一扇为礼仪薄，书往来庆吊祭祀宾客之费。每月结一总数于左方，不许涂改及窜落。”对财务人员的要求为：“理财为务者，若沉迷酒色，妄肆费用，以与亏陷，家长核实罪之。”[④]

第三，明代家训的治生之策在于勤俭持家。古人把节俭视为道德的基点，把奢侈视为最大的恶行，即“俭，德之共也；侈，恶之大也。”[⑤]从外在形式上来看，节俭与奢侈是关于如何对待金钱利益与物质享乐的态度，而究其根本

① 庄元臣：《治家条约·立庄规》，见《庄忠甫杂著》第八册，清抄本。
② 程钫：《窦山公家议·管理议》，《窦山公家议校注》，合肥：黄山书社，1993年，第138页。
③ 支大纶：《支华平先生集》卷三十六《谱牒·立统纪》，《四库全书存目丛书》本。
④ 庞尚鹏：《庞氏家训·考岁用》，见赵振：《中国历代家训文献叙录》，济南：齐鲁书社，2014年，第205页。
⑤《左传·隐公十一年》。

则关系到人的品德和本性。对此，明代家训讲得十分明白。支大纶在《谱牒·崇俭素》中曰："吾子孙但多读书，广识见，而崇俭素以褆身，斯保家之主也。"邹元标曰："与其浊富，宁守清贫。"(《家训诗》)许云村言："狥(徇)大义当芥视千金之产。"(《许氏贻谋四则》)明人方宏静不但将勤俭与君子人格联系到一起，还认为勤俭是祖上家风，定要恪守。他说："君子不苟得，不妄费，俭所以为廉也。"勤俭不但要继承，更要延续给子孙后代。他说："俭德之共可以持身，可以率人。绳祖武，贻孙谋，其必由是乎！"①无独有偶，很多明代家训都将勤俭视为传家法宝，提倡代代相传。杨士奇就语重心长地向家人讲述勤俭持家之道，他以祖辈清廉事例来教育子女要保持清廉家风。他说道："盖吾先世皆贫，然从来清白相传，不肯苟利。……待制公(杨贤可)着在史传，不必言。如云衢伯祖(杨升云)为贵溪县丞，一清如水，……退庵伯(杨卓)平生洁身如玉雪，不妄交一人。"②庞尚鹏亦叮嘱子孙们祖上创业艰辛，要珍惜今日生活之安康，牢记祖上训言："饱食安居，独不念先世创业之难，良工心独苦耶。"又说："尝闻祖宗基业自勤俭中来，子孙享其成，则不知有勤俭矣。"③同样，陆树声在《陆文定树声家训》中教育后辈一定不要忘记祖宗创业的艰辛，要居安思危。他强调："当盈成而常怀开创之艰，处丰余而无忘寒俭之素，则先业不坠，而家可常保。"而方孝孺则以史实警诫家人："富贵其子孙，而不力为善，是置子孙于贱辱之井、争夺之区而不顾也。"他认为用德行来驾驭财富是一个家庭兴盛与衰败的关键，"使贵而可传，则古之显人，与齐魏秦楚之君，至今不失祀矣"。如若贪求奢靡不入正路，即便祖上殷富足实，家破人亡之危也不久远矣，"使富而可传，则赵孟三桓之裔，有余积而无忧矣，然而皆莫之存，何哉？德泽既竭，而后人莫能继也"④。由此可见，"勤俭"是明代家训一以贯之的治家思想，甚至有的家训从衣食住行各方面提出勤俭的要求，力求将节省做到极致。例如，孙植在家训中记载道："子女婚嫁，务须省约，成礼慎毋奢靡多

① 方宏静：《燕贻法录》/《方氏家训》，附于闵景贤《法楹》之后，收录于《广快书》，《续修四库全书》卷二十三《千一录》中。

② 杨士奇：《东里续集》卷五十一《家书·示旅、粥、䳘、艮书》，见赵振：《中国历代家训文献叙录》，济南：齐鲁书社，2014年，第145页。

③ 庞尚鹏：《庞氏家训·严约束》，见赵振：《中国历代家训文献叙录》，济南：齐鲁书社，2014年，第206页。

④ 方孝孺：《逊志斋集》卷一《宗仪九首》，宁波：宁波出版社，2000年。

费。”他又指出:“内外服食俭素,恒存儒素家风。常服,葛苎细布,非公服不衣纨绮;常食,早晚菜粥,午膳一肴,非宾、祭、老、病,不举酒、不重肉。”[①]总之,“俭节则昌,淫佚则亡。”(《墨子·辞过》)古人深知节俭乃是一家兴旺、家运昌隆之根本,其教化效果早已深深地植根于古人心中。

第四,明代家训还十分重视对职业的选择,提倡以务农为本,其他职业皆可的观念。“重农本”的思想建立在中国古代传统经济的基础上,强调农业的重要性,即重视农业、以农为本。明代家训对职业观的选择大体上分为三种类型:其一,明代家庭大多认为务农仍然是职业的第一选择。例如,庞尚鹏曰:“子弟以儒书为世业,毕力从之。力不能,则必亲农事,劳其身,食其力,乃能立其业。”[②]明人程钫则强调务农的重要性:“五谷熟则人民育,则用足,则百事成,故受之以银谷。”[③]可见,此类家训中认为务农种田为治生之本,只有从事农业生产才是治家正道。其二,部分人虽强调农业为本,但也认可其他行业的选择。譬如,许云村在《许氏贻谋四则》中说道:“农桑本务,商贾末业,书画、医卜皆可食力资身。人有常业,则富不暇为非,贫不至失节。”(《家则·仕宧》)姚舜牧也持有相同的观点:“士、农、工、商各居一艺,士为贵,农次之,工商又次之。……第一品格是读书,第一本等是务农。此外为工为商,皆可以治生。”(《药言》)其三,还有一部分明代家训扬弃了“治生之道,不仕则农”的传统观点,主张农林牧副渔百业并举,士、工、商都可以成为职业选择。例如,温璜之母在《温氏母训》中说:“士、农、工、商各执一艺,各人各治所生,读书便是生活。”明人王孟祺在《讲宗约会规》中说:“士农工商,业虽不同,皆是本职。”孙植在《孙简肃公家训》对子女的职业要求是:“子弟性资拙钝,莫将举业担(耽)误,早令习练公私百务,如农桑本业、工商末业、书画医卜,皆可食力资身。”袁颢在《袁氏家训丛书·民职》中指出:“士农工商,所谓四民也。吾家既不应举,子孙又未必能力耕额,而工商皆不可为,所籍(借)以养生者,不可无策也。”原因在于袁氏家族以行医为业,“士农工商”四业皆不是治生之道,故世代继承祖辈从医之术,将医术发扬光大,救济苍生,“今择术于诸艺中,唯医

① 孙植:《孙简肃公家训》,载秦坊《范家集略》卷二,《四库全书存目丛书》本。

② 庞尚鹏:《庞氏家训·务本业》,见赵振:《中国历代家训文献叙录》,济南:齐鲁书社,2014 年,第 205 页。

③ 程钫:《窦山公家议校注》,合肥:黄山书社,1993 年,第 139 页。

近仁,习之可以资生而养家,可以施惠而济众"。这样,子孙后代也有生存之道,家族也不会落败,这种职业同样"子孙宜世世守之。"(《袁氏家训丛书·民职》)

值得一提的是,明代家训中不仅记载了择业观的多样性选择,同时还着重强调对职业技能和对职业态度的要求。譬如,在《庭帏杂录》中记录了袁仁教育儿子袁表要勤习职业技能的语句:"而业在是,则习在是,如承蜩、如贯虱,毫无外慕,所谓专也。"又譬如,张永明道:"天下之民,各有本业:曰士、曰农、曰工、曰商。士勤于学业则可以取爵禄,农勤于田亩则可以聚稼穑,工勤于技巧则可以易衣食,商勤于贸易则可以积货财,此四者皆人生之本业,苟能其一,则仰以事父母,俯以育妻子,而终身之事毕矣。"①正所谓"闻道有先后,术业有专攻"(韩愈:《师说》)。吕坤教育家中子弟要勤勤恳恳,尽职尽责,他说:"从来勤苦是营生,哪有青年自在翁?商贾离家千里外,农桑竭力五更中。富贵安闲难富贵,贫穷懒惰越贫穷。"②周思兼在《家训》中亦说:"士人一登仕途,无问职之崇卑,大约贵守规矩,勤职业。"另外,还有的家训强调从商者不要唯利是图,见利忘义。例如,何伦认为做生意要公平,不能短斤少两,顾小利益而失了大局,"心正而公,则制之惟准,用之惟平,使贸易输敛之间,两无亏累,即为天理矣"。他又说:"若以私刻存心,专图利己,……人可欺而心不可欺,心可欺而天下不可欺。"③明人蒋伊说:"交易及买卖日用等类,不得以重等入,轻等出,及用大小称。……交易分明不得贪小便宜,邻于刻剥,致人有怨言。"④以上就是明代家训择业观的基本概述。不难发现,伴随着商品经济的萌发,人们对择业观发生了明显的变化,这与以往各历史时期的家训相比较而言,亦是一次巨大的突破与进步。

2.2.3.3 "睦族好礼,德业传家"——家礼规范

"礼"在中国传统道德体系中占有重要位置。礼乃"四德""五常"之一,又为"四维"之首,堪称儒家道德教育中最具有实践性的德育范畴。传统意义上

---

① 张永明:《张庄僖文集》卷五《家训》,《文渊阁四库全书》本。

② 吕坤:《宗约歌·劝勤业》,《吕坤全集》,北京:中华书局,2008年,第1252页。

③ 何伦:《何氏家规·量度权衡之规》,见赵振:《中国历代家训文献叙录》,济南:齐鲁书社,2014年,第264页。

④ 蒋伊:《蒋氏家训》,见《丛书集成新编》第33卷,台北:新文丰出版社,2008年,第213页。

的礼有广义和狭义之分，广义上的“礼”通常被认为是社会规范和制度。钱穆先生对此作出过解释，他说：“中国古代的政治，也很早便为伦理意义所融化，成为伦理性的政治。因此政治上的礼，又渐变而为伦理上的，即普及于一般社会与人生而附带有道德性的礼了。”①狭义中的“礼”即指礼仪、礼节和礼貌等。孟子所说“四端”之一的“辞让之心，礼之端也”(《孟子·公孙丑上》)主要所指就是礼节、礼仪和礼貌。而荀子所说的“礼”，“礼者，法之大分，类之纲纪也。故学至乎礼而止矣。夫是之谓道德之极”(《劝学》)即可视为道德规范之统称，属于广义“礼”的范畴。在中国传统社会中，“礼”的规范和要求早已融入社会生活的方方面面，包括“宗教祭祀、政治活动、伦理关系等方面的思想原则价值标准，都是以‘礼俗’‘仪式’这些‘行为语言’为母体胚胎生长起来的”②。因此，在传统家庭中，对“礼”的要求就等同于道德规范和行为准则。

古代家庭重礼，一方面是对文明秩序的追求和崇敬，其目的是建立和调节家庭内部成员之间的交往方式。就这一点而言，家训中有关重礼的德育思想便很有现实意义。另一方面，重礼意在构建长幼尊卑、男女有别的人伦等级关系，只有在家庭和社会的各方面都自觉地遵守礼仪，等级制度和伦理秩序才能得以稳定和维系。因此，家礼目的是“以家这一最基层的社会单位为出发点，推行礼治，确定尊卑长幼等级秩序，移风易俗，进而实现儒家修身、齐家、治国、平天下的政治设计”③，这亦是“重礼”的关键之所在。明代家训中有关“礼”的德育内容十分丰富。并且许多明代家训开篇就将“礼”作为齐家治生的第一标准。譬如，丘濬在《家礼仪节·序》中就强调礼的重要性：“礼之在天下不可一日无也。君子所以异于宵小，人类所以异于禽兽，以其可一日无乎！”④方孝孺亦教育家中子弟“国不患乎无积，而患无政；家不患乎不富，而患无礼。……礼以正伦，伦序得则众志一，家合为一，而不富者未之有也”⑤。刘良臣说道：齐家治家要“不偏好恶，不昵慈爱，仁以育之，义以正之，礼以绳之，智以别之，信以实之，无难处矣”(《克己示儿编·卷首识语》)。可见，“礼”作

① 钱穆：《中国文化史导论》，北京：商务印书馆，1994 年，第 72 页。
② 陈明：《文化儒学：思辨与论辩》，成都：四川人民出版社，2009 年，第 35 页。
③ 常建华：《明代宗族研究》，上海：上海人民出版社，2005 年，第 191 页。
④ 丘濬：《重编琼台稿》卷九《家礼仪节·序》，《文渊阁四库全书》本。
⑤ 方孝孺：《幼仪杂箴》，见《逊志斋集》卷一《杂著》，宁波：宁波出版社，2000 年。

为治家第一要义是不无道理的。值得一提的是，朱熹的《家礼》对明代家训中的礼仪规范影响极为深远。《家礼》是朱熹在对比和参照《仪礼》和《礼记》等古籍的基础上针对“冠”“婚”“丧”“祭”等礼仪规范进行改良之作。朱熹曰：“礼，时为大。使圣贤有作，必不一切从古之礼。疑只是以古礼减杀，从今世俗之礼。”(《朱子语类》卷八十四)可以说，《家礼》是“天理”在人伦纲常的映射，亦是宋明理学融入民间的一次成功尝试。确切来说，家礼规范在日常生活中得以普及的真正开端即是程朱理学。当时，大多家庭都十分注重家礼形式，并积极制定家礼条文，宣讲家礼规范。明代家训中对《家礼》的借鉴和运用尤为明显，具体而言，表现为以下三个方面：

第一，明代家训对家礼的重视体现在昏冠、贺礼、宾射和祭祀等诸多方面。吕坤认为，冠、昏(婚)、丧、祭在日常生活中都是十分重要的。他撰写《四礼翼》就是向家人解释深奥难懂的礼仪之法，其目的是方便家人学习和效仿。他指出：“以民间之日用常行，浅近鄙俗，可以家家喻而户晓者，析为条目，俾童而习之，白首而安之，毙而后已。”[①]黄佐则认为，冠、婚、丧、祭四礼，皆须在家族和民间立条例，他在《泰泉乡礼·乡礼纲领》中就将各种礼仪以书面形式记录下来。例如，在婚嫁方面要求：“凡男女婚嫁以时，男子未及十六、女子未及十四成婚昏者，谓之先时。”在祭祀方面要求：“凡居丧要以哀戚襄事为主，不许匿丧成昏。……吊宾至，不许用币，不许设酒食。惟自远至者，为具素食，不用酒”等。[②] 明人郭应聘认为：“婚姻，人道之始，何不可慎所择者！”所以婚姻之中当选家风朴素者，切勿迷恋权贵、贪图财产。他说：“婚姻论财，夷虏之道，但当择简朴有家风者为上，不必计其仕官之显赫，赀财之充盈与否。”[③]庞尚鹏则强调：“冠礼婚礼，各量力举行。丧葬送终为大事，礼宜从厚，亦当称家有无。一切繁文及礼所不载者，通行裁革。”他对祭祀吊唁也有严格的要求：“吊丧只用香纸，不用面巾果酒。吊客一茶而退，服内不具请，不送胙；待客，肴不过五品，汤果不过二品，酒饭随宜。”(《庞氏家训》)明人王澈非常重视家族的祭祀活动，并提出诸多祭祀要求，细节详尽：“其祭以立春行之，

① 吕坤：《四礼翼·序》，见《吕坤全集》，北京：中华书局，2008年，第1341-1342页。

② 黄佐：《泰泉乡礼》卷一《乡礼纲领》，见赵振：《中国历代家训文献叙录》，济南：齐鲁书社，2014年，第176页。

③ 郭应聘：《郭襄靖公遗集》卷十六《家训·谨昏嫁》，《续修四库全书》本。

余三时则荐。立春之祭，至大礼也。先期三天……子自十岁以上，至期俱盛服趋事。”在人员安排方面，“礼生、通赞二人，引赞二人，司爵馔八人，读祝一人，司牌二人，司钟鼓二人”(《王氏族约·简任第三》)，祭祀前还要进行演习“祭前一日，设位陈器，具馔省牲演礼”，礼仪结束后，族餐聚会更有讲究，敬尊长，别尊卑还要做到“设六桌于旁厅，专飨八旬、七旬高年者。仍设百桌于两庑，以飨族众。……上堂三席，亦敬老、一贵贵、一尊贤”[①](《王氏族约·馂仪第三》)。由此可见，明代家训意图通过家礼规范，皆在以“分”“别”“序”的原则来维系家庭等级秩序以及和谐稳定的家庭生活样态。

第二，明代家训重礼还体现在尊祖敬祖、恪守祖训等方面。一般而言，多数家族为聚集族众，团结族群，多采用一些教化方式来“收族”，尊祖敬祖就起到了“团结族人，收族众心”的作用。传统家族大体是由三部分来实现敬祖和收族的，即族田、家谱(族谱)和祠堂。具体而言，族田收入保证了家族修缮祠堂，制作家谱的经费保障，家谱用以明确血缘关系，而祠堂则提供了敬祖的场所。这样便形成了从“物质基础”到“上层建筑”这一系列的维系家族制度的教化体系。明代家训中的有关敬祖的内容比比皆是。例如，何士晋在《宗规·谱牒当重》中要求道：“谱牒所载，皆宗族祖父名讳。孝子顺孙，目可得睹，口不可得言，收藏贵密，保守贵久。”又说：“或有不肖辈，鬻谱卖宗，或誊写原本，瞒众觅利，致使以赝混真，紊乱支派者，……众共黜之，不许入祠，仍会众呈官，追谱治罪。”[②]方孝孺认为，敬祖首先要重族谱、家谱，在撰写家谱过程中要信而有征，反对攀龙附凤，玷污祖先，他在《宗仪·重谱》中指出：“尊祖之次莫过于重谱，……察统系之异同，辩传承之久近，叙戚疏，定尊卑，收涣散，敦亲睦，非有谱焉以列之不可也，故君子重之，不修谱者谓之不孝。”杨士奇在《家训·训东城诸侄》中要求后辈：“祖宗所遗一应碑铭、行述、诗文、稿草、片纸只字及家乘谱牒之类，并委鶒收掌爱护，不许损坏。但略有损坏，即是不孝。”[③]另外，明代家训中还强调祠堂中敬祖的礼仪规范。祠堂是供奉祖先之地，全族商议、集会、赏罚族人都在此进行，这也是家族核心精神的象征。如

① 王澈：《王氏族约·祠仪第一》，敬乡楼抄本。

② 何士晋：《宗规·谱牒当重》，见张文嘉：《重定齐家宝要》。

③ 杨士奇：《东里续集》卷五十三《家训·训东城诸侄》，见赵振：《中国历代家训文献叙录》，济南：齐鲁书社，2014年，第148页。

果说家训体现了家族的法律制度，那么祠堂就可视为家族的法庭。因此，与祠堂相关的诸多事宜都需要有严格的礼仪规范。譬如，《宋氏家规部》记载："凡入祠堂，必具衣冠，致爱悫为存着。"[①]明人王祖嫡在《家庭庸言·祠堂》写道："祠堂不必广阔，洁净严肃，一依《家礼》，庶人心有所统摄，此第一当留心者。""祠堂内总为一大龛，如供桌之制，每代隔为一室，以中为主，昭穆各一次列，不必以西为准。"他还告诫子孙墓碑和祠堂的区别，以此来警示子孙对祠堂要有敬畏之心："古不墓祭，墓者亲之体，祠者亲之神也，子孙能于此明其说，即孝子慈孙矣。"[②]总之，尊祖敬祖，既是大家族得以发展延续的先决条件，同时又对提升家族整体凝聚力和向心力发挥了潜移默化的影响。

第三，明代家训对"礼"的重视还体现在飨燕、会膳等饮食方面。节日设宴自古以来是中国民间食宿传统。明代时期，飨燕礼规模宏大，宴会分大宴、中宴、常宴、小宴。最大的燕礼一般设在大祀之后的次日、正旦、冬至及万寿节等时间举行。一般来说，凡是飨燕或是家族会膳重点皆在以宴会客、礼尚往来。其中的礼仪讲究也十分具体，包括宴席座次，上菜顺序，劝酒、敬酒等各种礼节。另外，宴席中男女老少、长幼尊卑所要遵守的相关仪节以及祈福避讳等相关事宜均在家训中有明确的说明。譬如，霍韬在《家训》中就规定了家族内部施行"会膳制度"的要求。所谓"会膳"，是指合族男女每逢朔、望之日便要集中到大宗祠同餐共聚。会膳时间为"惟朔一会膳，望一会膳，以教敬让。"在礼仪方面："凡会膳以教敬，凡家众参家长毕，相参拜毕，各以齿叙坐。俟尊长食，乃食。食毕，俟尊长起，乃起，齐揖家长乃出"，会膳之后"家长取旌善薄查某人有某善，命礼生扬于众知之；取记过薄查某人有某过，命礼生扬于众知之"。需要注意的是"凡会膳以教俭。会膳日，许肉食；非会膳日，复非宾至，不许肉食"[③]。会膳之目的不但是为了增进族人感情，提升家族凝聚力，同时还为了进行道德教化，团结族众。由此可见，明代家训对饮食礼仪的要求可谓面面俱到。正如荀子所言："衣服有制，宫室有度，人徒有数，丧祭械用，皆有等宜。"（《荀子·王制》）

一般认为，一定的礼仪规范可以强化道德观念，增进家人之间的情感交

---

① 宋诩：《宋氏家规部》，《北京图书馆古籍珍本丛刊》本。

② 王祖嫡：《家庭庸言·祠堂》，上海图书馆藏稿本。

③ 霍韬：《渭厓文集》卷十《家训》，涵芬楼影印汲古阁精抄本。

流与沟通，这一教化功能自然不言而喻。但明代家礼的要求甚是烦琐，就连朱熹也认为“古礼如此零碎烦冗，今岂可行”，也大可不必“一一尽如古人之繁”（《朱子语类》卷八十四）。明人王敬臣甚至参考当时风俗习惯为普通家庭制定了家庭礼仪，其用意皆在简化礼节，普及大众。他认为：“礼不下庶人，以贫贱之家不能备礼故也。然使存其大略，则亦胜于蠢然全不知礼者，故特创为庶民之礼，务简而易行，其庶几兴起乎！”[①]再者而言，“家礼”作为中国传统家庭制度化和标准化的生活规范，虽强调“定亲疏，决嫌疑，别同异，明是非”（《礼记・曲礼上》），但实则意在别贵贱、明人伦、定等级、讲尊卑。这些具有鲜明封建等级色彩和时代局限性的内容，其落后与缺陷的一面也是十分明显的，将在下一节中进行具体说明。

2.2.4 明代家训的蒙幼训女之道

明代是家训的繁盛时期，不仅体现在数量上的明显增多，更体现在内容上的日益丰富。具体而言，与以往各时期的家训不同，明代家训中有两方面内容尤为凸显，其一是有关胎教、早教思想显著增多，对幼童早期道德修养教育提出了更为严格的要求；其二是出现了女训来专门对女子进行道德规范以及德性教化。

2.2.4.1 “天真纯固，蒙以养正”——早教思想

古语有云：“少成若天性，习惯如自然。”（《汉书・贾谊传》）古人十分清楚培育子女要从小抓起。明代家训也特别强调早期教育的重要性。方孝孺曰：“古之人自少至长，于其所在皆致谨焉，而不敢忽。故行跪揖拜，饮食言动，有其则；喜怒好恶，忧乐取予，有其度。”[②]霍韬在《家训・蒙规》中亦说：“家之兴由子弟之贤，子弟之贤由乎蒙养。蒙养以正，岂曰保家，亦以作圣。”何尔健在《廷尉公训约》中写道：“人家有儿，为父母的须要从小禁治，要他学好。若蒙养时教导无方，督责不严，则纵其性而习于匪后来那（哪）能望其成！”[③]众所周知，孩童时期是道德形成和发展的关键时期。在这一阶段，孩童所接受的道

---

① 王敬臣：《俟后编》卷五《礼文疏节・丧礼补遗》，见赵振：《中国历代家训文献叙录》，济南：齐鲁书社，2014年，第237页。

② 方孝孺：《逊志斋集》卷一，宁波：宁波出版社，2000年，第1页。

③ 何尔健：《廷尉公训约》，见何兹全、郭良玉整理：《按辽御珰疏稿》，郑州：中州书画社，1982年，第99页。

德教育对其今后行为习惯的养成、品性修养的塑造至关重要，因此，在孩童婴稚之时，家长施以正确的德育导向和行为规范，能够对他自身成长产生积极且深远的影响。明人徐学周在《槜李徐翼所公家训》中指出教育子嗣要："父道止慈，莫先教子。家门盛衰，全系于是。"何士晋则说："族中各父兄须知子弟之当教，又须知教法之当正，又须知养正之当豫。"（《宗规・蒙养当豫》）明代家训不但非常重视幼童的启蒙教育，并对儿童早期教育的方式方法进行了详实的记载。

第一，明代家训重视胎教和幼婴教育理论。中国自古就有胎教理论，《大戴礼记》有云："太任有妊，目不视恶色，耳不听淫声，口不起恶言，故君子谓太任为能胎教者也。"西汉贾谊在《新书》中专门设有"胎教"一章，可谓是中国胎教第一人。西汉刘向在《列女传》中对"胎教"作出一番更为丰富和详实的介绍。南宋朱熹在《小学》中还特别强调，要遵循刘向著作中的内容来规范孕妇的起居和言行，唯其如此，方能"生子形容端正，才德必过人矣"（《列女传》）。明代时期，大多家训依然以刘向和朱熹的胎教理论为依据，但其中撰写内容更为丰富和详尽。譬如，许云村谈胎教说："教子宜自胎教始，妇妊子者，戒过饱、戒多睡、戒暴怒……宜听古诗，宜闻鼓琴，宜道嘉言善行，宜阅贤孝节义图画，宜劳逸以节、动止以礼，则生子形容端雅，气质中和。"许云村还强调只要幼童刚有道德萌芽，就要进行及早的教育。他说："及婴孩怀抱，毋太饱暖，宁稍饥寒，则筋骨坚凝，气岸精爽。毋饰金银珠玉绮绣，以导侈炫，以召戕贼及能言、能行、能食时，良知端倪发见，便防放逸。"并且，他认为父母从衣食住行和言谈举止等各个方面都可以对幼儿施以道德教化。又曰："言常教毋诳，行常教后长，食常教让美取恶，衣常教习安布素。"[①]明代家训中对胎教和幼教颇有研究的还有吕氏父子。吕德胜认为教育婴儿要做到："看养婴儿，切戒饱暖，些许过失，就要束管。水火见到，高下跌磕，生冷果肉，小儿毒药。"[②]其子吕坤对怀孕妇人的要求亦是十分详尽："寝不侧，坐不边，立不蹕，不食邪味。割不正不食，席不正不坐。目不视邪色，耳不听淫声。夜则令瞽诵诗，道正事。如此则生子形容端正，才德过人矣。"（《闺范・嘉言》）可见，按照明代家

① 许云村：《许氏贻谋四则・家则・蒙养》，《续修四库全书》本。

② 吕德胜：《女小儿语・四言》，见《吕坤全集》，北京：中华书局，2008年，第1226－1228页。

训中的育婴理论,孕妇必须严格地按作息规律合理饮食,劳逸结合,并且还要注重言谈举止,调节情绪才能对婴幼儿道德雏形产生积极的作用。

第二,明代家训指出教育幼童要注重时机的选择。譬如,孙植认为只要儿童"及能言、能行、能食时便当防其放逸。……慎择严正童子师,检约以洒扫、应对、进退仪节",他还认为针对不同年龄阶段的儿童教育内容也应该不尽相同,如若孩童"及十五成童时,情窦日开,利欲易动,立志为先"①。又如,徐学周对教子目的和时机提出了要求:"教子何以,德行是先。教之何时,孩提实卷。"他还强调对待幼儿切勿娇惯,一旦形成不良品性,不但很难更改,甚至会给家庭带来沉痛的教训。他说:"勿谓幼小,禽犊姑息。习惯少成,挽回靡克。怜儿予棒,憎儿予食。差之毫厘,吉凶异域。怒毋苛责,爱毋偏跂。"(《檇李徐翼所公家训》)何士晋在《宗规·蒙养当豫》中指出,幼童教育必须把握时机,循序渐进。他指出:"七岁便入乡塾,学字学书,随其资质。渐长有知识,便择端悫师友,将正经书史,严加训迪,务使变化气质,陶镕德行性。"(《宗规·蒙养当豫》)

第三,明代家训还注重良好习惯的养成,重视成长环境的熏陶和浸染。明人秦坊说:"父兄之训子弟之率,惟在朝夕之浸灌滋润而已。"(《范家集略·说范小引》)陈正龙认为,儿童德性养成不是一朝一夕能完成的,是要在家庭教育氛围的浸染中日积月累才能逐渐习得,即"教儿之法,使饫闻善言,习见善事,深知义理,此乃传家之本谋"。他还认为,只有在日常生活中不断地让儿童多读、多听、多看,才能慢慢体会其中道理。他解释道:"纵孩幼未有知,亦宜时来听习,但使十中仅晓一二,亦自有益。"②另外,韩霖还以比喻方式强调少年时期行为习惯养成的重要性,并认为要注重家庭环境对儿童早期言行的影响,"陶器初染之气,终于不去;童幼初闻之语,毕世难忘",故"父师立训,所以必须正言也"③。

第四,明代家训中的幼童教育方法亦十分丰富。庞尚鹏在《庞氏家训》中要求后辈"童子年五岁诵训蒙歌,女子年六岁诵女诫",这里所说的"训蒙歌"

① 孙植:《孙简肃公家训》,见秦坊《范家集略》卷二,《四库全书存目丛书》本。

② 陈正龙:《几亭全书》卷二十一《家载》,《四库禁毁书丛刊》本。

③ 韩霖:《铎书·维风说》,见孙尚扬、肖清和等:《铎书校注》,北京:华夏出版社,2008年,第103-104页。

主要包括听教诲、勤读书、遵孝悌、学谦恭、守礼仪等内容，足以见得儿童启蒙教育的方法十分多样成熟。黄佐在其著作中专设“小学之教”和“乡礼之教”来对儿童德育内容作出详实的规定，如“凡小儿八岁以上，出就外傅，从学乡校，或延师家塾，教以正容体，齐颜色，顺辞令，务在朴厚醇谨，事事循规蹈矩”[①]。何尔健认为道德教化的核心是要求儿童在阅读儒家经典之时领悟其中深刻内涵与道理，他要求子女“能通《孝经》《小学》大义，堪为师范者，训诲之”。只要如此，才能达到教育目的，即“穷者不失为善士，达者定做为好官，定享无穷之福”[②]。何士晋在《宗规·蒙养当豫》中指出了长辈教育观念的误区以及教育方式的差别，他认为在教育过程中“上者，教之作文，取科第功名止矣。功名之上，道德未教也；次者，教之杂字柬笺，以便商贾书计；下者，教之状词活套，以为他日刁猾之地。是虽教之，实害之矣”。相比较而言，吕得胜的教育方式则更胜一筹，他在教育儿女时自创蒙学读物。他的《小儿语》多采用四言、六言韵文、格言和警句，这些内容阅读起来通俗易懂，朗朗上口，能让孩童记忆在心且印象深刻。譬如，吕德胜在诗歌中写道：“沉静立身，从容说话，不要轻薄，惹人笑骂。”“要成好人，须寻好友，引酵若酸，那得甜酒。”“人言未必皆真，听言只听三分。”[③]吕德胜认为，儿童在这一时期求知欲旺盛，记忆力和模仿力也最强。并且儿童生活单纯，心无纷扰，注意力集中且认知能力敏锐。所以，吕氏父子撰写蒙学读物意在“使童子乐闻而易晓焉”，在诗歌韵律之中“欢呼笑之间，莫非理义身心之学”(《小儿语》)。纵观明代家训的蒙童教育不难发现，重视教育内容的系统性，把握教育规律的灵活性，才能发挥家庭教育应有之功效。

2.2.4.2　“睦亲慈幼，忠贞不渝”——训女思想

明代家训中出现了专门为女子撰写的家训专著。这是因为，随着封建专制集权的日益强化，加之宋明理学家们极力推行“三纲五常”“三从四德”等封建礼教，致使传统家庭对女子的道德教化更为重视。传统社会中的女性，她们的生活空间以家庭为主，她们的角色定位以家庭职责为首，这就决定了“女

① 黄佐：《泰泉乡礼》卷一《乡礼纲领》，《岭南丛书》本。

② 何尔健：《廷尉公训约》，见何兹全、郭良玉整理：《按辽御珰疏稿》，郑州：中州书画社，1982年，第99页。

③ 吕德胜：《小儿语》，见《吕坤全集》，北京：中华书局，2008年，第1222－1224页。

德”教育也必然在家庭中完成，其德育内容也必定和家庭事务相关。总体来说，明代家训中有关女子道德教育大体上依据封建礼教中为妇、为妻和为母等方面的要求，其中包括遵守持家处世、孝敬双亲、相夫教子以及恪守贞操等基本准则，具体来说：

第一，明代家训对待女德修养的标准是“四德”，亦可称其为“四行”。“四德”之说最早见于《周礼·天官冢宰》的“九嫔”一条，即指妇德、妇言、妇容、妇功。其后，汉代班昭对“四德”作出了更为详实的解释：“幽闲贞静，守节整齐，行己有耻，动静有法，是谓妇德。择辞而说，不道恶语，时然后言，不厌于人，是谓妇言。盥洗尘秽，服饰鲜洁，沐浴以时，身不垢辱，是谓妇容。专心纺绩，不好戏笑，洁齐酒食，以奉宾客，是谓妇功。此四者女人之大德而不可乏之者也。”（《女诫·妇行》）班昭对“女德”的解释对后世影响极为深远。此后，“四德”逐渐成为中国传统妇女必须遵守的道德行为准则。诸如班昭的《女诫》这种女训著作在后世并不多见，直至明代时期才逐渐普及。明人吕坤在《闺范·妇人之道》对女子“四德”要求又有一番诠释，他说：“至于四德，尤其所当知。妇德尚静正，妇言尚简婉，妇功尚周慎，妇容尚娴雅。”吕坤十分重视女子的德行修养。他认为，“家之兴望，妇人居半。”（《闺戒》）因此，他也对女德修养作出了诸多要求：“古之贞女，理性情，治心术，崇道德，故能配君子以成其教。……匪礼而动，邪僻形焉。阈以限言，玉以节动，礼以制心，道以制欲，养其德性。”（吕坤：《闺范·女子之道》）吕坤还著有《女小儿语》，该书是为教育女子而专门撰写的一部四言、杂言家训，其内容大多是教育女子要遵循“三从四德”“三纲五常”。书中虽以封建教化思想为主，在今日已不再适用，但也不乏修身养性之观点。譬如，他指出女子要注重仪表端庄，装束得体，“妇女装束，清修雅淡”“只在贤德，不再打扮”“脚手头脸，女人四强”等。张永明也在《家训》中对女子“四德”进行了描述，他认为妇德“不必才名绝世也，其在清贞廉节、柔顺温恭”；妇容“不必颜色美丽也，其在浣涤修洁、行止端庄”；妇言“不必辩口利词也，其在缄默自持、有问斯答”；妇工（功）“不必伎巧过人也，其在勤攻纺纪、善主中馈”[①]。张永明对女子德性要求可谓“质朴无华”，这也更贴近寻常百姓的道德要求。明人黄标认为，女性修养要在未婚之前就需加以教

① 张永明：《张庄僖文集》卷五《家训》，《文渊阁四库全书》本。

育和训诫,只有如此方可相夫教子,操持家务。他说:“为妇之道,皆本于为女之时,是以古人养女当未赋于归,必设姆师训教,令其习闻持身敬夫立家之训,讲求孝公姑、和妯娌、待仆从之理,则女教实皆妇教也。”[①]值得一提的是,明代仁孝文皇后徐氏所著《内训》乃是帝后家训集大成者,堪称明代女训教育之典范。徐氏生于达官显贵之家,其品行有“贤良淑德,端庄诚一”之称。《内训·序》中就写道她的良好教养要归功于家庭教育,“吾幼承父母之教,诵诗书之典,职谨女事”。在《内训》一书中,她还比较全面地阐述了封建社会女性,特别是宫廷中的女性所应遵守的道德规范,并从修身立德、谨言慎行、勤俭持家等方面对女子德性进行了要求,其中记载道:“夫人之所以克圣者,莫严于养其德性以修其身,故首之以德性而次之以修身;而修身莫切于谨言行,故次之以慎言谨行,推而至于勤励警戒,而又次之以节俭。”仁孝文皇后还制定了女子德性标准,即“贞静幽闲,端庄诚一,女子之德性也。孝敬仁明,慈和柔顺,德性备矣”。可以说,就传统社会对“女德”的标准而言,仁孝文皇后的《内训》不但是官方最为权威的界定与诠释,更是封建社会对女性道德要求的集中体现。

第二,明代家训记录了对待女性修养的层次划分。虽说古代“修齐治平”大多定位于男性角色,但中国女性在家庭伦理关系中的地位和作用也是举足轻重的。《易经》有云:“一妇正,一家正,一家正,天下定矣。”女性角色定位不仅是为人之妻、为人之母,还要承担孝敬尊长、和顺姑嫂、相夫教子以及持家理财的义务和责任。因此,对古代女性的道德教育就显得尤为重要。明代家训针对女性在家庭中的不同角色制定了不同内容的德行规范,具体而言:

从为人之妻的角度来说,明代家训要求女子要侍奉夫君,谨言慎行。譬如,《内训·景贤范章》中指出为人之妻要“忠诚以为本,礼义以为防,勤俭以率下,慈和以处众。诵诗读书,不忘规谏。寝兴夙夜,惟职爱君。居处有常,服食有节,言语有章。”在《慎言章第三》和《谨行章第四》中则要求“体柔顺,率贞洁,服三从之训,谨内外之别,勉之敬之,终始惟一”“言之不可不慎”“多言多失,不如寡言”“缄口内修,重诺无尤”“一语一默,从容中道,以合坤静之体”等内容。除此以外,古代娶妻还讲究门当户对,这是家庭和顺的前提,即“娶

① 黄标:《庭书频说》,见《丛书集成续编》第61卷,台北:新文丰出版社,1988年,第49页。

妇以择妇为主，正不可苟。门户不在豪华而贵清雅；其人读书知礼，守儒素。若陋俗嗜利者，亦所不宜，其女子性行于此关一二，不可不谨”。（《家则·择妇》）再者而言，在传统家庭的夫妻关系中，主张妻子敬顺丈夫，夫为妻纲，夫主妻从，强调“贞女从夫，世称和淑。事夫如天，倚为钧轴”[①]，唯其如此，才能家庭和谐，正所谓“夫夫妇妇，而家道正，夫义妇顺，家之福也”（吕坤：《闺范·女子之道》）。

从为人之母的角度来说，明代家训强调母亲的教子之责要以立其身，严慈相济。刘氏在《女范捷录》中指出在家庭教育问题上，母亲的教育影响力要大于父亲。她说：“上古贤明之女有娠，胎教之方必填，故母仪先于父训，慈教严于义方。”仁孝文皇后亦对母亲提出了一系列严格要求，她说：“教子者，导之以德义，养之以廉逊，率之以勤俭，本之以慈爱，临之以严格，以立其身，以成其德。”（《内训·母仪章》）她还指出母亲教子的原则在于慈爱，“慈者，上所以抚下也，上慈而不懈，则下顺而益亲”。她认为如若不慈，“下不安则心离，心离则忮”（《内训·慈幼章》）。

从尊长持家的角度来说，明代家训要求女性应做到唯孝为尊，持家有道。《内训·事父母章第十二》说道：“孝敬者，事亲之本也，养非难也，敬为难，以饮食供奉为孝，斯末矣。”吕德胜在《闺范·女子之道》中写道：“万善百行，唯孝为尊，故孝妇先焉。”他认为女性不仅要孝顺自己的父母，还要孝敬公婆，“孝顺公婆，比如爷娘，随他宽窄，不要怨伤。……事无大小，休自主张，公婆禀问，丈夫商量”（《女小儿语》）。吕坤还对如何孝敬父母作了详实规定：“侍父母之侧，无戚容，无怨容，无惰容，无庄容，无思容……无高声，无叱咤之声。无直言，无费解说之言，无犯讳之言。”[②]与父母交谈要做到“怡怡温温，与与恂恂，载笑载言，承在意先，无令亲难”[③]。再者，明代家训中还要求女性应处理好与其他亲戚的关系。譬如，除了婆媳关系之外，妯娌姑嫂关系在家训中也有具体交代。陆圻在《新妇谱》中写道：“为新妇者，善处妯娌，第一在礼文逊让，言语谨慎。劳则代之，甘则分之。公姑见责，代她解劝。公姑蓄意，先事

① 庞尚鹏：《女诫》，见《丛书集成新编》第33卷，台北：新文丰出版社，2008年，第195页。
② 吕坤：《四礼翼·事生礼》，见《吕坤全集》，北京：中华书局，2008年，第1381－1383页。
③ 吕坤：《四礼翼·女子礼》，见《吕坤全集》，北京：中华书局，2008年，第1356－1357页。

通知。则彼自感德，妯娌辑睦矣。”[①]《内训·事舅姑章第十四》同样指出了女性应尊敬舅姑的要求：“舅姑者，亲同于父母，尊拟于天地。……舅姑所爱，妇亦爱之，舅姑所敬，妇亦敬之。乐其心，顺其志，有所行不敢专，有所命不敢缓，此孝事舅姑之要也。”另外，明代家训要求女性要勤俭持家。《内训·节俭章第七》中要求女子“之夫人以至庶人之妻皆敦节俭以率其家”。王樵认为，女子嫁于夫家要尽力维护好家庭，“吾家女子嫁于他家者多竭力以为其夫家”[②]。《庞氏家训》中亦记载道：“妇主中馈，皆当躬亲为之，凡朝夕柴米蔬菜，逐一磨算稽查，无令太过、不及，若坐受豢养，是以犬豕自待，而败吾家也。”[③]可见，传统家庭中女子在日常生活和家务劳动中发挥了至关重要的作用。

第三，明代家训记载了对待女性学习的观念。明代家训对待女子学习大体是持肯定态度的。这是因为，女性要从事内务，为人妻母，其道德修养是家庭和顺、家道昌隆的基本保障。譬如，明代刘氏所著《女范捷录》中亦有部分内容超出当时教化范畴，堪称女德教化的先驱。她在书中强调女子教育应重于男子，“是以教女之道，犹甚于男，而正内之仪，宜先乎外也”。女子教育要趁早，“养正以毓其才，师古以成其德，始为尽善而兼美矣”。刘氏还认为女子在家庭乃至社会中也可以发挥才能，女性也可治国安邦。她说道：“治安大道，固在丈夫，有智妇人，胜于男子。远大之谋，预思而可料……求之闺阃之中，是亦笄帏之杰！”在女子德行问题上，作者反对传统“女子无才便是德”的观念，强调女子德行的重要性。她说：“男子有德便是才，斯言犹可；女子无才便是德，此语殊非。盖不知才德之经，与邪正之辩也。”[④]又譬如，仁孝文皇后也同样赞同女性应该多读经史书籍，并要以历朝历代的贤女为榜样来提升自身修养和美德，她指出：“诗书所载贤妃贞女，德懿行备，师表后世，皆可法也。……不亲史书，则往行奚考？稽往行，质前言，模而则之，则德行成焉。”同时，仁孝文皇后还将女子德行提升到国家兴亡的高度，她说：“夫身不修则德不立，德不立而能化于家者盖寡焉，而况于天下乎！”（《内训·修身章第二》）除此以外，其他家训中也有关于女性学习的记录。例如，姚舜牧说：“蒙

---

① 陆圻：《新妇谱》，见徐少锦、陈延斌：《中国家训史》，北京：人民出版社，2011年，第587页。
② 王樵：《王樵家书·与仲男肯堂书》，《方麓集》载有全文。
③ 庞尚鹏：《庞氏家训》，见《丛书集成新编》第33卷，台北：新文丰出版社，2008年，第193页。
④ 刘氏：《女范捷录》，见徐少锦、陈延斌：《中国家训史》，北京：人民出版社，2011年，第579－580页。

养不专在男也，女亦须从幼教之，可令归正。”[1]王澈在《王氏族约·内治》中说：“‘利女贞。’祚之兴，岂惟男教，盖亦由女德焉。”由此可知，明代家训对女性学习的重视从一定程度上反映了当时教化思想的进步性。从家庭层面讲，亦是认可女性在治家、齐家、尊长以及教子方面所起到的积极作用。但从历史客观视角辩证地分析，女性德育的局限性和弊端是要大于其进步性的。

第四，明代家训中还有对待女子贞节的准则。传统社会是父权家长制社会，男权社会必然导致“家无二尊”之趋势。封建社会中后期，男女有别、男尊女卑的观念日益强化。一方面，男女有别表现为男性主外事，女性负责内事，并且要求女性不允许见外人，要恪守妇道，对丈夫忠贞不渝。另一方面，男尊女卑表现为女性的家庭和社会地位要低于男性，女性处于从属位置，所以要“三从”，即“未嫁从父，既嫁从夫，夫死从子”（《仪礼·丧服》）。明代家训对于女德的要求也有十分苛刻的一面，如大力宣扬和鼓吹贞操观，发展到极端就是在道德的制高点上极力地对贞女和烈女进行“褒奖”和“鼓励”。具体而言，在男女有别方面，明代家训无一例外均作出明确规定，女性应该“大门不出二门不迈”。例如，“门路出入有定规，凡近内门户，仅容十二三岁儿童传语，出入过此，即当禁足”（陈龙正：《家矩》）。又如，“居家之要，第一要内外界限严谨，女子十岁以上，不可使出中门，男子十岁以上，不可使入中门”（杨继盛：《赴义前一夕遗嘱》）。在女子贞节方面，明代家训则更为严格。黄标要求家中女子：“终日闺门之内，日不见非僻之人，耳不闻非僻之言。贤者固可以矢志洁清，即不贤者无不兢兢自好焉。然则养人之廉耻而消邪心者，诚莫如防闲之礼矣。”他还说：“为贤子者，重德行、立名节，为庶人之子而不入于俗，为公卿之子而不流于骄。”[2]曹端在《家规辑略》指出：“妇女以柔顺为德，以贞烈为行，且不可自轻其身，以贻父母之寿。”尚需说明的是，明代家训中有关女性贞节的篇幅与以往时期比较增重不少。封建社会对待女子贞节的要求是单方面的且义务的，甚至是苛刻的。在元、明、清等朝代，政府大力表彰“贞女”“烈女”，理学家们大力提倡“存天理，灭人欲”，进而形成了十分畸形的女性道德观和荣辱观，这是对妇女泯灭人性的道德摧残。

① 姚舜牧：《药言》，见《丛书集成新编》第 33 卷，台北：新文丰出版社，2008 年，第 197 页。
② 黄标：《庭书频说》，收录于张师载：《课子随笔钞》卷三。

2.2.5　明代家训的处世交友之道

先秦时期，孟子即将朋友关系视作"五伦"之一。《中庸》中将朋友列为"五达道"之一，《白虎通论》也将朋友列为"六纪"。《诗经》中有云："惠于朋友。"（《大雅·抑》），可见朋友关系是古代十分重要的社会关系。与父母、兄弟等具有血亲属性的人伦关系不同，朋友关系是基于人的内心情感为前提而建立起来的人际关系，不但注重选择性和自主性，也更加侧重性格、品行和爱好的志同道合。在儒家思想中，良友、益友即是有道德、有涵养的君子。朱熹就认为交朋友的益处在于"友直，则闻其过；友谅，则进于诚；友多闻，则进于明"（《四书章句集注·论语集注》）。朋友关系的特殊之处，明代吕坤也作出了这样的说明："君以法行，治我者也；父以恩行，不责善者也。兄弟怡怡，不欲以切偲伤爱。……惟夫朋友者，朝夕相与，既不若师之进见有时，情礼无嫌，又不若父子兄弟之言语有忌。"（《呻吟语·伦理》）正因为交友乃人之常情且有诸多益处，所以，古代家庭教育中也对交友之道非常重视。明代家训中有关交友的方式和原则大体有以下三个方面，具体而言：

第一，德业相砥，志同道合。何为朋友？《白虎通·三钢六纪》中说："同门曰朋，同志曰友。"即是说，朋友不但要有相同的志向，更需要相互勉励，共同进步。正所谓"友者，所以相与切磋琢磨，以进乎善，而为君子之归者也"①。举例来说，明人林希元引用《孔子家语》中的经典佳句来比喻朋友对人的影响："结交不可非类，委用不可非人，传曰：'与善人居，如入芝兰之室，久而不闻其香，则与之俱化矣；与恶人居，如入鲍鱼之肆，久而不闻其臭，则与之俱化矣。'"②明人陆树声也说："游处熟则熏染易，迷惑深则悔悟难。故交游不可不择，而择之贵于早辩也。"（《陆文定树声家训》）明代家训中的交友之道多从正面鼓励和负面警戒两方面展开说明。一方面，许多家训中提倡交友，鼓励多交良友、益友。譬如，项乔在《项氏家训》中说："师以传道，友以辅仁。"温磺母说："汝与朋友相与，只取其长，弗计其短。"（《温氏母训》）高攀龙在《高氏家训》中说："'要做好人，须寻好友'，格言也。"杨士奇教育子弟要在日常交往中

---

① 陆九渊：《陆九渊集》卷三十二《毋友不如己者》。

② 林希元：《林次崖先生文集》卷十二《家训》。

寻志同道合之友，他指出："使贵义贱利，务善循理，亲近正人，勿交俗辈。"他又说："处人之法，谦虚忍气，无不得吉。"(《家训·训旅、鵴、艮、稷》)这些家训无不强调朋友对道德提升的正面影响。另一方面，为了防止与不良之人结交，明代家训中也列出了各项"慎择"和不可"妄交"的要求。例如，袁黄在《了凡四训》中提出了交友的评判标准是："有益于人，是善；有益于己，是恶。"他还认为对待朋友"利人者公，公则为真；利己者私，私则为假。"崔汲在《家闲》中强调："无益之人勿交，无益之书勿读，无益之言勿述，无益之事勿亲。盖妄交则受损，妄读则增惑，妄述则长诞，妄亲则妨正。"[①]徐祯稷在《耻言》中则认为"士有三不斗：毋与君子斗名，毋与小人斗利，毋无天地斗巧。"宋诩告诫子弟与人交往"不以争论斗殴为强男，不以指擿挤陷为智谋"，他还叮嘱道："机事不可漏汇以害成，虚事不可妄传而簧鼓。"[②]孙植在《孙简肃公家训》中也告诫家中晚辈交友需慎重，"禁绝浮夸傲诞者与之游处，庶可成远大之器"。可见，以上内容均在提醒与警示家庭成员交友慎重，以防误入歧途。

第二，诚实相待，忠信为本。《论语》曰："与朋友交，言而有信。"孟子也曾说："朋友有信。"(《孟子·滕文公上》)也就是说，以真诚之心换取他人的信任，唯其如此，朋友之情方可友谊长存。明代家训中所提倡的交友之道可谓仁者见仁智者见智，观点虽不统一，但诚实守信却是交友共识。吴麟徵在《家诫要言》中教育晚辈要以诚相待。他说："师友当以老成庄重实心用功为良，若浮薄好动之徒无益有损，断断不宜交也。"何伦说："务要益加勉励，则所闻者尧舜周孔之道，所见者忠信敬让之行，渐摩既久，身日进于仁义而不自知也。"(《何氏家训·隆师亲友之规》)杨爵同样强调诚信的重要性。他在《杨爵家书》中说："与人相处须要忠信谦逊为主，见长者尤当十分恭敬。"杨继盛强调与人相处还要讲究忍让，讲究宽容和大度。他说："与人相处之道，第一要谦下诚实，同干事则勿避劳苦，同饮食则勿贪甘美，同行走则勿择好路，同睡寝则勿占床席。宁让人，勿使人让吾；宁容人，勿使人容吾；宁吃人亏，勿使人吃吾亏；宁受人之气，勿使人受吾之气。人有恩于吾，则终身不忘；人有仇于吾，则即时丢过。"[③]同样，高攀龙也认为交友遇事需忍让，"临事让人一步，自

---

① 崔汲：《家闲》，明嘉靖十七年(1538)后渠书院刻本。

② 宋诩：《宋氏家规》，《北京图书馆古籍珍本丛刊》本。

③ 杨继盛：《杨忠愍集》卷三《赴义前一夕遗嘱》，《文渊阁四库全书》本。

有余地；临财放宽一分，自有余味。善须是积，今日积，明日积，积小便大”。[①] 姚舜牧认为除了强调诚信之外，还要主张敬友。他说：“示子孙务为端悫，看人好歹，善者亲之，恶者拒之。勿一以心腹托人，使歪友朋挟之，以播弄胶结而不可解。”(《训后》)与诚信之交相反，缺乏真诚的庸俗之交和表面朋友被称为“乌集之交”(管子言)。明代家训中也警示家人远离此类“言语嬉媟，尊俎妪煦”(吕坤：《呻吟语·伦理》)之徒。还有那些基于权势和利益相交的朋友，必定因利而聚，也必因利而散。譬如，郭应聘说：“凡子弟讲习固所当严，交游尤所当慎。盖少年血气方刚，志意未定”，所以要远离“佥壬之辈”，因为“假驵侩书记谐谈以入，最能巧术愚人。……变幻莫测，莫知端倪”[②]。温璜之母教育后辈如若交友不慎受他人诽谤，大可不必与其争辩，“静则自消，此必不可辩者也；如系口舌是非的，久当自明，此不必辩者也”(《温氏母训》)。

第三，过失相劝，患难与共。“人非圣贤孰能无过。”(《左传·宣公二年》)遇见朋友的过错，应该告之并劝慰，相勉以善才是道义之交。同样，友人指出自身的缺点和不足，亦要诚恳地虚心接受并加以改之，正所谓“责善，朋友之道”(《孟子·离娄下》)。王阳明认为，对待朋友的过失应该“悉其忠爱，致其婉曲，使彼闻之而可从，绎之而可改，有所感而无所怒，乃为善耳”[③]。杨士奇在《家书·示侄孙挺书》中说：“不可与轻薄不着实人相交，常常点检自己，但有过失，即改之。”杨继盛在《赴义前一夕遗嘱》中教育儿子说：“人之胜似你，则敬重之，不可有傲忌之心；人之不如你，则谦待之，不可有轻贱之意。”杨爵要求后辈要严于律己，宽以待人。他说：“大丈夫容人而不为人所容，处人而不为人所处，制欲而不为欲所制，当深味此言。”[④]袁衷则认为：“说话到五七分便止，留有余不尽之意，令人默会。作事亦须得五七分势便止，若到十分，如张弓然，过满则折矣。”(《庭帏杂录》)此外，朋友情谊还体现在患难之时的肝胆相照。彭端吾在《彭氏家训》中说：“结纳赏赍寺观，施舍滥以与人，不如移之以助我穷亲，施与耳目残废之人为有实惠。”许相卿则认为：“勿以小嫌而疏至亲，毋以新怨而忘旧恩。”(《许氏贻谋四则》)杨士奇在《家书·示稷子书》中

---

① 高攀龙：《高子遗书》卷十《家训》，《文渊阁四库全书》本。

② 郭应聘：《郭襄靖公遗集》卷十六《家训·端习尚》，《续修四库全书》本。

③ 王阳明：《王阳明全集》卷二十六《教条龙场诸生·责善》。

④ 杨爵：《杨忠介集》卷五《杨爵家书》，《文渊阁四库全书》本。

说对待亲朋好友要“须敦情好,不可疏绝。取田租生谷,不可太严,体验人情,当缓即缓,当免即免,非但可以省事,亦济人长福一端也”。他还说:“乡邻有过,一切容之,勿与计较。凡灾伤之处,田租当体恤宽免,慎毋过刻也。”总而言之,正如吕坤这样评价朋友关系:“天地间不论天南地北、缙绅草莽,得一好友,道同志和,亦人生一大快也。”(《呻吟语·伦理》)贤友或是良友对人一生的影响深远且持久,也正因为交友益处如此之多,古人才将朋友关系看得如此之重。

2.3 明代家训德育思想的内核与实质

对明代家训德育思想进行一番详实梳理后,不难发现,传统家庭教育方式十分具有中华文化特色。可以说,中国人对家庭教育的重视程度是其他民族文化所无法比及的。古人对家庭教育不仅倾注了浓重的情感,还对后辈寄予了殷切的期望。因此,审视与鉴思明代家训德育思想的内核与实质,一方面,要看到传统家庭教育理念中深深烙印着的具有传统美德和民族精神的文化遗传基因。另一方面,也要认清其中具有历史局限性质的价值观念。高兆明曾说:“将具体的合理价值要求从传统价值体系,尤其价值核心的阴影笼罩中剥离提取出来,并成为现代性价值体系中的有机组成部分,却是一个极富理性与智慧的艰难任务。”[①]历史经验已经指明,在讲求批判与继承的实际操作过程中,往往是“破”大于“立”的。只有认清明代家训德育思想的本质与内核,我们方可正确利用这份宝贵的文化遗产,并在去芜取精的凝练过程为它的价值转化奠定坚实的理论根基。

2.3.1 以整体主义和家族本位明确德育目标

所谓家族的整体主义,就是“追求家族利益至上的整体主义,是在家庭、宗族结构的基础之上形成的,并以强调宗法等级秩序的家族本位为其产生的直接来源”[②]。如上一章节所述,宗法制度是伴随着奴隶制度的灭亡而消失殆尽的。但宗法精神的遗留却奠定了后世宗法制度形成的前提和基础。马克

---

① 高兆明:《道德文化:从传统到现代》,北京:人民出版社,2015年,第59-60页。

② 杨威、李培志:《论中国传统家庭伦理的主导精神》,《道德与文明》,2007年第6期。

思指出:“劳动越不发展,劳动产品的数量、从而社会的财富越受限制,社会制度就越在较大程度上受血族关系的支配。”[1]实际上,传统家族中所强调的宗法制度并非原始意义中的宗法制,而是宗法制的精神内核,归结起来即是沿用宗法结构来实行父系单系别的血缘传递原则来维护家族沿袭与继承的体制。抑或说,在以家庭为基本单位的自然经济中,以“父之党为宗族”(《尔雅·释亲》)来划分血缘的亲疏,这样,血缘、经济加之思想上的共通性把同族人紧密地联系在一起,也就必然要求将家族利益放在首位。可以说,这种家族本位的价值理念即通过血缘、家长和等级三个核心因素将人们牢牢地框定在家庭之中。这种牵制力并不太需要外界因素的干涉,家族成员在无形中就在家族整体利益的驱使下自然而然地形成了同舟共济、荣辱与共的家族意识。纵观明代家训的德育思想,无论从个人层面出发强调治学与修身,抑或是从家庭层面出发强调齐家与管理,其德育目标都可以概括为以家庭本位和家庭利益为首要原则的整体主义精神。

首先,明代家训德育思想就是群体本位和家族本位的价值导向。这种以家庭、家族利益为根本的群体价值导向必然产生具有整体主义性质的文化形式。具体来说,明代社会依然是以农耕经济为主,在以协同劳动和集体劳作进行物质资料生产的生产关系中,个体只有融入群体之中,在满足群体需求和全体利益的前提下才能获取自身生存意义以及实现个体价值。同样,在家庭人伦关系之中,“自我”本体存在意义是需要通过与“他者”之间建立联系才能得以确立。明代家训强调忠、孝、悌、节、义,就是将个体的“自我”与“他人”进行关系缔结,在“父与子”“夫与妻”“兄与弟”“男与女”关系之间寻找自身安身立命之落脚点。维系这些关系的和谐与融洽,是需要个体提升道德修养并遵守伦理秩序才得以实现的。而无论修身还是治学,都要在一定程度上以妥协、牺牲个体“自我”为第一步,来满足家族整体利益的最大化。正如有学者所言:“我国社会向为家族本位的组织,且经过儒家极力维持这一事实,越发根深蒂固,成为定制。于是个人地位不显,家族的观念居先……”[2]特别是明代时期受宋明理学的影响,修身也逐渐向极端化发展。北宋张载还以“变化

---

① 《马克思恩格斯选集》第1卷,北京:人民出版社,1995年,第2页。

② 范忠信、尤陈俊、翟文喆编校:《中国文化与中国法系——陈顾远法律史论集》,北京:中国政法大学出版社,2006年,第183页。

气质”为特征强调双重人性论，其后二程提出了以“理”为人伦之本的道德本体论，直至朱熹的“存理灭欲”说则发展到“天理人欲不两立”(《朱子语类》卷一百一十三)之境地。至此，个体人的意义和价值早已被泯灭，取而代之的就是人被整齐划一地归为“天理”——即人伦之本“三纲五常”的统摄之下，“其张之为三纲，其纪之为五常，盖皆此理之流行，无所适而不在”(《读大纪》)。“存理灭欲”说对明代家训同样影响颇深。譬如，杨继盛在《杨忠愍集》中说道：“心里若是存天理，存公道，则行出来便是好事，便是君子这边的人；心里若存的是人欲，是私意，虽欲行好事，也有始无终，虽欲外面做好人，也被人看破。”朱熹所说天理是善的，人欲是恶的，而如此立身做人的修身方法终究会将人逐渐引上了禁欲主义的道路上，这种德育价值取向可谓贬抑和否定了个体价值和权利。

其次，明代家训的德育目的皆在配合中央集权的统治，即“家国一体”的整体主义精神。实质上，明代家训中的道德教育不仅是为了完善自身，更是为了治理国家。封建社会中后期，宗法制与君主制相结合，形成等级严格的家国一体的管理体系，并以此来维系至高无上的皇权。或者说，“家国同构”的特殊社会属性使家庭在整个社会中占有特殊的地位，封建社会的经济、政治和文化都以家庭、家族为核心扩展开来。而“家国同构”的特点即是把整个社会和国家都包含在大家庭的范围之内，不但将家庭内部的道德规范和人伦关系扩充至社会和国家，同时也将个体的人生与命运与社会、国家缔结起来，形成了统一的整体。这样，家族利益至上和家族本位的观念得到进一步强化，即形成了把社会和国家视作一体的整体主义价值取向。由此而知，这就实现了明代家训德育的根本目标——将个人、家庭与国家“捆绑”在一起，个人利益应该服从于社会和国家的整体利益。在实现群体利益时，对个体价值的考量也就微乎其微了。换言之，与其说修身与治学是实现了个人的理想和前途，倒不如说是为了更好地效忠于国家。古人对整体主义高度认同的心理属性，终究还是要以个体自由意志的妥协与退让来维护封建统治阶级的最大权益。可见，明代家训的德育目标更倾向于整体主义精神、整体家族利益，并通过道德教育将家庭利益与国家利益相协调、相统一。

最后，明代家训中的治家、齐家思想同样是强调家族本位和家族利益。在家族事务管理方面，凭借着血缘和家长制等特权，中国传统家族在弘扬宗法伦理、执行宗法教化方面更有威慑人心的效力，而这种以治理家庭为宗旨教化方式也体现为一种群体本位的伦理教化，它关注的不是个人，而是人的群体性。[①] 明代家训治家思想之所以如此丰富，是因为家训制定的初衷就是为了将家庭的每一成员都统一规划进家族利益的范围之内。一方面，家族利益与家族成员的自身利益是基本保持一致的。另一方面，家族命运从根本上说又与国家和政治形势息息相关。纵观中国历史，“贫不过五世，富不过三代”，每个家族都有兴盛与衰败的起伏跌宕，甚至满门抄斩、诛灭九族的飞来横祸也屡见不鲜。可见，“一荣俱荣、一败俱败”政治体制即是一把双刃剑，这从一定程度上强化了家族的整体意识，也使家庭成员形成了生死命运休戚相关的命运共同体。正因如此，明代家训的德育要求就是为了确保家族门第在生存与竞争中最大限度地得以存活和发展，进而使子孙们能世世代代繁衍生息，而不至于在艰难世道中沉沦，甚至灭绝。由此可见，在世事多变社会背景和历史条件下，制订一套行之有效的家训家规来管理家人，确保整个家族能在敏感的政治环境中长久不衰、永葆富贵，这就显得极为重要。

总之，明代家训以整体主义和家族本位的标准来明确德育目标，这对于高效率地管理家庭成员和家庭事务起到过积极的作用，但如果只片面地强调整体利益必然会严重地抑制个体的发展，其德育目标即是在主体“人的缺失”的前提预设下而进行的，它的主要弊端体现为压抑个体利益，限制个人发展，强调个体绝对服从家庭的整体利益，致使道德教化丧失人性意蕴和人文关怀。这种德育目标的价值取向充斥着封建集权和专制主义特色，是需要客观、辩证地加以分析和对待的。

2.3.2　以伦理纲常和等级秩序规定德育准则

明代家训中的德育准则与中国传统伦理秩序和道德规范所遵循的基本原则大体上是一致的，即“三纲六纪”的伦理标准。《白虎通义》中所说：“纲者，张也。纪者，理也。”意即说“三纲”具有统帅和制约其他德育要目（五常）的作用，“所以张理上下，整齐人道也”。具体来说，“三纲”中的“君为臣纲、父为子纲、夫为妻纲”，其中有两项属于家庭德育范畴，而“六纪”是由“三纲”所

---

① 参见冯天瑜：《中国文化生成史》下册，武汉：武汉大学出版社，2013年，第487页。

引申出的伦理关系，即指诸父、兄弟、族人、诸舅、师长、朋友。其中，家庭层面的人伦关系占据四种之多。可见古代家庭是伦理道德教育的主要“阵地”。换言之，“所谓‘三纲六纪’其实就是将包括家族伦理关系在内的整个社会伦理关系按照一定的等级关系编织成一个覆盖全民的网罗”①。从此意义上讲，明代家训伦理道德的制定原则就在于：其一，是对家庭成员内部进行等级秩序的划分；其二，是对家庭成员之间人际交往原则加以维系。这种德育原则与标准的表现形式即为对“忠、孝、悌、节、义”等义务的履行与遵守。进一步解释，明代家训要求“尽孝”，就是强调“父为子纲”；要求“尽忠”，就是强调“君为臣纲”；要求“贞节”，就是强调“夫为妻纲”；而至于“悌”和“义”则是将这一原则扩展和延伸至兄弟和朋友层面而已。可见，伦理纲常不仅仅将家庭设定为人伦关系的基点，同时还规定了家庭内部人与人之间等级秩序与差别。

“三纲”强调上下、贵贱、长幼、男女和夫妇的人伦差别，固然有其制定的缘由，但“三纲”处于绝对化且至高无上的道德地位却不是自古有之的。先秦时期，“三纲”还被视为双向的人伦义务。《左传》中写道：“君义臣行，父慈子孝，兄爱弟敬。”《管子·形势》中亦写道：“君不君则臣不臣，父不父则子不子。”而到了明代时期，宋明理学家们从理论上强化了对伦理纲常的要求，朱熹宣称：纲常“亘古亘今不可易”（《朱子语类》卷二十四）。即是将“三纲五常”置于世间万物的本体位置，强调道德不变论。就是说，“宗法制度下的等级、尊卑秩序，通过神圣高妙的天道自然这一中介，来构筑其伦理体系，从而将宗法伦理道德本源化，使人们信从、尊奉无疑”②。这样，经由理学家们反复宣扬论证，“三纲”不仅神圣化，并且永恒化，便理所当然地成为明代时期最为普及的道德标准。正如吕坤所言：“三纲之重，等于天地，天下共之。”（《呻吟语·品藻》）明代家训中以伦理纲常和等级秩序为德育原则的内容尤为凸显。家训中的道德教化也并不单纯地指晚辈对长辈的尊敬与侍奉，而实质上是父权体制下的等级秩序在家庭人伦关系中的反映，其表现为单方面的听命与顺从。更进一步讲，君权、父权和夫权则日益绝对化而导致儿子、臣子和妻子成为父亲、君主和丈夫的附属之物。举例来说，《温氏母训》中说道：“凡子弟，每

① 徐茂明：《传统家族组织中的伦理精神》，《上海师范大学学报(哲学社会科学版)》，2006 年第 2 期。
② 冯天瑜：《中国文化生成史》下册，武汉：武汉大学出版社，2013 年，第 518 页。

事一察命于所尊，便是孝弟。”黄标在《庭书频说》中写道：“父慈子固当孝，即父不慈，子亦当孝。”可见，这种意义上的“尽孝”不仅丧失了人文关怀，同时也缺失了独立人格。更有甚者，例如自元代以来广为流传的《二十四孝》，其中“埋儿奉母”“尝粪忧心”等各种愚孝、愚忠的行为更证明了封建等级制度和伦理纲常的不合理和不平等性。

明代家训中针对女子有特殊的道德原则，即为“三从”——“幼从父，嫁从夫，夫死从子”（《礼记·郊特牲》）。这一道德标准乃是在“三纲”统领下男尊女卑观念的必然结果。古代妇女在家庭中是没有地位的。妇女天生就是“伏于人者也”（《大戴礼记·本命》）。方孝孺曰：“夫以义为良，妇以顺为令，和乐祯祥来，乖戾灾祸应，举案必齐眉，如宾互相敬，牝鸡一晨鸣，三纲何由正。”[①]其中所说的夫妻关系还相对温和，但前提是女性要“顺为令”，其本质仍是“三纲正”。可见，妇女在家庭中只有顺从的义务，却无平等的权利。由于明代更加强调伦理纲常和等级秩序，女性则越来越处于卑躬屈膝的从属地位。“贞节”要求的提出，是对女性的进一步贬抑和压迫。所谓“贞”，即是要求女性“从一而终”，丈夫在世不可失身于他人，丈夫去世后亦不可改嫁。明代家训中对女性忠贞的要求极为苛刻。曹端在《家规辑略·诸妇第五》中说：“诸妇夫死，而忘恩负义愿适他人者，终身不许来往。”吕坤在《闺范·女子之道》中对“忠贞”的要求为：“女子之道，守正待求，不惟从一而永终，亦须待礼而正始。命之不谷，时与愿违。……然而一死之外，更无良图，所谓舍生取义者也。”杨继盛认为女性的贞节在于要随夫同死，他说：“妇人家有夫死同死者，盖以夫主无儿女可守，活著无目，故随夫死，这才谓当死而死，死有重于泰山，才谓之贞节。”但这种死法也是有前提的，如若丈夫有子，女性同死不但不被歌颂，还要遭人唾弃，“若夫主虽死，尚有幼女孤儿，无人收养，则妇人一行，乃夫主宗祀命脉，一生事所系于此，若死，则弃夫主之宗祀，隳夫主之事业，负，夫主之重托，贻夫主身后无穷之患，则死不担轻于鸿毛，且为众人之唾骂，便是不知道理的妇人”[②]。就是说，女性即便是死也要“死得其所”。这种生与死之间的选择也要遵循亡夫和世俗的要求，可见，对女性忠贞的要求无不充

① 方孝孺：《逊志斋集》卷一《四箴·夫妇》，《文渊阁四库全书》本。
② 杨继盛：《杨忠愍集》卷三《赴义前一夕遗嘱》，《文渊阁四库全书》本。

斥着讽刺的味道。诸如这些剥夺人性的道德准则表面上温情脉脉，实则残忍至极，这一点也充分证明了封建礼教残忍冷酷的一面。世风至此，不禁感叹，也终究无法回归儒家经典《诗经》中所描述的“妻子好合，如鼓瑟琴”（《诗·小雅·棠棣》）“宜言饮酒，与子偕老”（《诗·郑风·女曰鸡鸣》）这般超脱伦理纲常的夫妇恩爱的“田园时代”。总之，明代家训中的基本道德准则就是“三纲”，它集中体现了中国传统家庭伦理秩序和道德准则的本质特征。这种具有明显时代性和阶级性质的道德标准在当今时代势必要被批判并加以取替。

2.3.3 以地理位置和职位阶层区别德育内容

在探讨这一问题之前，先将部分明代家训的地理分布、作者以及职业情况汇总于表2.2，以便于接下来的阐述和论证。

表2.2 对部分明代家训作者的籍贯和职业的统计

作者	祖籍	职位	作者	祖籍	职位
温璜	浙江乌程	崇祯年间进士 徽州府推官	王阳明	浙江余姚	兵部尚书 左都御史等
徐学周	浙江海盐	嘉靖年间举人 雷州府同知	杨荣	福建建安	建文年间进士 文渊阁大学士
吴麟徵	浙江嘉兴	天启年间进士 太常寺少卿	许相卿	浙江海宁	正德年间进士 兵科给事中
方孝孺	浙江海宁	迁侍讲学士 文学博士	项乔	永嘉 （浙江温州）	嘉靖年间进士 广东参政
王澈	永嘉 （浙江温州）	正德年间举人 布政司左参议	姚舜牧	浙江乌程 （湖州）	万历年间举人 知县
何伦	浙江江山	—	陈龙正	浙江嘉善	崇祯年间进士 南京国子监丞
袁颢 （曾祖：袁黄）	浙江嘉善	医生	支大纶	浙江嘉善	万历年间进士 知县
孙植	平湖 （浙江嘉兴）	嘉靖年间进士 光禄少卿	周思兼	松江华亭 （上海）	嘉靖年间进士 湖广按察司佥事
陈继儒	松江华亭 （上海）	文学家 书法家	徐祯稷	松江华亭 （上海）	万历年间进士 按察司副使

（续表）

作者	祖籍	职位	作者	祖籍	职位
徐三重	松江华亭（上海）	万历年间进士 刑部主事	陆树声	松江华亭（上海）	嘉靖年间进士 礼部尚书
唐文献	松江华亭（上海）	万历年间进士 礼部右侍郎	陆深	松江（上海）	弘治年间进士 翰林院学士
李应升	江苏江阴	万历年间进士 监察御史	王樵	江苏金坛	嘉靖年间进士 刑部侍郎
王敬臣	江苏长洲	诸生 国子监博士	何士晋	江苏宜兴	万历年间进士 巡抚右侍郎
高攀龙	江苏无锡	万历年间进士 左都御史	何尔健	曹州（山东菏泽）	万历年间进士 大理寺右丞
袁衷	广东东莞	正统年间举人 梧州知府	霍韬	广东南海	正德年间进士 礼部尚书
庞尚鹏	广东南海	嘉靖年间进士 知县御史巡抚	黄佐	香山（广东中山）	正德年间进士 少詹事
丘濬	琼州琼山（海南）	景泰年间进士 文渊阁大学士	李廷机	福建晋江	万历年间进士 礼部尚书学士
方宏静	安徽歙县	嘉靖年间进士 户部右侍郎	杨士奇	江西泰和	礼部大学士 兵部尚书等
万衣	德化（江西九江）	嘉靖年间进士 河南左布政使	王演畴	江西彭泽	万历年间进士 桂林知府
杨继盛	河北容城	嘉靖年间进士 兵部外郎	王祖嫡	河南信阳	隆庆年间进士 翰林院侍读
吕维祺	河南新安	万历年间进士 吏部主事	曹端	河南渑池	永乐年间举人 霍州蒲州学正
彭端吾	夏邑（河南商丘）	万历年间进士 山西道御史	沈鲤	河南归德（商丘）	嘉靖年间进士 文渊阁大学士
史可法	祥符（河南开封）	崇祯元年进士 总漕都御史	吕坤 父吕德胜	河南宁凌	万历年间进士 刑部侍郎
刘良臣	山西芮城	弘治年间举人 扬州平凉通判	韩霖	山西绛州	天启年间举人 皈依天主教
杨爵	陕西富平	嘉靖年间进士 道监察御史	张居正	湖北江陵	嘉靖年间进士 吏部尚书等

通过对上述50份明代家训的地理分布、作者社会阶层和主要职业等情况的分析，亦可从中考察出其德育特征与界定标准。

从明代家训的地理分布情况来看，南方家训数量要明显高于北方，并且还集中于某几个省份之间。在上述50篇家训专著中，其中浙江省占14篇，上海占7篇，江苏省占5篇，再加之广东、福建和海南等地，南方地区的家训数量已经超过半数，可见南方特别是江南地区是明代家训创作的集中之地。这是因为，以全国地域的宏观视角来考察，其一，从经济因素考虑，自宋代以降，南方经济发展超过北方已成为不争的事实。随着商品经济的发展以及经济重心的南移，从一定程度上促进了文化的长足发展，包括苏、浙、皖、闽、赣等地均是家训文化的主要创作地。其二，江南地区的社会风俗也对家庭文化和家训创作产生了重要影响。时人说江南："土风质而厚，士风淳而直。"(《咸淳志》)《溧水县志》亦描述了万历年间南方社会和江南风俗，"大姓聚族而居，重世系，异姓不得入谱。……乡里淳朴之氓，不见外事，安于畎亩，衣食务本力农"[①]。明代家训创作群体在南方占有绝对优势，特别是江浙一带，因为世家大族不断发展壮大，强大的经济优势和文化实力为家庭教育奠定了充足的物质基础和精神准备。显而易见，文化发展与家庭教育是相辅相成的。其三，明代家训还形成了以京畿及其周边的创作区域。从上表统计可知，河南、河北和山东家训共计9篇，也占有一定的比例。这说明在以京都为中心的政治文化范围内也同样重视家训这一家庭教育形式。

从明代家训作者的文化程度来看，有37人为进士出身，占据了较大的比例。同时，家训作者为朝廷官员的人数有47人之多，几乎涵盖了所有家训创作人群。明代还出现了家族式的群体创作，诸如吕德胜和吕坤父子，袁黄和袁颢祖孙等。究其原因在于，自魏晋以来，大量北方人口移居南方，加之受南宋政局动乱、战争因素等影响，苏浙等地更成为世家大族避乱迁入的荫庇之地。与平民百姓相比，官宦和文学世家学识较高，占有一定的社会资源，通常会沿袭一套具有家族特色的学习传统，诸如勤于诗弓，习文好儒等，因此更具有撰写家训的先决条件。可以说，明清时期逐步发展壮大的名门望族和文宦世家并非偶然现象，它必然要符合三个要素，即"一世其官，二世其科，三世其

① 光绪《溧水县志》卷二《风俗》，见《中国地方志集成》，南京：江苏古籍出版社，1991年，第108－109页。

学”（薛凤昌：《吴江叶氏诗录·序》），也就是官宦、科举和学识。一方面，“明代家族血缘的兴旺发达和社会地位的上升是随着世亲中士大夫成分的多少而定的”[①]。而另一方面，“在明清科举制度下，文学成就代表一定的科考能力，是家族文化能力的重要体现，只有具有较强文化能力的家族才能成为世代簪缨的望族”[②]。由此可以理解为，学识、文化功底是核心要素，它决定了科举名第，而科名又决定了官宦等级地位，这三个要素成为缺一不可的“三位一体”，共同决定着文学世家和官宦家族的兴衰命运。

从地理位置和社会阶层出发来分析明代家训的德育内容与特征，其主要表现为：其一，侧重具有学术特性的文化教育与倾向官场功利特性的仕途教育相结合。其二，还在于始终保持自上而下的以儒为本、忠主孝亲的教育传统。可见，在崇学重文的家庭环境中，通过家训的道德教化来勉励子弟孜孜向学、修身养性，使得家族成员能够恪守宗族观念、存续优良家风学风，这些都是较为有效的教育内容与教育方式。

2.4　本章小结

本章对明代家训及其德育思想的主要内容进行了详实的阐述。首先，对明代家训的文本特点进行了一番梳理，包括从数量、体例、形式、功能与作用等方面的具体分析。其次，概括、梳理并列举了明代家训德育思想的主要内容，具体涵盖五个方面，即读书治学之道、修身立命之道、齐家治生之道、蒙幼训女之道和交友处事之道。最后，对明代家训德育思想的内核与实质进行了剖析。概括为以下三个特征，即以整体主义和家族本位明确德育目标；以伦理纲常和等级秩序规定德育准则；以地理位置和职位阶层区别德育内容。明代家训德育思想注重整体主义和家族本位，强调“三纲”，这集中体现了中国传统家庭理论规范和道德准则的本质特征，即个体绝对服从家庭的整体利益，这对于管理家庭成员和家庭事务起到过积极的作用，但其弊端也表现为压抑个体个性，限制了个人自由发展。

---

① 丁晓山：《家运》，北京：中华工商联合出版社，1997年，第111页。
② 洪永铿等：《海宁查氏家族文化研究》，杭州：浙江大学出版社，2006年，第5页。

第 3 章

反思与超越：明代家训德育思想的当代价值转化

中国传统家训虽经岁月砥砺，却经久不衰，历久益醇。这既显示出其存在的合理性及顽强的生命力，同时也是其延续性和继承性的集中体现。正如习近平总书记指出："博大精深的中华优秀传统文化是我们在世界文化激荡中站稳脚跟的根基"①，并且"中华民族创造了源远流长的中华文化，也一定能够创造出中华文化新的辉煌"②。为此，我们理应探讨传统家训的当代价值及其现实意义。明代家训作为传统家训的重要组成部分，一方面，它无疑是封建社会的历史产物，与当代社会具有异质性。而另一方面，任何文明都不可能割断古与今的"亲缘"关系，只有兼收并蓄地接纳其中优秀思想精髓，才能为当代家庭德育建设提供经验借鉴和参考范本。所以，将明代家训中的优秀德育思想进行现代转化才能体现明代家训当代价值的应有之义。而这一转化的根本目标在于，其一，通过对明代家训中的优秀德育思想进行学习和整理，对其进行创造性转化和创新性发展，进而形成符合社会主义价值体系的当代家庭德育建设资源。其二，通过对传统美德的继承与弘扬，以便于在当代家庭乃至整个社会发挥导向与监督作用。其三，通过对明代家训中优秀家教家风等教育方式的学习，用以指导当代家庭道德教育，以期为构建新型的家庭德育模式提供宝贵经验。

3.1 对明代家训德育思想的历史性分析

传统家训是我国古代一种较为特殊文化现象，而明代家训又是传统家训

① 《把培育和弘扬社会主义核心价值观作为凝魂聚气强基固本的基础工程》，《人民日报》，2014 年 2 月 26 日，第 3 版。

② 《习近平在全国宣传思想工作会议上发表重要讲话　胸怀大局把握大势着眼大事　努力把宣传思想工作做得更好》，《人民日报》，2013 年 8 月 21 日，第 1 版。

中最具代表性的阶段之一。在这一时期，各个家庭、宗族制订的家训数量明显增多，其内容和形式也日渐成熟，这是传统家训走向繁荣与鼎盛的重要标志。深入挖掘和阐释以明代家训为代表的传统家训的文化底蕴与精神内核，不但有利于促进当代家庭德育体系的发展，同时也有助于实现家庭和睦、营造和谐、安定的社会环境。一言以蔽之，"家庭是社会的细胞，随着社会的进步、时代的变化，家庭的作用、组成或功能也将不断地变化、发展，这是必然的；但是作为社会组成的细胞，家庭在人类发展的历史长河中所具有的亲情联系和生养、教育子女的功能，仍将得到延续和发展。社会愈发展愈进步，就愈需要赋予——家庭，这个细胞以新的职能和新的活力"①。

3.1.1　明代家训德育思想的历史地位

下面试以"历史解剖式"的研究方法来对明代家训进行合理性剖析和历史性反思，并从总体上勾勒出明代家训德育思想的共性特征，进而形成趋于科学、系统、客观与公正的历史价值评判。具体而言，大体有以下三个方面：

第一，明代家训是传统家学文化的一种重要表现形式。提及中国传统文化，往往聚焦于"儒、墨、道、法"等众多思想流派及其经典著作，却很少有人提及传统家训，这无疑是一件憾事。近年来，党中央高度重视家庭精神文明建设，传统家训、家庭德育和家风家教建设等问题逐渐被学者青睐。特别是近几年，有关家训、家风的研究有成为显学之势。事实上，传统家训具有较为突出的文化表现形式和较强的文化功能。以明代家训为例，其文化功能主要表现为：一方面，它是一种通俗性文化，可以通过家风家教将古代文学著作传播到家庭生活之中，并且能够将儒家玄奥典籍中的思想精髓以通俗易懂的形式在家庭内部展现出来。众所周知，以儒家经典为代表的文献和著作大多囿于高雅艺术的表现形式，具有玄奥和深刻的思想特点，超越了一般社会成员领悟和诵读的能力。而真正具有普及性的教育形式则应体现于具体的、真实的百姓"俗事"之中，家训就具有这种通俗化的特点。它通过日常化的语言方式对儒家思想进行深入浅出的阐释和转化，使"不通文墨"的家庭成员亦可接受教育。事实证明，这种文化传播途径是行之有效的，它避免了伦理和道德说

① 陈延斌、徐少锦：《中国家训史》，西安：陕西人民出版社，2003年，第2页。

教的抽象与空谈，而是从具体的家庭和人出发，真正地做到了“化民成俗”。另一方面，明代家训还表现为一种伦理性文化的功能。它在传播过程中将“仁义礼智信”等传统价值观融入人伦纲常之中，使家庭成员能够自觉地接受伦理和道德规范。与当今教育体系不同，传统家庭的教育方式以血亲伦常为纽带，以超乎寻常的伦理力量将社会政治、经济、人际关系缔结在一起，并具象化于“父慈子孝”“夫唱妇随”“兄友弟恭”的家庭交往关系之中、“移孝作忠”的君臣关系之中，以及“老吾老以及人之老，幼吾幼以及人之幼”(《孟子·梁惠王上》)的社会人际关系等诸多方面。通过家训的教化，社会意识向家庭化转变，在这一过程中，又将个人修养同社会发展、国家命运融为一体，使每个家庭成员尽可能自觉地遵循道德规范来磨砺自我、完善人格。因此，家训这种具有朴实、亲切的文化特点，也具有“民胞物与”(张载语)的血亲性伦理意义。

第二，明代家训表现为一种教育形式。它的教育功能表现为将道德和教育结合起来，将修身养性和道德教育纳入伦理纲常的范畴之中，其实质是为了达成对伦理教育和人格塑造的最终目的。中国自古以来就极其重视家庭层面的道德教化，“古之教者，家有塾，党有庠，术有序，国有学”(《礼记·学记》)。这是因为，从我国古代社会性质和社会结构特点来分析，学校是针对少数群体的教育场所，寻常百姓是不具备教育条件的，因而学校教育对于整个社会来说其作用是十分有限的。而“家学”的兴起与普及则成为中国古代最为广泛的大众教育方式。另一原因在于，由于受家族本位的影响，家庭成员从出生那一刻起就在家庭范围内成长，社会概念对于个体来说并不十分重要。这种“家族首位，社会次之”的观念将人的成长经历、活动空间和受教育程度限定在“家”的范围之内，因此，教育普通民众的重任自然落在家庭之中，通过家训使家庭成员养成学习习惯，是最为直接且有效的教育方式。古人也认为，对家庭成员特别是对子孙后代的教育乃是“家庭第一关系事”(孙奇逢：《孝友堂家训》)。正因如此，家训具有其他教育所不可替代的历史地位和作用。此外，亦可从明代家训中寻找到古今道德教育的共同属性和内在规律：首先，明代家训强调教育内容的丰富性，力求在修身、齐家、孝悌、交友、节俭等各个方面修德进业；其次，明代家训强调教育过程的感染性。它强调家庭教育环境的重要作用，通过良好家庭环境的熏陶，使家庭成员之间更容易在情感上接受和信服彼此的教导和忠告。这种教育形式朴实生动，无须虚浮套语和泛泛的凭空说教，容易产生感情共鸣，更具有晓之以理、动之以情的效果；最后，明代家训强调教育方式的强制性。为了达到奖罚分明、惩恶扬善的目的，强制性的教育方式也很常见。诸如在家礼、言行、起居、理财等各个方面规定了诸多强制性的要求。这种严厉的家教形式十分注重劝导性教育与强制执行的相辅相成。

第三，明代家训还具有一定准法律的功能和作用。在中国传统社会，家族制度存在时间悠久，家族分布最为广泛，其民众基础也是其他社会组织形式无法比拟的。可以说，家庭成员之间的关系、家族与家族之间的关系被看作是最主要的社会关系。正因如此，在家族内部实施自我管理与自我教育就带有了一定的“自治”性质。而家训的实效性和实用性在一定程度上得到了官方的认可，故具有了一些法律层面的规范效力。从这个意义上说，明代家训尤其是家法族规在中国古代法律中呈现出独特属性的家族法文化现象。费成康先生从规范性角度对法律特征进行了五个方面的界定：即由国家立法机构制定；体现统治阶级意志；经过某种立法程序；强制力的保证执行以及具有一定的文字形式。对照上述五个方面特征，明代家法族规除不是国家颁布之外，基本与后四项内容相符合。[①] 这充分证明，明代家庭之中的“家法”与国家的“国法”相辅相成，互为表里。可以说，将家训、家法族规定性为一种家庭或家族的准法律工具是恰如其分的。这是因为，一方面，这种秩序井然的伦理“自治”体现在家训之中，表现为个人命运是绝对隶属于整个家族的，因而为了保持大家族的兴盛和血脉传承，家庭成员一定要按照家训传统“秉章办事”。另一方面，通过制定家训或家法族规管理家庭事务的法规和准绳，并对家庭成员和家族事务进行详实的规定和要求。这种严谨有序的管理体系起到了一定法律规范和监督作用。换言之，如果一个家族没有形成与之相应的管理规划，没有对财产进行妥善经营的界定，其家业倾颓为期不远矣。因此，类似于家法族规这种高效率地管理家庭事务的家规，在“以罚辅教”原则的指导下，被众多家庭、家族（特别明清时期的）所广泛使用了。实际上，中国古代社会并不是具有优良法制传统的社会，这就需要家法与国法之间相互补充、

① 参见费成康主编：《中国的家法族规》，上海：上海社会科学院出版社，2002年，第167－170页。

协调并举方能维护社会稳定、家族兴旺,并在治国与治家层面共同发挥规范和威慑作用。

3.1.2 明代家训德育思想的时代局限

事实上,纵观"中国古代家训并非'篇篇药石,言言龟鉴',而是稂莠并存,金沙相杂的"①,受中国封建社会特殊历史条件的限制,除去优秀且值得今人借鉴的德育思想之外,明代家训中亦含有应被今人批判的腐朽且落后思想,这些内容是需要加以摒弃的,具体而言:

第一,明代家训中充斥着封建迷信思想,部分家训中记录了因果报应,转世轮回的内容抑或是听天由命的宿命论思想。例如,《王樵家书》中就通过佛教思想来教育家人,他在《与从子塈书》一篇中说道:"前新生儿死矣,万法皆空。人生要超然,看破便无事也。"明人王祖嫡的忠孝论,功德论同样充满了宗教色彩。他说:"为忠臣、为孝子、为廉吏,是曰成佛升天;能立德、能立功、能立言,是曰飞升尸解。"(《家庭庸言》)明人顾宪成在《示淳儿帖》中也有宿命论的言语。他说:"就命上看,人生穷通利钝,即堕地一刻都已定下,如何增损得些子?"又例如,陈良谟的《见闻纪训》记录了作者平生见闻,其目的是要通过具体事例来教育子孙,但书中所记录故事或以天命定数为结论或强调因果报应,多为荒诞不经之作。因此,《四库全书总目》评价其为:"杂记见闻,多陈因果。虽大旨出于劝戒,而语怪者太多。"②此外,韩霖的《铎书》乃融合了天主教和儒家思想的乡约。他在宣讲《圣谕六言》时将天主教等西方宗教思想与儒家正统思想进行融合,是一部充满宗教色彩的乡约之作。总之,这一类与科学相违背的封建主义和唯心主义的教育理念在今天是不适用的,也是应该抛弃的糟粕内容。

第二,明代家训中的惩罚方式逐渐增多,有些条例过于严厉,甚至凌驾于法律之上。程颢认为:"自古圣王为治,设刑罚以齐其众,明教化以美其俗,刑罚立而后教化行。虽圣人尚德而不尚刑,未尝偏废也。故为政之始,立法居先。"(《伊川易传》)意即说儒家思想认为道德教化亦要以刑罚作为后盾。朱

① 徐少锦、陈延斌:《中国家训史》,北京:人民出版社,2011年,第25页。
② 永瑢等:《四库全书总目》卷一百四十四,北京:中华书局,1965年,第1229页。

熹也主张“教之不从，刑以督之”（《朱子语类》）就代表了宋明理学对于“德”与“法”相辅相成的态度。因此，明代家规中的“以德为主，刑罚兼备”的原则逐渐被确定下来。与此同时，随着家庭人口日益增多，管理家族事宜逐渐繁杂，明代家训、家法族规的内容与条例也日趋严谨与完善。费成康先生总结了家庭、家族中的惩罚方式大体可分为七大类型，[①]概括来说大体分为肉体惩罚、物质惩罚和精神惩罚三个方面。举例来说，王澈的《王氏族约·汇训第五》中就规定了肉体惩罚的力度，其中记载道：“凡子孙淫佚赌博，以及一切悖礼法者，每朔望司纠会族长以下告于祠，量罪议杖，有不悛者，加杖之。又不悛，加杖之。”又如，《霍氏家训》要求：“子侄有过，俱朔望告于祠堂，鸣鼓罚罪。轻罪，初犯责十板，再犯二十，三犯三十。”[②]可见，在这些家法中，若过失较轻者，对其施以罚跪、打手、掌嘴、杖责等惩罚方式。若过失较重者，部分家训中还有剥夺生命的惩罚规定，如绞死、沉塘、活埋等极刑。此种极端的惩罚方式是同国法相违背的。

第三，受儒家思想尤其是宋明理学对家庭道德观念的影响，明代家训强化了“上下尊卑”的等级观念。在“三纲五常”的统摄下，片面地强化晚辈服从于长辈、民臣服从于君主的要求。这种基于不平等且单向度的教化维系了封建统治体系的稳固和长存，但也产生了诸多愚忠和愚孝的封建伦理行为。譬如，黄标在《庭书频说》中写道：“天下无不是的父母，父慈子固当孝，父即不慈，子亦当孝。子果能孝，而父母又焉有不慈者乎？”黄佐在《泰泉乡礼》中要求晚辈对待长辈要做到“必先孝弟，内事父母，外事师长，侍立终日，不命之坐，不敢坐”。《宋氏家规部》中也要求晚辈“遇尊长乘于轿马则避不及，立于道傍（旁）俟遇。已在轿马遇尊长，遇必下而见之，俟尊长行远乃敢乘”[③]。毋庸置疑，这种教育方式的本质即是一种奴化教育。

---

① 具体包括 1. 警戒类：包括叱责、警告、立誓、罚祭、记过；2. 羞辱类：包括请罪、贬抑、标志、押游、共攻；3. 财产类：包括罚钱、罚物、赔偿、充公、拆屋；4. 身体类：包括罚跪、打手、掌嘴、枷号、礅锁、砍手指或手臂；5. 资格类：包括斥革、革胙、罚停、革谱、出族、驱逐；6. 自由类：包括拘禁、工役、兵役；7. 生命类：包括自尽、勒毙、溺毙、打死、活埋、丢开（锁在木板上丢入江河）、闷死（塞进缸中盖上）枪毙。此外还有送官严究或“鸣官处死”等。（参见费成康主编：《中国的家法族规》，上海：上海社会科学出社，1998 年，第 98 - 110 页。）

② 霍韬：《霍渭崖家训》，见《涵芬楼秘笈》第十二册。

③ 宋诩：《宋氏家规部》，见赵振：《中国历代家训文献叙录》，济南：齐鲁书社，2014 年，第 266 - 267 页。

第四,“男尊女卑”的观念十分严重。宋明时期,这一观点发展到登峰造极的地步,即“饿死事极小,失节事极大”(程颐:《二程遗书》卷二十二)。明代家训中也不遗余力地强化“捐躯殉殆,虽死犹存”(《闺训千字文》)的道德说教。譬如,黄标在《庭书频说》中说:“从来大有为之人必刚方独断,……若漫无主张而唯唯听命于女子之口,即其言有合于理、有济于事,已失丈夫体统。”这段话将男尊女卑的观念表现得淋漓尽致。在《女范捷录》中亦记载道:“忠臣不事两国,烈女不更二夫。故一与之醮,终身不移。男可重婚,女无再适。是故艰难苦节谓之贞,慷慨捐生谓之烈。”[①]而在曹端的《家规辑略》中对女子的要求极为苛刻,他说:“诸妇夫死,有能持节守义而终身不愿再嫁者,主父、主母当厚恤养,以全其志,毋使失所。”而另一种情况是“诸妇夫死,有愿与夫同归而自死者,当闻于官而厚葬之,所有遗嗣,主父、主母亦厚恤养,毋使失所”。曹端还在家训中指出女子不恪守贞操的惩罚办法,“女子有作非为犯淫狎者,与之刀绳,闭于牛驴房,听其自死。其母不容者,出之。其父不容者,陈于官而放绝之,仍告于祠堂,于宗图上削其名,死生不许入祠堂”[②]。可见,古代家庭对待妇女的道德要求是保守、禁欲且极为不平等的专制主义说教。在封建礼教的束缚和压迫下,妇女丧失了人权,扭曲了人性。可以说,对待女性的观念和态度是传统社会最大的精神毒瘤,这种文化糟粕必须予以根除。

第五,在封建专制和中央集权的高压统治下,许多家训还强调安于现状、明哲保身的处世哲学。许相卿说:“宁人欺,毋欺人;宁人负,毋负人。”(《许云邨贻谋》)高攀龙说:“多说一句,不如少说一句;多识一人,不如少识一人。”(《高氏家训》)

总之,明代家训中存在着诸多保守的、禁欲的、迷信的和不平等的德育内容和教化观念。这些落后思想滋长了卑微且顺从的社会群体性格,遏制了个体独立人格的塑造,极大地滞阻了社会的发展与进步。因此,今人必须要在历史唯物主义的视域下以现代道德价值的评判标准对这部分糟粕内容进行重新筛选与选择,唯其如此,才可充分利并对当前家庭道德文明建设发挥启迪和借鉴作用。

---

① 刘氏:《女范捷录》,见《状元阁女四书》,上海江左书林刊本。

② 曹端:《曹端集》,北京:中华书局,2003年,第193-194页。

3.1.3 明代家训德育思想的现实之需

前文已对明代家训德育思想进行了历史性审思。而如欲谈明代家训的当代价值及其现实意义,还尚需解决两个问题:

第一,先要解决如何看待历史与现实的关系这一重要问题。就明代家训德育思想的解读方式来看,它的历史价值和现实意义是丰富的。李大钊曾说:“无限的过去都以现在为归宿,无限的未来都以现在为渊源。”[①]他讲清楚了历史与现实之间的联系,即无限的历史构成现实,无数的历史反映现实。也就是说,历史虽具有不可选择且无法抗拒的必然属性,但历史只有与现实相联系才具有意义。如若抛弃现实,历史只是事实。事实本身毫无意义,这样历史也就毫无意义。然而“历史虽无意义,但我们能给它一种意义”[②]。以明代家训为例,它以丰富的家学文献为载体并被历史所“记录”和“留下”,又因与现实的密切相关性被今人所珍视与传承。从宏观层面来说,以明代家训为代表的传统家训不但是中国优秀传统文化思想内涵与价值观念的集中体现,同时它又将民族特点、民族秉性与民族精神在家庭层面加以具象和升华。从具体层面来讲,明代家训提供了家庭道德教育的生动范本和方法途径,将提升个体道德水准与国家价值理念达成统一。正因为古代家庭教化方式与当代家庭德育形式具有传承与递进的关系,古今之德育才具有无法割舍的联系。这也正是王学典所指出的:“衡量‘意义’(抑或是‘价值’)大小的一条重要标准就是与现实社会相关度的高低。历史所再现的往往是与现实生活密切相关的环节和事件,而那些与现实社会无甚牵连的事件就被筛选、淘汰掉”。[③] 明代家训虽被视为过往之物,但却深深扎根于现实生活之中,并没有被历史所淘汰。所以,明代家训德育思想的历史地位和现实意义是不容忽视的。

第二,还要解决以现代之视角来审视历史事实真实性的问题。简单地说,历史事实大体分为三种范畴:一是历史事实本体,这是一种抽象的核心概念;二是指历史事实观念,大多形成于史学家思想意识之中;三是有关历史事

① 李大钊:《“今”》,《新青年》第4卷第4号,1918年4月。

② 田汝康、金重远:《现代西方史学流派文选》,上海:上海人民出版社,1982年,第166页。

③ 王学典:《史学引论》,北京:北京大学出版社,2008年,第111页。

实的信息，也就是较为具体的史料文本或残存文献等。[1] 历史学家大多认为，历史之真在于它的相对之真，是接近之真，而非完全之真。这是因为：其一，受认知局限性影响，真实的历史事件或事实是无法被完全观察和记录详实的；其二，受史学家主观思想意识因素限制，如个人擅长、喜好和专业特长等局限，不可能将历史还原得面面俱到；其三，受其他因素影响，例如民族、偏见、观念、价值理念不同，对历史描述的角度、立场、手法等不同，皆会对同一历史事实产生不同的记录。[2] 那么，明代家训德育思想的真实性这一问题该如何考察呢？概括而言，是要以当代道德价值的评判标准，以及当代家庭德育的现实之需作为参照，通过历史与现实之间所缔结的联系来还原其德育思想的真实内涵。

那么，如何从现实之需的视角来审视明代家训的德育思想呢？

首先，明代家训的真实性在于它是被选择的历史，也是历史的选择。传统家训折射出中国家庭几千年的发展变迁史，其中包括自给自足的农耕经济体制、血缘社会与宗法制度、家国同构的封建政治体制、以儒家为代表的伦理文化等方方面面。正因为传统家训反映和呈现出较为真实的古代经济、政治和文化全貌，故经岁月过滤和时间洗礼亦能保留和传承下来。因此，聚焦明代家训，它的真实性是被历史选择的真实，亦是被历史记录的真实。

其次，明代家训德育思想的真实性在于它重塑、重构了历史，或者说是基于现实基础上而还原的历史。毋庸置疑，历史是对过去的解释，但客观存在的“过去”是无论如何无法被重建的。“历史是由活着的人和为了活着的人而重建的死者的生活”[3]，重构历史的目的是在现实基础上对过去进行合理性解释而做出的准备，并对历史事实进行梳理和分析，使历史事实之间呈现出符合逻辑的运作关系。今人欲了解古人的家庭生活必然是徒劳的。但如若置身于现实生活之中，加之史料文献所记载和描述，亦能拼接出古今生活之差异。明代家训正像是一面镜子，折射的是古代社会的世间万象。明代家训亦不是被动消极地反映古代传统社会，而是自觉或不自觉地主动反映出古人家

---

① 参见张耕华：《历史哲学引论》，上海：复旦大学出版社，2009 年，第 43 页。

② 参见王学典：《史学引论》，北京：北京大学出版社，2008 年，第 125 页。

③ 田汝康、金重远：《现代西方史学流派文选》，上海，上海人民出版社，1982 年，第 95 页。

庭生活的常态。可以说，传承与弘扬明代家训中的优秀德育思想并不是简单地复制、复述过去的家庭历史，而是要对现实的家庭生活予以重塑。更进一步讲，这种重塑不应仅仅针对过去的历史，而应是建立在古今生活对比之下的一部鲜活的中国家庭生活史。

最后，明代家训德育思想的现实需求在于它搭建起了古今家庭道德教育之通途。虽然明代家训中所提倡的德育思想离今人生活较为遥远，但其中的教育核心却一脉相承，直至今日依然发挥着道德规范的重要作用。它能以一种新的形式融入现实生活，能够通过日常生活实践被今人所感知、理解，这难道不是对历史真实性的体验吗？所以，“一切真的历史都是当代史”①。历史的价值就在于从过去中发现我们真实的自己。了解历史，它不是一成不变、停滞不前的。了解历史，也不是博古不通今、知古不知今，而是要通古今之变。历史的价值在于它是过去的，但指向现实，这种历时性和共时性构成了历史的最根本的特性，同时也搭建起了古今交流之通途。由此可见，追溯和挖掘明代家训中的优秀德育思想，只有立足于今人解读与诠释的基础上才能够发现其真实的特性与价值。立足当下生活，把握过去点睛之处，通过今人之眼来重视古人生活，这是一种积极且富有创造性的实践活动。通过古人之经验来启示今人之生活，亦是十分中肯且具有启发性的现实之需。

3.2　明代家训德育思想的当代价值转化理路

社会转型是人类社会在“走向现代”的历史进程中，进而促发了关于社会转型的诸多思考与审视。从现代性的分析视角出发，诸如道德、法律等社会秩序的构建大多是与社会人的行动同构互生。所以，提及现代转化这一问题，必然与社会转型密切相关。所谓“社会转型”的广义界定所指的是：社会转型是指社会结构、社会形态整体性和结构性的改变和转换。在这一过程中，同时涵盖了包括社会政治形态、经济形态和社会形态等诸多领域的转换。可以说，这是一种具有时空意蕴的范式调整。譬如，“古代农业社会形态——近代工业社会形态”的转换、“封建社会形态——资本主义社会形态”的转换

① ［意］贝奈戴托·克罗齐：《历史学的理论与实际》，傅任敢译，北京：商务印书馆，1982年，第12－13页。

等。社会转型的另一层含义则是指特定历史时期的具体性和一次性的社会转型。即在某一种特定的时间状态节点下,一种独异的社会运行模式从长期延绵不绝的固有方式轨迹中脱离出来,然后一些社会现象与事实也从固有的社会关联性中产生异质性变化,在不断交替迭代中形成了新的社会场域的存在。马克思就对人类社会的更替演进以人的发展状况为依据进行了划分,即人的依赖性社会、物的依赖性社会、个人全面自由发展的社会。[①] 可以说,无论是哪一种类型的社会转型,其本质依然是人类以不断变革的方式去适应社会的深刻变化。这也意味着人类主体的一种新的开放状态,以及进行到一种与过去不尽相同的一种充满未知的可能性的发展过程之中,即通过对旧秩序的打破与新秩序的建立,去寻求从一种平衡态过渡到另一种平衡态的过程。参照马克思关于人类社会的演进框架并具体结合我国社会转型的实际情况来分析,可以进行这样的模式推断,即从传统型社会(指以"人的依赖关系"为特征的社会——"人的生产能力只是在狭窄的范围内和孤立的地点上发展着")向现代型社会(指"以物的依赖性为基础的人的独立性社会"——"形成普遍的社会物质交换,全面的关系,多方面的需要以及全面的能力的体系")的转变和过渡。[②]

在这一过程中,从家庭这一较为微观视阈来分析,家庭的结构、功能在每一次变迁中都被社会的跃迁所深深地影响着,这也是家庭变迁的具体特征。我们试图从历史与现实、社会与家庭的双重视域对现代转化进行分析,并建构出"明代家训德育思想的价值转化"的具体理论架构与分析理路。

3.2.1 转化目标的定位与构建

明代家训德育思想现代转化的目标要聚焦在对现代家庭伦理的人本价值考量上。传统文化的核心与本质是价值观念。价值观念在上层建筑意义上是人类道德和精神的集中凝聚。中国传统文化中的道德理念和价值表达反映出中国人对于自身、自然、社会与国家的具体认知。事实上,中国传统文化(包括家庭伦理文化)的现代转型是以1840年鸦片战争爆发前后为重要时间节点开始的。中国进入20世纪后,对于传统家庭伦理文化所进行的反省和

① 《马克思恩格斯全集》第46卷上,北京:人民出版社,1979年,第104页。
② 参见《马克思恩格斯全集》第46卷上,北京:人民出版社,1979年,第104页。

审视大体可分为两个重要的历史阶段：一是五四新文化运动，这一时期对待传统伦理文化主要形成了“传统主义”和“反传统主义”两种截然不同的态度。这两种态度的形成和演变基本上是在中国民族矛盾越演越烈的基础上，国内化不同文化思潮相互激荡和碰撞的结果；二是在20世纪80年代，即改革开放后，伴随着文化思潮和现代新儒学的兴起，众多学者从各个角度对中国传统文化和西方文化进行了研究、比对和选择，并对中国传统伦理文化逐渐形成了“总体否定论”“继承创新论”和“超越创新论”等几种代表性观点。由此可见，在特定的民族矛盾和历史情景下来审视传统家庭伦理文化的发展走向，一方面，取决于中国文化其自身所蕴含的精神内核和民族禀赋的传承基因；另一方面，则表现为特定历史和社会变化而形成的外在驱动因素。伴随着“西学东渐”和“经世致用”等思潮出现，传统伦理文化所呈现出来的文化表现样态就在自信与自卑、激进与保守之间徘徊，并且在中国近现代这一特殊的历史时期展现得淋漓尽致。

纵观中国百年来的思想文化历史，新文化运动的两大阵营与新儒学的众多学者都未能打通传统与现代伦理道德续接之通途。如何解决古今冲突与断裂的问题，乃是中国近现代以来一直尚未完成的历史重任和民族使命。事实上，中国传统文化大体属于伦理型文化，由于中国社会具有“家国同构”的特殊属性，家庭、宗族与国家在治理和运作等方面存在着诸多相似之处，因此，在传统与现代之间发生碰撞、对立和冲突时，其矛盾和争议的集中点也势必聚焦于家庭以及由家庭伦理道德所引发的诸多困惑。虽然中国近现代经历过多次摧枯拉朽的道德革命，但传统家庭伦理的价值观念仍然在很大程度上植根于民众的内心，并反映在日常生活之中。例如，在儒家思想中，《孟子·滕文公上》中“父子有亲，君臣有义，夫妇有别，长幼有序，朋友有信”就已经把“五伦”上升到人伦纲常的伦理关系之中，其中又进一步强调了人伦关系的对等性。这也与后面董仲舒抑或是宋明理学时期儒学政治化后的“三纲”有很大的区别。由此可见，人伦关系所延伸的秩序与规范在传统家庭伦理有其存在的充分理由和社会需求。再者，中国社会又是以家庭关系为核心的人伦关系模式，通过血缘亲情和家庭情感上升为一般社会交往的内在逻辑，并将一切社会关系准则顺理成章地依照家庭关系及亲情原则扩展开来。所以，在家庭伦理当中，最核心最实际的情感需求和人伦缔结从古至今是没有改变的，凝结在血缘之中的肺腑真情也是无法动摇的。因此，实现当代家庭德育目的之构建与明确，以及建立在传统家庭伦理道德范式基础上的重塑与改造，就要通过传统家庭伦理的现代转化来打通已然错位的家庭道德伦理体系。在确立当代家庭伦理定位的同时，实现古今伦理道德的融合与重构，才是重拾传统家庭德育目的之最终归宿。当代家庭伦理目标的变化大体可以概括为以下几方面：

首先，当代家庭伦理应具有开放性。人是具有群体性与社会性的特征。在中国传统社会尤为强调个体与家庭、家族整体相融合的人伦关系。费孝通先生曾以“投石荡波”来比喻中国传统社会人与人之间封闭的“伦理圈子”。差序格局的局限性表现为，中国人仅对圈子靠近中心的人表现出情感眷顾和伦理关怀，而对于圈子外围的他人缺乏应有的人际交往，但又变成了另一种人际关系的运作方式。当代社会是一个开放性的社会体系，个体在社会中以公民身份存在。当代家庭交往形式亦趋向于开放式，这就必然引领当代家庭伦理模式突破以家庭为单位的交往圈，将伦理关系延伸至社会成员之中。就是说，让当代家庭已经融入整个社会的大循环，家庭的生产、消费、教育和娱乐等功能都与社会不可分割。一方面，传统家庭中的生育功能、经济功能正在逐渐弱化或消失；而另一方面，家庭中的情感功能、文娱功能和休闲功能逐渐在强化。开放的家庭功能形式是现代社会赋予家庭的特殊意义。而更进一步讲，在家庭内部，家庭成员诸如女性地位不断提高，亲子关系趋于民主平等化，个体的独立人格和竞争意识不断加强，这必然要求家庭伦理进行与之相适应的开放性转变。

其次，当代家庭伦理具有理性化的构建目标。传统社会的家庭伦理是一种人情伦理，宗法社会的“三纲五常”结构造成了家庭伦理的单一性、强制性和同质性。而当代家庭伦理构建则体现出多元性特点，这不仅是因为现代社会使社会群体组织出现高度分化，还因为不同地域、不同阶层、不同领域并不具有一成不变的价值体系和道德规范标准，这就要求当代家庭伦理在建构方面应具有理性和相对独立的一面。当代家庭伦理的定位应在尊重家庭成员人格和个性的基础上强调权利和义务的双向性，强调情感与道德规范自律与他律的统一，进而来避免“私情滥用”下的家庭伦理秩序的混乱、个体道德的狭隘与自私。诚然，家庭伦理的理性化并不是一味地忽视感情因素在伦理中的作用，家庭依然是人们获得心灵慰藉和精神依恋的港湾，这种价值是不可替代的。因此,当代家庭伦理的重构是在保留传统人情预设的同时,又要以理性精神规范人情运作,使伦理在情与法之间达成统一。

最后,当代家庭伦理建构方向应具有民族性和时代性。《易传》有云:“有天地然后有万物,有万物然后有男女,有男女然后有夫妇,有夫妇然后有父子,有父子然后有君臣,有君臣然后有上下,有上下然后礼仪有所错。”可以看出,传统家庭伦理在宗法制度的影响下,更为重视血亲观念,整体观念和人伦观念。因此,家庭伦理在中国传统文化系统的演变和发展中占有重要地位,同时也发挥着关键的影响。正是在这样的文化背景下,中国传统社会形成了深厚的家庭伦理道德传统。而在褪去传统宗法家长制度和封建王权的束缚之后,当代家庭交往模式则更注重真情实感的人伦价值与心灵慰藉的意义。因此,当代家庭伦理的目标定位要符合现代社会的伦理价值要求,即要符合社会主义的价值取向,应满足社会主义核心价值观的发展要求。从更深层的意义来说,更是要从传统家庭伦理之中汲取真切的营养内容,并且要根植于中华文化传统文化具有永恒价值的成分,从而实现家庭伦理与社会伦理的重新整合与价值重构,这是家庭伦理由传统向现代转变过程中不可避免的趋势,也是传统与现代家庭伦理从冲突走向融合的必然要求。

综上所述,中国家庭是在中华文明视阈下并受到中华道德传统浸润而存在的生活与交往样态,即便是在当代社会,中国家庭依然承继着中华民族传统的遗传基因和生活密码。正因如此,试图对明代家训的德育思想进行现代转化,只有基于传统,改造传统,乃至于再认识传统,唯其如此,才能使当代家庭道德体系拥有根基。正如朱贻庭所说:“探讨传统家庭伦理的现代价值应该注重现代家庭伦理的‘原源之辨’。所谓的‘原’即本质、根基,指现实社会中生成家庭的经济关系、社会结构、政治状况等诸多条件,以及能够满足现代家庭道德转化目标与定位所具有的现实社会道德体系的性质、价值导向和时代特点;而‘源’即渊源、资源,则是指在客观历史条件下形成的传统家庭伦理文化的诸多综合因素。这些因素不仅规定和影响着这种社会道德包括道德语言的民族形式和民族特点,而且还为这种道德体系提供了可供选择的伦理文化资源,从而丰富了现实道德体系的内容。”[①]对待明代家训德育思想价值

① 朱贻庭:《现代家庭伦理与传统亲子、夫妻伦理的现代价值》,《华东师范大学学报》,1998年第2期。

转化这一问题，也要以“原”的角度去看待“源”，以“原”的标准去理解、检验和评判“源”，即正确理解传统，分解传统，扬弃传统，将历史文化遗产古为今用，并做到去芜存菁。也正是这种“原”与“源”的整合，方可创造出具有时代特色和民族特点的社会伦理结构，才能使当代家庭伦理的重构实现传统与现代的统一。这亦符合了家庭道德体系和伦理文化演进的客观规律。换言之，将明代家训这份丰富的文化遗产进行价值认同和合理评价，做出符合时代要求的理论诠释，并将其熔铸于当代家庭美德之中，也就完成了传统家庭伦理道德向当代家庭德育构建的再改进和再转化过程。总之，只有重新审视与思考包括明代家训在内的传统家训中的伦理思想精髓，建立起适合于社会主义核心价值体系的当代家庭伦理文化，促进家庭和谐、社会稳定，乃至整个国家的文化繁荣，这才是传统家训优秀德育思想价值转化的价值旨归之所在。

3.2.2 转化视阈的厘清与界定

明代家训德育思想现代转化应关注到从“传统-现代”的历史时空视阈上。“传统”从简单意义上来讲就是一种在历史语境中所延续来下的社会习惯，同时也包括了思想、文化、道德、风俗、艺术、制度以及行为方式等。美国社会学家爱德华·希尔斯在《论传统》一书中指出了“传统”的三个特征，即“世代相传的事物或是惯例、制度；相传事物实体、信仰和制度等的统一性；传统特征的持续性”这三个方面。[①] 通过对“传统”特征的表述，我们认为，传统不是一个抽象的定义抑或是简单静止的结构，传统更不是泯灭在历史洪流中的回忆抑或是尘封在岁月中的遗迹。传统应该是在人类文明的发展进程中一直延续的，并且在时间积淀下存在于现实之中的“历史全息镜像图”。所以，谈论中国意义上的传统，其核心就是基本精神，即中国文化、中华民族的基本精神，尤其是在今日的现代社会依然能够发扬光大并且能够弘扬践行的精神内涵。而相对于传统来说，现代则可视为是传统的继续和演进，或者是传统的转化和重塑。抑或说，传统与现代是骨肉相连且不可分割的。哈贝马斯理论中的现代性侧重人的自主化和独立性的相互统一。韦伯的现代性则是社会的理性化过程。传统与现代的相互关系也可以表述成：一方面，传统也曾被

① [美]爱德华·希尔斯：《论传统》，傅铿等译，上海：上海人民出版社，1991 年，第 15 - 17 页。

时人称其为现代,而现代也终将在未来转变为传统;另一方面,传统存在于现实之中,是对历史的传承与存在,“现代性中包含着传统性,而传统性中亦蕴含着现代性。这就是现代与传统的辩证关系”①。这是因为,新的思想体系不可能凭空出现,它总是要依据以往的知识体系为基础。现代性过程中使得人的整个社会化生活在不断地进行知识化、系统化和智识化的合理建构。这样,传统知识体系又可以在新的历史条件下被重新认知和运用,赋予新的生命力,形成新的文化样态。传统向现代转化的过程,是传统的再生和复兴的过程,亦可称其为传统的现代化过程。

借用社会转型和现代性社会的分析方式,明代家训的现代转化不但体现了文化传统性与现代性的统一。更体现出它在当代鲜活的文本价值和生命力量。事实上,无论是家庭伦理问题还是家庭教育问题仍然是一个历久而弥新的话题。将“传统与现在”这一问题具体到“明代家训德育思想的现代转化”这一视域中,则充分体现了中国传统家训在“传统与现在”之间相互转换与传承的双重作用。我们说,现代转化要进行两方面的深入分析:第一,“转化”是否标志着包括明代家训在内的传统家训的衰落与过时?第二,德育思想怎样变化才得以“传承”并适应于现代?

针对第一个问题,我们认为,对于形式与种类众多的明代家训不能简单地使用衰退或衰落等词语来进行泛泛的概括,因为这样的描述与历史事实并不相符。通过对比和分析中国历朝历代家训,不难发现,在中国近现代之前,各个时期的家训较之以往均发生了不同程度的变化。这种变化可称之为继承性变化,即在原有家训特征的基础上所进行的增补与发展,特别是在明清时期,家训的影响范围与深度均达到顶峰。而在近现代之后,家训则出现了断层性变化,即前后家训特征的关联性甚微。造成这一现象的根本原因在于社会转型和家庭结构的变迁使得近现代前后家训差异明显,但这并不足以证明传统家训在近现代社会的消失殆尽。

既然传统家训依然存在,便可梳理以明代家训为代表的传统家训断层性变化的特征:首先,家训在教育形式上发生了诸多变化。这种变化与时代发展的节奏是相符合的,一方面,受近现代“家庭革命”风暴的影响,以明代家训

① 郭沂:《中国之路与儒学重建》,北京:中国社会科学出版社,2013年,第43页。

为代表的传统家训形式在人们视野中几乎销声匿迹；另一方面，由于通信工具的日益发达，家书这一形式也悄然消失，取而代之的是现代家庭简单明快的格言警句，或是直接通过家风规范来代替家训的教育作用。其次，家训的教育内容和教育内涵也发生了改变，与古代“三纲五常”统摄下的“仁义礼智信”等传统价值观不同，构建符合社会现实的德育思想才是当代家庭道德建设的主要目标。最后，家训的教育空间与范围也发生了显著变化。如明代家训的教化作用主要适用于家庭和整个族群成员的道德品质和言行规范。而如今家庭的教育作用则局限于核心化或小型化的三口之家。不难发现，由于社会转型和时代巨变，家训的德育功能与作用早已发生巨大变迁，这一特殊性变化便可称之为“转化”。传统德育的现代转化亦可以做出“六经注我，我注六经”这样一番解释，意即说，一是将传统纳入现代的思想体系之中，二是对传统进行具有现代性质的诠释与界定。具体来说，对待传统家训的德育思想进行分析，在其知识型文化的价值领域中要审视其文本性内涵，重视它的解读性认知。家训读本不应是被寄存于图书馆或是博物馆中的泛黄文献，而应该是呈现在今人视野中的生动且鲜活的教育读本。换言之，是要对传统家训文本中的那些老套陈旧的表达形式加以转换，使之既要尊重和保留其“之乎者也”的文字形式和表达意境，同时又要使“玄之又玄”的古书典籍具有“人间烟火”气息，做到古语今说，赋予新的时代思想，形成人们喜闻乐见、符合大众需求的新的德育形式。让曾经“束之高阁”的中华传统文化以脍炙人口、喜闻乐道的形式重新“飞入寻常百姓家”。

回答第二个问题，德育思想怎样变化才得以“传承”并适应于现代？长期以来，家训所表达的文本内容大多反映中国封建社会的治家模式，人们对它持有偏见态度。但我们所传承的又非套用在封建制度外衣的那层文化表现样态，而是继承文化内核中真正能够反映出永恒价值理念的精髓。因此，在传承中所进行的转化范式，就是以批判之视角审视传统家训德育思想的知识体系，在超越文本性理解的同时并不囿于文本的特定解读，而是要以现今的时代特定和价值理念为支撑来进行解释与追问。文本知识虽是客观且不可变更的，但对文本中的思想内涵却能转化为新的文化理念和价值，这才体现了对传统家训及其德育思想的进一步创新与升华。更进一步讲，所谓德育思想的价值转化，其目的就是实现对传统家训德育思想的改造与重塑，从而完成对传统思想、道德观念的认知、行动和行为的养成、思维意识和心理活动的建构等多方面的调整和转变。通过这种形式的变化,使明代家训中的优秀德育思想在当代社会仍然能够发挥家庭道德规范的重要作用。因此,传统向现代的转化可视为是一个现实的创造性过程。从这个意义上讲,现代转化即是架构起传统与现代的桥梁,以知识型文化夯实了国家与民族的理性地基,使传统的历史遗存"活化"为具有生命力的现实资源。同时,对传统家训的了解与认知,不但能拉近古人与今人的心灵之距,更能平添对民族文化传统和民族精神的亲近感和自豪感。以明代家训为代表的传统家训只有经过这种现代性的改造和转化,才能在当代社会以新的面貌得以重生。

综上所述,传统与现代之间没有不可逾越的鸿沟,社会与家庭的转型也并非需要"大破大立"。事实上,社会转型应是传统因素与现代因素此消彼长的渐进过程。正是由于这一过程的渐进性,为现代家庭的德育体系构建提供了充足的时间,也为当代家庭德育方式方法的拓展提供了诸多机遇和选择。

3.2.3 转化方式的选择与明确

明代家训德育思想现代转化更要侧重思维方式的考究与分析。创新和发展是互为一体的两种实践途径,发展是创新的先决条件与前提基础,创新是发展的最终成果和目的所在。传统家训无疑是属于中国传统哲学、伦理学等思想文化的范畴之中,其中所蕴含的优秀德育思想同样是中华民族的传统美德。它所涵盖的人生哲理、处世之道,在一定程度上陶冶了民族性格,铸就了中国人独特的民族传统。对待明代家训,我们同样可以采用创新与发展的思维方式来进行转化,并且选择与自己民族相符合的思维方式来审视其文化转化样态。一个民族所固有的思维方式影响着民族的集体意识和实践行为,进而影响民族文化的创造力。而文化作为创造性产物,其相对独立的特点又同时影响着一个民族文化的再创造。因此,采用适合中华民族的思维方式来审视传统家训,是对它最为详实、全面的了解和省察。推动明代家训德育思想的创新性发展,就是要让传统家庭的人伦情感绽放时代光彩,让传统家庭中的教育思想精髓熔铸民族自信,让传统家庭的习俗和家庭故事传承文化精神。

具体来说,对待明代家训德育思想的思维方式,一是要运用辩证思维来分析明代家训的两重性问题。罗国杰先生在《中国家训史》的序言中指出："我们在继承'家训'这一古代道德'遗产'时，一定要以马克思主义的基本立场、观点和方法，按照'批判继承、弃糟取精、综合创新、古为今用'的原则，抛弃其糟粕，吸取其精华。……古为今用，就是要使这些古老的'家训'能够'与时偕行'，能够与新时期家庭教育的实际相衔接，解决当前家庭教育所需要解决的问题。"[①]就明代家训而言，所谓"精华"，即是指蕴含于其中的值得今人或后人去弘扬和继承的思想或精神。大体而言，这种思想或精神是对理想人格的教育，包涵家庭和睦、与人为善、慎独省思、勤俭持家等诸多方面。而在特定历史时期和社会条件下，强调上下尊卑、重农轻商、封建迷信、男尊女卑等"糟粕"内容则是我们予以摒弃的。对待明代家训德育思想的当代诠释，就是要运用辩证性思维，从时代和实践的要求出发，将其中的优秀德育思想运用到当代家庭伦理道德建设上来，并赋予其时代性和科学性的新理解。这种"扬弃"本身，即体现了对明代家训否定之否定的思维过程。所以说，辩证思维方式是要处理好传统家训德育思想与现今德育思想之间的关系，更确切说，是要辨证分析是否存在思想和价值观等方面的并行或对峙等问题。从价值哲学的视角来分析，在中国当代社会，要确定怎样的家庭道德价值观的问题，即一方面是社会主义的道德体系，另一方面是传统家训中的优秀道德价值观念。坚持辩证的思维方式，就是对传统家训中的道德思想进行是优良是劣质的直接检验。从这个意义上讲，就不是简单的否定和摒弃的问题，而是要在检验的基础上进行批判性改造。诚如马克思所言的"批判的武器不能代替武器的批判"，即是强调"批判"乃是思维递进的内源性动力，因此，以批判之视角审视明代家训德育思想的现代转化问题，就是要加以辩证的批判改造，使之成为适合今时所用的营养成分。

二是要运用"中和"思维将明代家训的历史价值与现代价值相结合。中国传统文化中的"中和"思想在儒学中得到了发展和深化，它的内核是主张分析事物时要把握"度"，掌握事物转变的关键点，这有助于克服"非此即彼"的片面思想。儒家学说讲究"时中而达权"，即是要通过具体情况以及对事情的具体权衡来达到中庸的基本方法。也正如孟子所言："执中无权，犹执一也。"

---

① 陈延斌、徐少锦：《中国家训史》，西安：陕西人民出版社，2003 年，第 2 页。

（《孟子·尽心上》）冯友兰先生对此解释为："所谓执一者，即执定一办法以之应用于各种情形中之各事也。"①因此，在对待明代家训德育思想的价值转化问题上，对其进行价值整合之前，必须以尊重历史为前提，并在现有文献材料的基础上，对明代社会、经济和文化背景进行系统的分析，唯其如此，才能客观、适度地挖掘其德育思想的丰富内涵，并取得令人信服的结论。毋庸置疑，当代家庭道德观念和价值体系的确立和形成，既延续和传承于中国家庭伦理文化和家庭教化传统，同时又与当代社会生活、经济和政治具有紧密的关联。换言之，形成一种当代家庭道德教育理念，不仅要继承传统德育思想精华，更应立足于现实，以当今家庭变革和发展的方向为依据，通过"中和"思维的运用和发挥将明代家训的历史价值与现代价值融会贯通，赋予那些具有普遍意义的优秀德育思想以新的时代内涵，进而达成思想道德体系古今通融的和谐状态。这也正如毛泽东所指出的："从孔夫子到孙中山，我们应当给以总结，承继这一份珍贵的遗产。"②即从传统道德教化资源中汲取丰富的理论资源，并在此基础上按照时代的适时之需，将这份珍贵的遗产融入当今社会生活之中。

实际上，对于明代家训德育思想的审思，既是对当代中国家庭伦理与道德体系构建的思考，也是对符合当今社会核心价值观念的德育方法方式的探究。今日中国家庭在道德实践与弘扬层面上必须继承和发展中华优秀传统文化中的家庭美德，必须承续传统家庭伦理中的有利之处。与此同时，又要构建当代的家庭道德教育体系。要实现两者的恰如其分的融合，就必然要选择一条最优路径。因此，坚持辩证中和的思维方式，不仅是在理论上做出了审视明代家训德育思想的正确抉择，同时也是在实践路径上，即日常生活的家庭交往中逐渐形成和完备了两者融合的现实土壤。正如朱贻庭先生所言："科学的态度是，从现实出发，基于时代的要求，着力发掘蕴含于传统家庭伦理中的人文资源，对之进行现代价值的再创造，从而实现传统与时代的整合。"③意即说中国当代家庭道德体系的构建，绝对不能脱离中国传统道德而

① 冯友兰：《三松堂全集》第4卷，郑州：河南人民出版社，1986年，第435页。
② 《毛泽东选集》第2卷，北京：人民出版社，1991年，第533－534页。
③ 朱贻庭：《现代家庭伦理与传统亲子、夫妻伦理的现代价值》，《华东师范大学学报（哲学社会科学版）》，1998年第2期。

产生。只有用民族语言、民族形式和民族思维继承和发展优秀传统道德教化的形式和内容，才能实现符合当代家庭道德教育的再造与重塑，才有可能对自身的家庭德育传统进行创造性的转化和创新性的发展。

3.2.4 转化原则的审视与秉持

明代家训德育思想的现代转化还需要秉持转化原则。纵观中国历史，社会的巨大变迁往往引发思想文化的深刻变革。春秋战国时期被称为“礼崩乐坏”，同时也出现了“百家争鸣”思想之繁荣景象。中国近现代的历史“大变革”，也伴随着新文化与新思潮的兴起与发展。现今，在社会转型的大背景下，中国家庭也正经历着由传统型向现代型转变的历史阶段。随着社会现代化、工业化和城市化的推进，我国经济环境、政治环境和文化环境都在发生巨大的变化，这也促使中国家庭无论是在实体层面还是在观念层面都处于深刻的变革之中。在中国传统家庭道德思想中，对于人生境界的把握有一套恒常的规划方案。一方面，将“小我”与“大我”统一于心灵秩序和人格构建之中。古语有云：“君子语大，天下莫能载；语小，天下莫能破”（《礼记·中庸》）。这种价值观的认同感正是集“民胞物与”“内圣外王”于一身，又将道德培育与国家治理兼于一身；另一方面，在“人本”价值上表现为“尊德性”与“重实行”的内在统一，强调道德主体精神德性与行为秩序的一致，通过思想信仰中的“极高明”转化为言行举止的“道中庸”。由此可见，传统家庭形成了一整套详实且完善的伦理道德规范体系。如何对其进行价值转化使其与社会主义家庭伦理相适应，这是留给现代人的重要历史课题。习近平总书记指出：“坚持马克思主义的方法，采取马克思主义的态度，坚持古为今用、推陈出新，有鉴别地加以对待，有扬弃地予以继承，取其精华，去其糟粕。”①这给我们提供了转化的具体思路、原则和方法。

具体到“明代家训德育思想的价值转化”这一问题来说：

第一，实现明代家训德育思想的价值转化，要坚持古为今用、推陈出新，继承优秀德育思想和传统美德，使其为当代家庭德育建设与发展服务。文化

① 中共中央宣传部：《习近平总书记系列重要讲话读本（2016年版）》，北京：学习出版社、人民出版社，2016年，第202页。

的继承在于“文脉的继承”和“血脉的继承”。前者指的是每个时代的文化都具有该时代的文化属性，亦都具有创造文化自身的传统。从某种意义上说，这即是文化“返本开新”的表现形式。而后者则表现为对文化精髓与文化内核继承的连续性和不间断性。由此而知，文化的继承就是建立在“文脉”与“血脉”相互联系、相互通融中的不断创造的过程。可以说，文化的生命力就表现在其生生不息的创造力。对明代家训德育思想的价值转化也可以理解为用一种创新性思维对其进行有效改造和超越的过程。换言之，就是继承德育资源的“血肉”与“灵魂”使其成为当代家庭德育的“活水源头”，具体而言：其一，要将明代家训德育思想转化成与现代社会存在相适应的社会意识，即德育思想的价值转化是要形成与社会主义核心价值观相适应的当代德育思想脉络。在此过程中，不但要善于总结和借鉴传统德育思想中的合理性因素，又要通过创新性转化和创造性发展来推进古为今用，拓宽与丰富德育思想的内涵与范围，并使其最终有助于当代家庭德育的发展与完善。其二，要深入挖掘和阐释明代家训文本的核心内涵与精神实质。高兆明指出：“民族文化传统尽管在实质内容上是一种精神价值，但是，这种精神价值却不能离开有形载体与象征。”[①]意即说民族文化与民族精神的核心是需要符号性的象征来作为载体的。历史与文明的创造势必要通过文本形式进行记载和传承，而文本要通过特定的词句来表达特定历史背景下的知识与经验，可以认为，文本所承载的思想与历史其本身就是民族文化继承的“血脉”。虽然以现代之视角审视本文之意，对其内涵的理解似乎是一个过去时，但通过今人的解读，对历史文本以现代方式进行诠释和理解，就是以现代方式使文本的价值和意义获得了新生，这也是对历史文本最好的继承。因此，将明代家训文本转化为有生命力的文字或其他图文形式，使其被今人阅读和领悟进而成为当今家庭道德教育的重要文献资源。其三，继承与弘扬明代家训德育思想中具有永恒价值属性的精神内核并将其践行于当代家庭的日常生活之中。这包括治学、齐家和修身等德育内容以及中国传统价值体系中最为重要的美德。明代家训德育思想不仅要以本文的静态形式保存至今，更要以“鲜活”的文化或文化载体形式融入当今家庭生活之中。因此，在转换过程中，

① 高兆明：《道德文化：从传统到现代》，北京：人民出版社，2015年，第255页。

不但要突出由传统模式向现代模式转化的理论创新，兼顾新时代下的新思想、新特征。与此同时，又要保留优秀德育思想的精神内涵，做到传统性与时代性相结合。可以说，传统美德一经现代的改造和转换，以崭新的方式再生与升华，即成为中国民族文化继承的“文脉”，进而引领当代中国人精神生活的发展方向。

第二，实现明代家训德育思想的价值转化，要有鉴别地加以对待，有扬弃地予以继承，克服历史遗产自身的局限性。明代家训德育思想不可避免地具有封建社会的历史陈迹和烙印，具有历史局限性和两面性。明代家训德育思想代表了以儒家思想为核心的传统道德观念。“仁义礼智信”是从属于封建政治体制的价值观，实质上是从属于封建社会和封建制度的。“三从四德”“三纲五常”等狭隘的思想观念和礼教文化亦是在宗法等级社会之中建立起来的，这都是“基于与自然经济社会相适应、与专制政治相协调、以天道神意为核心的一元化价值观念体系”①。可以说，诸如此类思想观念和道德规范早已不适用于今天的社会，有些内容甚至阻碍了社会的发展，这同当今所提倡的家庭独立与民主精神是相违背的，是必须予以剔除的。从这个意义上讲，对传统道德观念的转化原则必须建立在批判立场的基础之上，这种批判是以对传统“负效应影响”深刻揭示的前提下进行的，既不能仅凭社会形态等因素来评定其良莠和优劣，更不能因其服务于封建统治者而全盘否定。应该关注其德育思想中具有实际教育效果以及对于整个社会和谐发展起到积极作用的正效应影响。唯其如此，才能将价值转换真正地落到实处。换言之，明代家训所代表的家庭伦理道德势必要经历脱胎换骨的转变，才能融入当代家庭德育体系。为此，要有扬弃地予以继承，既不能以民粹主义视角盲目地夸大传统的功能，又不能陷入历史虚无主义之中一味地无视传统的作用。对于明代家训德育思想，应该挖掘其对当代家庭生活和家庭关系的合理性和积极性成分，并根据当代道德文明的需要对其进行再加工和再改造，使其形成符合当今时代的话语体系和表达方式。

总而言之，以扬弃和继承的原则推进以明代家训为代表的传统家训德育思想的价值转化，目的是发扬其继承性，克服其局限性。明代家训中的德育

① 戴木才：《继承和弘扬中华民族优秀传统核心价值观(下)》，《唯实》，2014 年第 5 期。

思想能够真正地为当今时代所用,势必要改弦更张,涤去封建瘢痕,在这一过程之中完成自身的“涅槃”与“重生”。[①]

3.3 明代家训德育思想价值转化的方向和目标

明代家训德育思想的价值转化这一问题,实质上即是指“在中国传统家庭伦理由传统到现代的历史性嬗变过程中,如何作出现代诠释和阐扬,发挥其优长,并使之能够适应现代社会的发展与中国现代化进程的需要。”[②]显而易见,德育思想的价值转化不是作出“大换血”的“洗牌”和“推倒”,而是要对传统进行“先破后立”的否定之否定的重塑过程。张岱年先生就曾指出:“文化既有不同历史发展阶段的‘变’,也有连续性、继承性的‘常’。”[③]意思是说,无论时代如何变迁,中国人对道德本真的追求亦不会变,中国人血脉中继承的道德传统亦不会变。一言以蔽之,我们终究还是无法割舍中国传统文化土壤中所孕育的家庭伦理传统和家庭文化传统所缔结的“精神脐带”。从另一个层面来讲,价值转化的意义还在于将明代家训德育思想的合理内核进行“内容转化”“形式转化”以及“效用转化”,采用马克思主义的基本观点、立场和方法,以社会主义核心价值观的评判标准进行创新性阐释,为构建新型家庭德育模式,形成良好家庭风貌和文明风尚而付诸实践与努力,这乃是家训德育思想价值转化目标和使命。

“道德作为人的存在方式并不是现象实存的,而是反思性的,因此,道德是人的应然存在方式。它既可以指示社会应当具有何种伦理关系、伦理规范与伦理秩序,探究社会存在的秩序、规范、关系及其合理性,也可以指示个人应当具有何种道德品质和做一个人什么样的人,探究个人人生存在的意义、价值和生活方式。”[④]同样,德育亦是反思性的。它的反思性不但表现为对道德内容的思考与传递,也表现为对所要达到的理想教育程度的前瞻性预设。

---

① 此节观点参见杨威、刘宇:《明清家法族规中的优秀德育思想及其当代价值研究》,北京:人民日报出版社,2016年。

② 杨威:《中国传统家庭伦理的历史阐释与现代转换》,哈尔滨:黑龙江人民出版社,2011年,第168页。

③ 参见张岱年:《张岱年全集》第1卷,石家庄:河北人民出版社,1996年,第153、155、248-249页。

④ 高兆明:《伦理学理论与方法》,北京:人民出版社,2005年,第20页。

人的一切社会活动都是道德的实现，而推行优良道德的实现是人类进步和社会发展的关键。家庭德育介于人与社会之间，家庭德育的指向性亦即包括了个人、家庭和社会三个层面。家庭德育并不是囿于家庭范围内的道德教育活动，更是个人、社会、乃是整个国家道德实现的前提与基础。故此，探家庭“德育思想”与“价值转化”的目标和使命也就具有深远的意义与莫大的价值。

3.3.1 个体层面：塑造面向现实生活的理想人格

“人”是一切道德教育的中心，对道德“元”问题的追问最终都是为了解决“人”的问题。中国古代先哲们对“人性论”的争辩，究其根本是对判断道德善恶终极标准的界定，并以此来构建伦理道德和品行修养的践履途径。而西方世界的“原罪说”则是将人性中的恶通过向“神”救赎的方式来换取人性中的“善”，进而实现人们心灵的慰藉和对原罪的解脱。可见，中西方虽然对道德发生和推演的逻辑不同，但大体上都以道德善恶作为判断人之本性的标准，并以不同的德育体系施之于人的思想观念和行为规范。诚然，以今人之视角，道德教育不可能片面地以人性善恶为构建标准，但考虑“人之现状”应是道德教育的出发点，“培养何样之人”是道德教育的最终目标，而“把现实人的内在超越性的德性培养作为道德教育的旨归”乃是德育目标的主旨之所在[①]。

首先，家庭德育思想的价值转化应以人的关系性和社会性的变化为基础。明代家训德育思想强调家族利益至上的整体主义精神，即“仁者与物浑然同体”（程颢：《识仁篇》）的道德要求。以生产力发展和社会变迁为坐标，德育思想的价值转化也应从“人群不分”伦理架构中脱离出来，取而代之的是“关系性”的生存方式。马克思说：“人的类特性恰恰就是自由的自觉的活动……实践活动是人和动物的最后的本质的区别，也是产生和决定人的其他所有特性的根据。”[②]即是指出“人的本质并不是单个人所固有的抽象物，实际

① 李建国：《教化与超越：中国道德教育价值取向的历史嬗变》，博士学位论文，华中科技大学马克思主义理论，2010年，第45页。

② 《马克思恩格斯选集》第1卷，北京：人民出版社，1995年，第46－47页。

上，它是一切社会关系的总和”[①]。在全球化、信息化的大背景下，人与人之间所缔结的应是一种自由、平等且享有共同价值观念的“主体间性”的关系存在，其特点表现为既区别于传统社会中的人只被作为宗法血缘关系网所束缚的一个“纽结”——“人我不分”未经分化的“从属品”与“归附品”，同时又继承古代家庭相互依存、资源共享的集体价值取向的独立个体。换言之，“主体间性所反映的‘共生性’‘共在性’存在方式既是对单子式存在和整体主义存在的超越，又是对长期处于两极对立之中的自我—他者、个人—社会的超越”[②]。由此可知，道德教育的核心任务是对每一个体赋予与某种道德准则相适应的行为规范、价值观念与价值认同。这些内容似乎是束缚个体自由的附加物，然而，正是所谓“异己”的道德约束在社会间达成了最大限度的共识才使得个体在社会化的过程中得以游刃有余地自由活动。因而“道德教育是过程性和生成性的集合体，而不是先验的、预成型的存在，人就是在现实与理想、教育与超越的矛盾运动中不断走向自由的”[③]。

其次，家庭德育思想的价值转化还要以现实人的发展为导向。蔡元培说：“圣人之道德，自其德之方面言之，曰‘仁’；自其行之方面言之，曰‘孝’；自其方法之方面言之，曰‘忠恕’；其道德教育的目的在于培育‘仁人’。”[④]从古至今，对于人性与人格的教育都是在趋于向善和应该向善的基础上建立起来的。而人性本身没有善恶之区别，人的行为和意识才有善恶之别；人性作为自然属性与善恶无关，而人的行为作为社会属性则有善恶之别。因此，道德教育的对象不能仅仅停留在关注抽象的人，而是要关注于现实生活中的人，要关注人格的完善与发展对于社会是从善还是从恶的根本属性。诚然，明代家训中的德育思想以儒家学说“人性论”的概念逻辑推演出来的是“彼岸世界”的“圣人”抑或是“完人”，这种道德教育从一定程度上说是忽视人性本真的空泛之谈，但不得不说，追求自我突破与超越是人之本性，对无限趋近于“理想人格”和“圣贤之人”是古人和今人不断修身养性所要达成的美好诉求与终极目标。所谓“人格”即是“格人”，“格”出人之善性。道德教育之根本目

---

① 《马克思恩格斯文集》第1卷，北京：人民出版社，2011年，第501页。

② 王志强：《当代中国家庭道德教育研究》，杭州：浙江大学出版社，2013年，第45页。

③ 王志强：《当代中国家庭道德教育研究》，杭州：浙江大学出版社，2013年，第48页。

④ 蔡元培：《中国伦理学史》，北京：东方出版社，1996年，第11页。

的就在于成就人的德性，而这一目标的达成首先不能停留在对于人性与人格的本然性状态，而要以应然性的道德品质来超越本然状态，并赋予人格更高层次的道德属性。此外，道德教育还在于对个体的超越，即是说，道德水平的提升要建立在群体性层面，不但要具有广泛的社会认同，更要具有普遍性、民主性以及公平正义的性质。道德教育还是人格由实然性向应然性的转化，即在道德水平处在某个阶段且相对稳定的状态下，回归属人的道德生活方式。这种由实然性向应然性的转变，不是消除人性，亦不是改造人性，而是在提升和改善人格的表现方式，即从"知善"向"行善"转变的过程。总而言之，道德教育之目的即是从现实中的个人出发，在立足于人的存在方式与人性的基础上，培养具有突破性品格与超越性精神的人，并在由"实然"向"应然"，由"应然"向"本然"转化的过程中实现对人的塑造。

3.3.2 家庭层面：重构以家庭为本位的德育实践

人最初的德性即是在家庭这一伦理实体中生成的，而道德又是源自家庭生活中的交往活动，故道德教育同家庭生活存在着必然的联系。在黑格尔看来："家庭是一个伦理性的实体，它以爱为根本规定，认为爱就是伦理性的统一。"①中国人的道德生活始于家庭，家庭亦是传统道德教育的基石与始点。从历史维度上分析，首先，道德教育根植于家庭生活之中。实际上，古代官学基本是被统治阶级所垄断的，不具备向平民开放的可能性。到了封建社会中后期，虽然社学、义学具有一定的规模，但对于整个社会来说，它的教育功能是十分有限的。对于大多数人而言，劳动与生活还大多囿于家庭之中，因此，家庭教育成为首要选择，同时也是唯一可以接受教育的场所。正如麦惠庭所言："以前在大家庭主义最盛行的时期，所有生下来的人，直接是属于大家庭，而不是属于社会，因为这时社会是以家庭作单位，人人对于家庭的关系是直接的，而对于社会是间接的。"②所以，德育不仅不可能脱离家庭这一生活实践场所，并且还要依据特定历史条件下的现实之需来规定家庭成员的德育要求。其次，道德教育不仅仅是为了生活，道德教育本身就是一种生活实践。

① [德]黑格尔：《法哲学原理》，范扬、张企泰译，北京：商务印书馆，1996 年，第 175 页。

② 麦惠庭：《中国家庭改造问题》，上海：商务印书馆，1935 年，第 18 页。

概括来说,古人德育之目的就是通过修身等方式使个体不断地超越现实生活进而实现道德从实然性向应然性的转变。但是对于君子人格的理想设定又不是脱离于现实生活,即便达成"内圣外王"仍旧是为服务于现实社会。故此,我们说,既不存在脱离生活的道德,也不存在没有生活基础的道德教育。最后,古代家庭道德教化有多种形式,家训是家庭道德教育的主要方式之一。在传统家庭中,以父权为中心的家庭关系形成依附性较强的聚合力,严格的道德约束在家庭之中自上而下,一脉相承。"每个家族都有十分严格的成文或不成文的约束族众行为的制度规范体系:祖训、家训、家礼、宗法、族规、宗约。这是封建伦理纲常的运用和具体化。"①可以说,家训是意识形态家庭化的表现方式。一方面,家训的道德教育使个人意识和社会意识达成了一致。另一方面,家训将个人意识与社会道德教育进行对接,从家庭层面的"父慈子孝、兄友弟恭"的血亲伦常以及"孝亲敬长,尊老爱幼"长幼尊卑,扩延到社会和国家层面"移孝作忠"的君臣关系,予血缘和政治伦理于一体。总之,从古代家庭德育实践中不难发现,道德教育与家庭生活本为一体,道德与生活的密切联系决定了道德教育的目标与选择。

美国社会学者摩尔根指出:"家庭是一个能动的要素;它从来不是静止不动的,而是随着社会从较低阶段向较高阶段的发展,从较低的形式进到较高的形式。"②当今社会,家庭结构、功能和观念都发生了诸多变化。这表现为:家庭结构核心化使得家庭人口数量减少;家庭关系过于简单化,仅以亲子关系和夫妻关系为主;家庭观念的变迁则体现为对个体价值的尊重取代了传统"家庭本位"的群体主义;家庭中的孝道观、婚姻观、生育观也早已与传统家庭道德观念相距甚远;家庭的教育功能已逐渐被学校的教育功能所代替。可见,传统社会中由家庭作为道德教育的始点以及"育德在家"的教育重心发生了转移。但不可否认的是,家庭德育功能并不是一成不变或一劳永逸的,它本身亦是一个流变与重塑的过程。从某种程度上说,当今家庭德育与学校和社会的德育特点具有相通的共性,并且家庭德育最鲜明的优势在于以血缘亲情作为教育关系的纽带。这种源于至亲的感情因素在道德教育中较容易被

---

① 邵伏先:《中国的婚姻与家庭》,北京:人民出版社,1989年,第181-182页。
② 《马克思恩格斯选集》第4卷,北京:人民出版社,1995年,第25页。

感化和接受，也较容易达到良好的效果。此外，当今家庭德育亦不是封闭的教育系统。一方面，经济、政治、文化与思想等多种因素无时无刻不与家庭保持着关联性与互动性。而另一方面，家庭德育传统也在不断积淀和继承中形成了稳定且持续的内源性动力，家庭德育理念也在调整与转变的动态过程中进行着"新陈代谢"以应对时代变化和发展的需要。由此而知，当今家庭德育依然不能脱离家庭生活的道德实践，尤其是对于青少年的道德教育更无法脱离家庭。因此，要构建新型的家庭德育体系，就是要与当代德育的总体目标相结合，即形成"以人为本""素质教育""终生教育"等适合当代家庭的德育理念。也就是说，在民主、平等的基础上做到真正关怀与尊重教育对象，实施"以人为本"的素质教育和全面发展教育。更进一步讲，将家庭德育在时间维度上进行纵向延展，以期形成伴随人生始终的道德教育形态；同时，将德育在空间维度上进行横向扩展，形成超越家庭本位的德育方式，即构建学习型社会的德育实践理念。

总之，德育思想在家庭层面的价值转化，就是将道德教育与历史境遇相结合，对道德生活进行反思性的批判，在承续历史与融入现实的道德实践中寻求自由幸福的道德生活。这是新时期当代家庭德育的突破点，亦是家庭道德教育变革和发展的趋势和方向。

3.3.3 社会层面：实现自我与社会秩序的共同体

受到古代地理环境和自然经济等因素的制约，中国古代社会秩序形式表现出自觉意识的生成。这不仅体现在对于人的内心和良知的要求，更表现在社会和家庭对秩序的倾向性。明人曹端曰："治国无法，则不能治其国；治家无法，则不能治其家。譬则为方圆者，不可无规矩；为平直者，不可以无准绳。是故善治国、善治家者，必先立法，以垂其后。"[①]可见，自然、人、家庭、社会乃至国家具有本质的同一性。儒家思想也表现出社会秩序性等特征。儒家注重修身，即是强调通过个体的自觉意识来深化道德修养，儒家强调天人合一，即是注重人与自然秩序的自觉统一，这种秩序则以"天下有道"(《论语·季氏》)为前提和根本，由此延伸出维持封建社会的治国之道。这样，社会秩序

---

① 曹端：《曹端集》，北京：中华书局，2003年，第81页。

与自然观、历史观与道德观达成了统一，也就是个人德性秩序、家族生存秩序、社会生活秩序以及国家运作秩序的统一。古人所接受的儒家道德教育就是与中国大秩序保持一致的。实际上，儒家学说中对社会秩序的讨论并不多见，但对于伦理秩序的描述却处处可见。举例来说，道德与“礼”的结合，道德与政治的合并，共同规定了家庭与社会秩序的标准。可以说，从“周礼”到“天理”，“礼”在建立和维护这种秩序一致性的过程中，不仅是伦理道德准则，甚至被视为秩序的象征。在中国社会的秩序体系中就表现为人的等级差别，以及老幼尊卑的准则，即“亲亲有序”和“尊贤有等”。再者而言，中国社会的秩序还在于传统家庭和社会形成了从个人到国家自上而下的群体利益的一致性。社会群体不但是社会秩序的实体，也是伦理和道德教化的最终依据。

“秩序”一词可以是抽象性与现象性概念的兼容体。秩序的存在意义在于提供了生成与维持这种状态的内外因素，即协调社会规则与个体道德品性之间的平衡关系。中国文明中社会秩序更偏重伦理道德，而西方文明中的秩序则倾向于社会契约。涂尔干就认为：“道德的目的即是社会的目的。道德的出发点正是社会的出发点。”①他还指出：“没有社会，道德就没有目的。”虽然传统家庭伦理教育只囿于血缘范围，从无超越血缘基础的道德教化，然而，历史表明中国古代社会重视“齐风俗，一民心”即是将家庭的伦理秩序和道德规范扩展至社会的教化形式。可以说，道德教育亦应属于社会范畴，它对于社会秩序的正常运作具有不可或缺的重要作用，并且，这种效用是通过对人的德性教育和德性培养才得以实现的。当代社会，家庭的道德教育同样应以维系人的社会生存为前提和基础，以提升人的总体素质以及培养人的自由全面发展为根本。马克思说：“生产关系总合起来就构成为所谓社会关系，构成为所谓社会，并且是构成为一个处于一定历史发展阶段上的社会，具有独特的特征的社会。”②随着人类的进步与发展，人与人之间的交往模式远比基于物质生产资料而缔结的社会关系更为复杂。这就更要突出社会秩序与社会规范的作用来架构人与人的稳定关系状态，并以此为前提和依据来完善个体

① Durkheim, E., *Moral Education: A Study in the Theory and Application of Sociology of Education*. New York: Free Press, 1961, p52, pp59 - 60.

② 《马克思恩格斯全集》第6卷，北京：人民出版社，1961年，第487页。

与个体、个体与群体、群体与群体之间所要达成的共同约束机制，即公认的道德观念以及共同遵守的制度体系。与传统整体主义德育价值取向不同，当代家庭德育的特点表现为在道德观念上调整了个体与整体之间的关系，使得个体的价值观念统归于社会价值观之中的同时，个体的价值观念也得以保留和自由表达，这亦是社会秩序与规范共同体建构的基本保证。此外，当代家庭道德教育的目标预设亦是符合社会发展需求的价值导向，这非德育本身的价值属性范畴，而是德育外在的工具价值属性的定位。众所周知，人的道德水平、思想观念对于现代文明和现代社会进步与发展的作用日益凸显，社会整体价值观念的倾向性又以这个时代的德育内在价值属性为逻辑前提。因此，加强人的思想道德建设，就要发挥道德教育的作用来防止现代人的片面性发展——即防止物质主义、金钱主义、消费主义和享乐主义等价值信仰的庸俗化以及价值观的虚无化等倾向，以此来防止现代人道德信仰和价值观念陷入本体性危机之中。

总之，当代家庭道德教育的目标和使命就是要顺应社会的发展和变化提出具有针对性的德育要求，以确保社会秩序正常运作，以解决人的社会生存与道德观念提升的根本需求。此外，家庭德育还应具有合理解决个体社会化问题和社会化冲突的功能属性，为进一步完善个体的道德素养提供参见标准，为社会文明的健康发展提供精神保障。

3.4 本章小结

本章乃承上启下之章，采用历史和现实的双主线逻辑对明代家训德育思想的价值转换进行了合理性阐释。首先，明代家训德育思想何以具有当代价值？一方面，从历史视域分析，明代家训德育思想的历史地位表现为文化、教育和法律的效用与功能。明代家训的历史局限则在于它的迷信思想、封建内容，部分明代家训中还记录了因果报应，转世轮回抑或是听天由命的宿命论思想，这些“上下尊卑”的等级观念、“男尊女卑”和明哲保身的思想观念缺乏人道主义关怀。另一方面，从现实视域分析，结合当代家庭德育的现实之需，我们理应正确对待明代家训德育思想的当代价值。其次，本章重点构建了明代家训德育思想的价值转化理路，即要以传统和现代相结合的审视维度、以辩证和中和思维方式、以批判和继承的转化原则对明代德育思想当代价值转换进行阐述,并且还要明确当代家庭德育的方向定位。最后,对待当代价值转化的目标和任务要最终落实到个体层面、家庭层面和社会层面,即塑造面向现实生活的理想人格、重构以家庭为本位的德育实践,实现自我与社会秩序的共同体。

第4章

境遇与应对:明代家训德育思想对当代家庭德育的启示

对于当代家庭德育与德育价值问题的深入讨论,有必要将其放入现代性社会的宏观视域中来研究和思考。众所周知,“现代性”是当今国内外学者关注的热点问题之一。以“现代性”理论对“现代性社会形态”进行界定可谓盘根错节,众说纷纭。黑格尔认为,现代性从本质上说体现在主体性的确立。而社会学家或是人类学家对现代性的阐释,更倾向于将其理解为一种社会与心理结构,这个结构主要体现在将科学技术应用于生产与日常生活之中。[①] 我国学者对现代性也有详实的解释。高兆明认为:“就其内容所指乃相对于传统而言,它(现代性)标识的是人类进入近代以来在社会经济—政治制度、知识理念体系、个体—群体文化心理结构及其文化制度方面所发生的全面转型这一历史过程其所表达的,既是以经济生活方式现代化为基础的经济—政治结构、社会制度的现代转型,亦是人类知识理念体系重新勘定与构建的价值体系的现代转换,还是个体—群体文化心理结构及其文化制度的现代变迁。”[②]

对于现代性问题,不应囿于对其定义的诸多诠释与分析,而是应将其核心内涵概述为一种结合经济、政治、社会和文化等多种因素的统一体与集合体。就中国而言,社会的现代性经历了从被动接受到主动转变的过程。直至今日,中国社会仍然处于现代性建构的进程之中。我国从传统社会向现代社会的转型,并不是指社会性质的转型,而是指社会秩序的转型,它意味着社会经济、政治和文化的转型以及随之而来的思想与价值观念的重大变化。旧道

---

① 参见崔振成:《现代性社会与价值观教育》,博士学位论文,东北师范大学教育学原理,2011年,第18页。

② 高兆明:《道德文化:从传统到现代》,北京:人民出版社,2015年,第55页。

德体系的瓦解与新道德体系的重建成为历史发展的必然趋向。在这一过程中，与西方国家一样，中国社会必然会面临诸多困境与难题。我们说，教育可以视为是人类特殊的认知实践方式，它“既表现为对既存价值的传递，又表现为人类对价值的自觉追求”①。对现代社会的价值冲突与道德困境的深刻反思，就是对当代教育特别是道德教育存在价值与意义的深刻审视与思索。

4.1　现代社会的价值冲突与道德失范

德育体系构建以及德育的现实性反思都应该以现实生活的预设为根本出发点，“道德教育从根本上讲是以某种价值预设为其前提的，其作为一种系统活动的设计、展开也总是受到价值这一隐匿力量的强制，人和道德教育的理论与实践总以某种价值理念为其逻辑支点和起点”②。毋庸置疑，现代社会为道德预设了“真善美”与“假恶丑”的价值取向和价值标准，同时道德本身亦存在基本的价值属性和价值形态。可以说，二者同时为道德教育的意义和目的提供了“价值存在”的合理性依据。现代社会与道德之间的内在关联在促使德育在反思自身困境的同时，也要反省现代社会所带来的一系列道德问题。事实上，中国社会转型时期出现的诸多问题以及道德教育在现今社会所遭遇的诸多困境，一方面是德育价值的外在危机（即表现为德育去价值化、边缘化、解构化等），另一方面是德育价值的内在困境（即德育功利化、主体性缺失、理论不完备等），究其症结之所在，还应归因于现代社会的价值体系出现了问题，即经济发展势头强劲与政治、文化发展不匹配、不平衡所导致的必然结果。因此，对中国现代社会德育困境的深度剖析，不但能够为现代人道德滑坡敲响警钟，同时也能为针对当代德育现状提出应对举措奠定充分的理论基础。

4.1.1　文化多元与价值认同危机

从某种程度上来说，多元文化成为全球性的文化思潮已经是不争的事

① 刘丙元：《当代道德教育的价值危机与真实回归》，北京：北京师范大学出版社，2012年，第14页。
② 刘丙元：《当代道德教育的价值危机与真实回归》，北京：北京师范大学出版社，2012年，第13页。

实。众所周知，文化与道德息息相关。一方面，道德对于文化具有维系功能来保持文化的相对稳定；另一方面，道德对于文化具有变革功能，即当文化不能满足道德主体和时代发展需要时，就需要重新创造一个文化世界。[①] 多种文化之间的冲突与碰撞势必造成文化标准和道德观念之间的矛盾与纷争，不但对主流和主导文化进行消解，同时也产生了文化价值体系多元化并存的局面。

有学者认为，多元文化造成的德育困境其根源有三点因素："一是多元文化冲突与社会整合功能的弱化；二是道德价值观的冲突与学校道德教育责任的迷失；三是绝对价值的消解与价值相对主义的出现"[②]。具体来说，首先，我国文化多元的现状势必长期存在。现代社会所折射出的时代性特征必然要烙印上文化多元的印记，但将"多元化"理解为"多元主义"是不能接受的。多元文化所诱发的多元主义盛行，势必弱化了主流价值观念和主导性道德标准，使人们逐渐丧失了共同的道德信仰与价值认同。可以说，社会个体的任何价值选择和行为方式都可视其为应当的，但如若失去社会普遍遵守的道德准则就突破了为善或为恶的道德底线，社会个体在享受所谓"自由"的同时，也就丧失了作为社会人属性的主体间的共在。其次，多元文化不但冲击了德育安身立命之根基，也更进一步加大了家庭、社会和学校德育工作的难度。德育失范的严重后果是逐步滑向道德虚无主义和相对主义的泥潭。所谓道德虚无主义和相对主义，"美其名曰"是为了迎合现代人张扬独立个性和自由发展的需要，但实则是置共同的道德信仰于不顾，是对道德本身的蔑视，也是对道德教育的忽视甚至是无视。加之受到物质主义、享乐主义和极端的个人主义的影响，部分人群缺乏对自我道德品性的客观认知和评判，终将迷失在物欲横流的欲望怪圈之中。一言以蔽之，道德教育缺场的最终结果便是诱发道德观念的变异与异化。最后，多元文化的价值观念和价值取向潜藏着"价值虚无"的危险。事实上，现代社会的发展就是沿着"去价值性"的进程不断前进的。两次工业革命的成功以及人类科技的突飞猛进使人类扮演起了"造物主"的角色，人类相信工具理性可以解决一切问题，这便使人成为神。工具

---

① 鲁洁：《德育新论》，南京：江苏教育出版社，2000 年，第 34，207 页。

② 参见冯建军、傅淳华：《多元文化时代道德教育的困境与抉择》，《西北师大学报(社会科学版)》，2008 年第 1 期。

理性即是"'剔除'了人们对意义、精神、文化、道德等'抽象''虚空'的'非现实性'意义思考,'全神贯注'于器物的生产和对人的生物性的刺激与满足"①。所以,工具理性只不过是人类发展的手段,而只有寻求价值理性才能实现人类生存和发展的终极目标。

总体来说,现代化和工业化从一定程度上加速了人性逐渐偏向"拜物教"的过程,而全球化更使得文化和价值混沌超越了国家的边界。在多元文化的冲击下,存在着解构普遍价值的危险。多元文化的价值冲突将人弃入碎片化的独断世界之中,它打着价值多元的旗号进行"肆意而为"的破坏行为,不但使普遍价值观念形同虚设,更消解了价值本身。再者来说,诸如多元主义的后现代思潮又借以全球化的契机形成新的话语霸权,也就更进一步加剧了道德和价值认同的困顿和混乱。

4.1.2　信仰危机与社会群体冷漠

从一定范围来讲,现代性社会的信仰危机,其实质是人的存在方式变迁所引起的人对自身存在意义的迷茫。高兆明指出:"道德信仰危机是一种深刻的精神危机。因为道德信仰一方面是对人生价值、存在意义的统摄性把握,另一方面它又是非理性的形式,具有最为稳固的存在形式。因而,能够导致社会出现普遍道德信仰危机的必定是一种深刻的社会力量。"②在市场经济的利益驱使下,伴随着"物"价值的升值取而代之的是"人"自身价值的贬值。工具理性迫使现代人成为"单向度的人",即利益作为普遍原则的前提下,部分群体的人性是扭曲且片面的,人的道德观念亦发生了嬗变,被市场化趋同后的价值观念更趋向于消费主义、金钱主义和物质主义生活方式,人的生存只聚焦于眼前的切实利益,人的生活仅仅浮游于感观的刺激与享乐,变得日趋平庸与世俗。对物质和利益的占有将人留在了"彼岸的世界",人的价值观念只囿于生存层面,不愿思索现实之外有关理想与信仰、道德与文明等"崇高"问题的追究。人类生活与人类文化如若丧失了理想与信仰,这就是一种不健全甚至是病态的文明表现。精神世界的空虚必然会迷失自我,徘徊于焦

① 崔振成:《现代性社会与价值观教育》,博士学位论文,东北师范大学教育学原理,2011 年,第 24 页。
② 高兆明:《论社会转型中的道德信仰危机》,《浙江社会科学》,2001 年第 1 期。

虑和迷惘之中的人类，即成为海德格尔所说的无家可归的“存在者”。如果说，人类对终极福祉和真理的追求在利益面前也降格为虚无与空虚，不再为理想和信念而奋斗牺牲，那么，将精神与灵魂遗弃在“空中楼阁”，只剩下身体躯壳的现代人势必沦陷于主体性危机之中。因此，“无论是对于社会共同体，还是对于社会个体，信仰之所以不可或缺，盖因信仰本身构成了人类文化本身和文化生活的重要内容。作为一种精神理想和价值目的表达形式，信仰实际上代表了人类文化地、精神地存在意愿和意义”①。

众所周知，人的社会属性规定了人的群体性生存方式。现代性社会的工具理性遮蔽了价值理性的本真意义，对物欲的贪婪将精神世界吞噬殆尽，其表现即为个体生存的区隔与孤立。吉登斯认为：“‘生存的孤立’并不是个体与他人的分离，而是与实践一种圆满惬意的存在经验所必须的道德源泉的分离。”②也就是说，个体的区隔不同于情感层面所表现出的脱离人际关系的孤独与寂寞，而是由于个体精神空虚和迷惘所导致的一种片面性的生存、生活状态，即个体对他者和环境的冷漠与隔膜，对自己丧失存活意义的灵魂孤寂。再者而言，“多元主义”的“去价值化”动摇了人类普遍遵守的道德准则和共同的价值观念，以“自我中心”“自我实现”的价值取向试图将具有整合性与共享性的社会道德共同体解构殆尽。若是如此，人在社会关系之中也就不必过多关注情感沟通，这是由于，一方面情感交流被各个领域的评判机制和价值体系所取代，另一方面人类社交的共同领域也只能达成浅层次的精神慰藉与认同。这样，个体交往模式的封闭、怀疑、虚伪造成人际关系的相互拒斥与利用，使社会共同体陷入割裂、冷漠和失序的状态之中，反过来又进一步加剧了人与人之间的信任危机。这种本体论意义上的孤独，是走向现代社会人类的初衷之所在吗？马克斯・韦伯曾讽刺道：“我们这个时代，因为它所独有的理性化和理智化，最主要的是因为世界已被祛魅，它的命运便是，那些终极的、最高贵的价值，已从公共生活中销声匿迹，它们或者遁入神秘生活的超验领

① 万俊人：《信仰危机的“现代性”根源及其文化解释》，《清华大学学报（哲学社会科学版）》，2001 年第 1 期。

② [英]安东尼・吉登斯：《现代性与自我认同》，赵旭东等译，北京：生活・读书・新知三联书店，1998 年，第 9 页。

域……”①

4.1.3 道德传统断裂与道德虚无

道德传统在现代社会所引发的道德困境在世界范围内如出一辙，其根源即为“抛弃传统道德资源、社会失去绝对价值标准约束而引发的必然后果”②。在全球化的背景下，文化多元化是一个民族、国家现代化进程的发展趋势。从某种程度上来说，多元化亦可视是文化殖民或文化入侵，它是导致民族文化解构、传统道德资源耗尽的文化诱因。“一种凌驾或超脱于民族文化传统或特殊道德共同体伦理语境之外的所谓普遍理性主义规范伦理不是一种道德虚构，就是一种伦理欺骗。”③对于一个民族而言，传统文化的存续与继承是民族得以发展的内源性动力。而现代社会的加速发展急于和传统划清界限，将民族文明之根不断地剥离殆尽是一种极为短视和危险的行为，其结果将是对民族文化核心的解构与消解。或者说，文化入侵与同化现象导致了多元主义的衍生和僭越。在传统价值观念和道德规范的框架内，人与人之间是相对稳定、熟悉和安全的人际关系往来，正因如此，传统给人以精神寄托的安全感。然而，现代性以怀疑、批判和否定的态势将人们从安身立命的价值体系中抽离出来。人们在历经日新月异的生活变革同时，文化传统迅速隐退和消失，其中也包括传统美德在祛魅的过程中被摧毁。这种彻底性的否定正如黑格尔所讽刺的一样，倒洗澡水连同孩子一起倒掉。我们试想，失去传统之根的现代人，似乎是放下了历史包袱越发轻松地发展与前行。然而实际上，我们舍弃的是千百年来优秀文明和传统美德这些宝贵的历史遗产，却将自身固有的顽疾和外来的糟粕同时背负于肩，所谓“自以为是”的进步，其实只是迷失于物欲横流的怪圈之中，精神世界变得极为浅薄的现代人并没有真正地超越传统。

对传统文化与价值观念的抛弃与否定，只能导致道德虚无主义的立场与态度。道德虚无主义思潮随着西方近现代社会的发展不断滋生和蔓延，它的

---

① [英]A. J. M. 米尔恩：《人的权力与人的多样性》，夏勇、张志铭译，北京：中国大百科全书出版社，1995 年，第 4 页。

② 张香兰：《传统与现代：传统道德资源的断裂与现代道德教育的困境》，《教育导刊》，2007 年第 2 期。

③ 张忠华：《承传与超越：当代德育理论发展研究》，北京：光明日报出版社，2015 年，第 389 页。

哲学内在逻辑如同病毒一般依附于道德教育运行方式之中，其表现为教育主体对道德价值持有拒斥和否定的态度，其影响会导致道德的边缘化以及道德教育的虚无化。实质而言，道德虚无主义与道德教育之间的内在关联可以概括为三个层面，即“人的内心生活的消解与道德教育精神实质的弱化；人的关系性存在的消解与道德教育情感期许的缺失；人的超越性的消解与道德教育的肤浅化”[①]。可见说，德育权威性的撼动不仅表现在外部因素的干扰，更源于德育自身的困境，诸如德育的功利化、泛道德主义、科学理性化、人学空场等问题的出现。所以，当代道德教育亦处于自身存在意义的困境之中时，就表现为德育离本真意义的渐行渐远，不仅被祛魅，也被道德虚无主义所遮蔽。由此可知，道德虚无主义不但能使德育意义发生变异，同时亦会加剧德育自身困境的负面效应。马克思指出：“理论只要彻底，就能说服人。所谓彻底，就是抓住事物的根本。”[②]道德规范之所以被遵守，是人们相信道德存在的意义和价值并值得为此遵守。换言之，道德的意义决定了道德教育意义之存在。道德教育的意义（价值）又必须以现实且真实的道德为基础，唯其如此，道德教育才能发挥其真正的效用。

4.2 当代家庭德育现状与家庭德育问题

在社会转型时期，传统家庭伦理道德体系遭遇近现代以来思想变革的猛烈冲击，致使传统家庭伦道德观念被迫退位。一方面传统道德权威地位日渐式微，另一方面符合当代社会的道德观念和价值体系却没有形成。传统社会与当代社会的差异致使家庭伦理体系与道德观念变化显著。在这种社会变迁与家庭结构长期错位的阶段，传统观念与现代观念交替叠加，迫使当代人在变革时代处于迷茫之中，徘徊于传统与现代之间，遭遇诸多传统与现代的冲击和矛盾。同样，当代家庭道德教育之所以出现诸多问题与困惑，这与现代社会转型时期——家庭发展阶段由“传统型家庭”向“现代型家庭”的变迁不无关系。我国在20世纪70年代以前，家庭变化是比较缓慢的。但自改革

① 参见李菲：《意义危机下的道德教育困境与出路探索》，《教育科学研究》，2012年第9期。

② 《马克思恩格斯选集》第1卷，北京：人民出版社，1972年，第9页。

开放以来,尤其是进入21世纪,随着社会现代化步伐的加快,家庭遭遇了前所未有的影响和冲击,变迁脚步日益加快,无论是家庭结构还是家庭功能均发生了明显的改变。

4.2.1 当代家庭结构、功能的嬗变与家庭德育现状

在《人类学词典》中,对"家庭结构"(亦称为"家庭构成")的定义比较全面,即"家庭中人与人之间相互联系的模式。家庭成员间的相互排列与组合,相互作用与影响,以及由此形成的家庭规模和类型,就是家庭结构的整体形态。……家庭结构的不同,决定了家庭功能、家庭观念等方面的变化。"①可以说,家庭结构与家庭教育紧密相连,不同的家庭结构通常会表现出不同的家庭教育方式。更进一步讲,家庭伦理道德的发展亦是在与家庭变迁的互动与同步之中逐步达成共识的动态演变过程。而所谓的家庭变迁,也就意味着家庭的每一次变迁都是随着社会的变迁而发生改变。也可以理解为,家庭变迁亦是人类社会发展中自然而然的历史性过程,是家庭的结构、功能和观念的变迁。考察社会转型时期的家庭伦理道德,即是在"传统社会"向"现代社会"过渡的大背景下,考察家庭变迁与社会转型从冲突走向融合的具体过程。因此,科学地分析社会转型期的家庭结构,将有助于更好地把握当代家庭道德教育的基本特点。

我国的家庭结构呈现出小型化和核心化等特征。资料显示,依据第六次人口普查数据,中国平均每个家庭户的人口为3.10人,②城市核心家庭比例为65.30%,镇县核心家庭比例分别为63.53%和57.02%。③ 加之政治、经济和文化等诸多因素在不同程度上对家庭结构的稳定性产生了影响,从而出现家庭结构的多样化和特殊化。例如,单亲家庭比重持续增加。据中国民政部门统计,2017年上半年全国新婚558万对夫妇,有185万对离婚。2017年上半年结婚登记的比2016年同期下降7.5%,而离婚登记则比2016年同期上升10.3%。2015年依法办理离婚手续的比2014年增长5.6%,2016年依法

---

① 李鑫生、蒋宝德主编:《人类学词典》,北京:华艺出版社,1990年,第311页。

② 参见《第六次人口普查全国人口13.7亿》,《人民日报(海外版)》,2011年4月29日,第1版。

③ 参见王跃生:《中国城乡家庭结构变动分析——基于2010年人口普查数据》,《中国社会科学》,2013年第12期。

办理离婚手续的比 2015 年增长 11%。[①] 又如，受经济条件、价值观念等多种因素影响，空巢老人家庭、丁克家庭以及单身独居的家庭形式呈现上升态势。此外，未婚同居、再婚家庭、跨国婚姻家庭等家庭形态呈现出多样化的发展趋势。

家庭有其结构就必有其功能。显而易见，家庭结构与家庭功能是指向不同的层面。结构是指家庭成员所缔结的关联方式和联系形态，而功能是家庭对于社会所发挥的作用或效用。换言之，家庭结构是指家庭的存在方式，而家庭功能则是指家庭的活动方式。具体来说，我国当前的家庭功能呈现出如下特征：其一，家庭生育功能得到控制。受生育观念和计划生育政策的影响，我国人口增长数量得到有效控制。据第六次人口普查结果，2010 年全国总人口约为 13.7 亿人，与 2000 年第五次全国人口普查相比，十年增加 7 390 万人。[②] 据 2017 年国民经济和社会发展统计公报指出，截至 2017 年末，中国大陆总人口数为 13.9 亿人。而自 2016 年 1 月起，国家推行“二胎”生育政策，家庭生育功能在未来阶段会有一定的提升。其二，家庭消费功能增加。中国经济持续快速发展，人均收入水平不断提高，这大大提高了居民的消费能力。当代家庭的消费观念与传统家庭形成了极大的反差。曾经以基本衣食住行为主的消费被多元化消费方式所取代，文化消费、娱乐消费、教育消费等比例明显增大。其三，养老和保障功能向家庭之外延伸。中国逐渐步入老龄化社会，加之当代家庭的小型化、核心化，这从很大程度上削弱了家庭的养老功能。由于家庭养老功能的缺失，促使社会保障功能需要适时和相应的调整。目前，我国城乡社会保障体系有待发展与完善，因此，养老问题除了依靠国家制度性保障举措和措施以外，基本还要由子女来承担。随着我国产业结构的深度调整，养老功能在家庭和社会之间的相互补充将是必然趋势。其四，家庭情感功能的转移。现代社会，家庭与生产工作相分离，家庭的生产功能向社会化转移，以大家族和邻里关系为情感依托的人际关系逐渐消失，取而代之的是更趋于私人化和隐私性的个人生活领域的情感依托和慰藉。其五，家

---

① 参见孙少敏：《我国离婚率上升的影响因素及法律应对》，《中共山西省委党校学报》，2017 年第 6 期。

② 参见《第六次人口普查全国总人口 13.7 亿》，《人民日报(海外版)》，2011 年 4 月 29 日，第 1 版。

庭教育功能分化。传统家庭是教化的主要场所。晚辈往往通过长辈或者父母传授知识、技能以及生活经验。而当代家庭教育重心不断转移，大部分教育功能则被学校替代，但家庭的教育功能作为学校教育的补充，仍然起到十分重要的作用。

值得一提的是，家庭德育功能在家庭教育中占有重要的地位。如果说社会转型是当代家庭教育现代转型的外在前提和依据，那么家庭道德教育的内源性动力则来自家庭教育本身的变革与实践。一般来说，家庭教育、学校教育和社会教育乃是最为重要的教育形式。随着学校教育体制的发展与变革，智育功能已经从传统家庭教育中分离出来。而家庭教育主要向道德教育转变，突出在体、美、劳等方面的启蒙式教育，重培养孩子的道德理想与人格信念。近些年，素质教育深入人心，对子女兴趣、爱好和特长的培养在家庭教育中的比例逐渐增大。再者而言，当代家庭教育的亲子观与儿童观亦发生了诸多变化。家庭虽然在德育过程中发挥着主导性作用，但独断独行、言听计从的家长做派逐渐被摒弃。可以说，家庭德育应该是亲子间双主体互动式的关系形式，家长要改变教育理念，在身正示范、潜移默化地教育子女的同时，也要提升知识储备和教育素养、教育能力，与此同时，子女的自我意识和独立个性亦会影响父母的教育方式。此外，随着家庭德育过程中对个体价值的尊重，家长与子女之间秉持和谐、平等和民主的教育原则更有利于增加亲子之间的情感互动，加强子女对父母的依赖和信任程度，有利于家庭德育工作的顺利展开，也有利于适应家庭教育的新形势。总之，改革开放四十年来，伴随着中国教育思想的解放与发展，家庭德育的作用和成效亦是有目共睹的。但是，家庭德育过程中也不可避免地出现了功利性、物质性和虚荣性的学习观念和价值取向，而家庭德育中的诸多问题与缺憾更有待解决与完善。

4.2.2　社会转型时期家庭伦理精神的错位

伴随着现代社会的深刻变革和急剧转型，传统价值体系的退位与新价值体系的缺失，使现代人徘徊于道德真空的隔离地带，各种道德“失范”现象屡见不鲜。当人们将道德教育的期望从学校、社会向家庭层面聚焦之时，家庭德育也呈现出错综复杂的现状。可见，在现代社会价值冲突的大背景下，家庭德育亦不可能脱离现实而“独善其身”，其本身也呈现出诸多问题。

所谓“道德失范”是指“在社会生活中，作为存在意义、生活规范的道德价值及其规范要求或者缺失，或者缺少有效性，不能对社会生活发挥正常的调节作用，从而表现为社会行为的混乱”①。家庭层面的道德失范可概述为两点，其一，表现为家庭伦理精神的失序以及家庭伦理道德评价标准的失范；其二，表现为家庭德育功能的弱化以及德育意识的非道德化趋势。对于传统家庭而言，伦理道德在人们的日常生活中处于核心地位，“德教在家”就体现了传统家庭德育功能的鲜明特性。传统家庭德育的价值观在于以家庭利益和家庭本位为首要原则的整体主义精神。或者说，传统家庭德育以儒家文化为核心，通过“仁义礼智信”等道德标准以及“修齐治平”教化方式的构建，形成了以“慈孝悌忠敬”为核心范畴的伦理道德规范，加之“家国同构”“德政合一”的特殊社会结构与政治属性，家庭德育不但具有教化民众、移风易俗的社会功能，更为社会稳定和国家治理提供了重要的保障。

反观当代家庭德育现状，毋庸置疑，不同历史背景与德育标准之间是无法衡量和比较的。所谓伦理精神的“失序”以及德育功能的“弱化”并不是与传统家庭德育水平相比较之后的定论。而是说，现代社会所呈现的诸多道德问题与困境是家庭德育忽视或尚未解决的，故呈现出“失序”和“弱化”等征象。实际上，当代家庭伦理道德失序表现出的是一种道德观念与价值体系“二元化”的存在状态，即社会转型的“过渡期”，在新旧伦理道德观念的交替影响和制约下，人们既对现有的道德标准持否定和怀疑态度，与此同时，新的价值观念体系和行为模式缺乏有效的制约力和影响力，又不足以被人信服和接受。故此，道德的事实真空便在很大程度上诱发了生活意义与存在价值危机。更进一步讲，家庭道德失范与伦理失序，其外在表现则体现为行为的越界与混乱，其内在精神层面则表现为否定、动摇、迷惑与失落。总之，家庭道德失范的根本缘由是深刻的社会驱动力所促使的。审视和思考当代家庭德育症结之所在，可以从传统家庭德育的优秀经验中抽丝剥茧并寻觅借鉴方法，不但能帮助我们解决当代家庭道德教育的种种问题，更有助于我们提出行之有效的对策，进而对整个社会价值体系和道德观念的发展与完善发挥积极的作用。

---

① 高兆明：《制度公正论：变革时期道德失范研究》，上海：上海文艺出版社，2001 年，第 106 页。

4.2.3 家庭德育的现实弊端与缺憾

行文至此,我们已经深刻地认识到现代社会对家庭道德观念的嬗变所产生的深刻影响。概括来说,以市场经济为主导的社会发展需求,对技术理性的过度崇尚,加之多元文化的渗入等多种因素并存,使当代社会呈现出纷繁复杂的新形势,这也成为家庭德育权威性“弱化”乃至“丧失”的直接诱因。具体而言,家庭德育的现实问题主要表现为以下几个方面:

首先,家庭道德教育的边缘化与功利化。现代社会表现出“去价值化”和“物性化”等特征,这使得家庭德育价值功能从一定程度上被削弱了。在以经济利益为导向的社会中,工具理性的兴起必然伴随着对现实生活的“祛魅”,其结果是道德、价值意义的隔膜与消融,进而侵蚀了道德教育的权威性。而当代家庭教育日益注重对功利价值的追求,唯“成绩与升学论”的教育目标和教育理念,加之以经济效益为导向的教育定位早已将德育置于无视与冷落的“尴尬”境遇。实际上衡量道德教育的根本标准在于教育主体是否被外化为人的行为规范与准则。然而,现代人在接受道德教育同时却表现出一种“人格分裂”的实然状态——空泛与过于形式主义的德育要求与人的发展没有实质性的关联,外在道德规范无法进入人的精神世界,但却与人的自身品性与人格发生拒斥,这样的人既不能被道德教育,又不能真切地进行道德学习,也就成为“失掉了一半的人性和失掉了一半的教育的”“物化的”“心灵残疾的唯感性存在的”人。[①]

其次,家庭道德教育功能的错位与偏差。具体来说,一方面,以“重智育,轻德育”的教育方式代替了传统家庭以“伦理道德为核心”的教育理念。中国传统家庭非常注重伦理道德的教化功能。而当代家庭结构趋于核心化,家庭成员间的代际层级和人伦关系过于“简单化”,这就从一定程度上削弱和降低了道德教育的功能。加之在应试教育的高压统摄下,家庭德育功能逐渐被学校的学科教育所替代,家长逐渐成为学校和教师教育的延伸与补充。再者而言,家庭的德育问题还表现为不断下沉的家庭中心所引发的家庭角色的错位

---

① 参见崔振成:《现代性社会与价值观教育》,博士学位论文,东北师范大学教育学原理,2011年,第41页。

与越位。当代家庭的亲子关系逐渐由“家长制”向平等和民主的方向转变。父母对独生子女的关爱逐渐演变为父母对于子女职责与义务的过分“代劳”，即过多保护、过多照顾、过高期望和过分爱护等现象的出现。对待子女溺爱的结果必然导致父母教育的低效率以及家长权威性的丧失。可见，由当代家庭结构及家庭关系等因素引起的德育功能的错位与偏差，也是家庭德育困境的重要诱因之一。

最后，家庭道德教育与生活实践的脱离。家庭道德教育低效性的症结还在于它与现实生活的割裂。毋庸置疑，德育理论应随时代的发展而适时变化，德育内容如若与现实生活脱节就必然导致家庭德育的“无力感”。有学者认为：“道德教育逐渐远离人的生活世界，道德教育过于知识化、道德教育过于注重规范约束而轻意义引领。”①即是说德育目标的理想化、形式化是德育低效的主要原因。而另一方面，回归生活的德育目标预设也有低俗化和庸俗化的趋势。有的家庭仅仅把生存需要视为生活目的，有的家庭仅仅把追逐金钱与名利作为奋斗目标，在这样的条件下，道德教育被迫退守至底线，知识和技能也沦为最基本的谋生手段，还谈何人生理想和道德信仰等精神层面的追求与向往。我们不禁疑问，家庭德育是服务于现实生存需要的生活中的人，还是更关注终极价值追求和精神关怀的理想中的人，是培养“知识性”“技能性”的人，还是培养“意义性”“价值性”的人，当代家庭德育也难免陷入两难境地以及它的本体性困惑之中。

综上所述，家庭德育的困惑是现代文明发展进程中的“阵痛”。现代人热衷于追求物质生活，忽视精神生活；追逐科技理性，放逐人文理性；强调工具理性，漠视价值理性。② 在社会深刻变革之中，道德最本真的精神性、信仰性和思想性逐渐被现代化进程中的功利性、多元化和去价值化等所替代。然而，我们也不可否认，现代社会也同样孕育着新的道德规范体系，当代中国家庭生活中的道德困境犹如“黎明前的黑暗”，即是说时代变迁与社会发展为道德文明与精神信仰的“涅槃重生”提供了契机。在新的生活方式下，我们亦能寻回曾经缺失的美德以及重塑“本真自我”的希望。

---

① 姜世健：《当代学校道德教育的困境》，《思想政治教育研究》，2010 年第 3 期。
② 参见孙峰：《当代中国德育价值观的变革》，北京：教育科学出版社，2014 年，第 4 页。

4.3　明代家训德育思想的借鉴与启示

上文已对我国目前家庭德育现状以及诸多困境做出了一番描述。欲解决现实中的家庭德育问题，就要进行道德教育的创新与转型。一方面要积极构建新的家庭道德教育体系，努力促进家庭德育的发展和完善。另一方面，还要继承我国传统优秀家庭德育资源，使其被今人所开发和利用。诚然，我们仅以明代家训中的优秀德育思想为借鉴是无法全面和系统地解决当今德育的所有问题，但以此为切入点，势必能从古代家庭道德教育之中探求出值得借鉴和利用的教育形式、教育方法以及教育规律。马克思曾指出："批判的武器当然不能代替武器的批判……而理论只要彻底，就能说服人。所谓彻底，就是抓住事物的根本。"[①]因此，敢于正视、选择和借鉴传统家训中的优秀德育思想，利用这份可以触碰的、既得的宝贵遗产，并对其进行一番价值转换，做到推陈出新，古为今用，是对当代家庭德育发展与完善的一份应有贡献。

4.3.1　古今家庭德育论域之比较

在中国，对于"道德"概念的界定是比较宽泛的，包括思想、政治、品德、心理健康等诸多内容。檀传宝就曾指出："理论上，如果一个概念可以是任何事物，则意味着它什么都不是，或者说这个概念在逻辑上是不成立的。"[②]以此类推，谈及古今德育思想，其概念所指亦不会是相同范畴。而单纯从古今德育的宽泛概念来比较其差别必然成果甚微。因此，我们试图以家庭德育的古今论域为切入点来探讨古今德育的区别之处，进而更为科学和更具说服力地讨论对古代家庭德育的借鉴与启示。所谓论域，原是指数学系统的概念，这里所指是对研究对象进行研究范围的界定。一言以蔽之，古今德育论域之不同，即是以此区分开传统家庭与现代家庭道德和德育之间在古今不同时空范围内到底有何差异，进而更深入地讨论德育价值的古今之别。

第一，从道德定义出发，先明确道德的应有之义。在中国，"道德"的词源

---

① 《马克思恩格斯选集》第1卷，北京：人民出版社，1995年，第9页。

② 檀传宝：《"德""育"是什么？——德育概念的理解与德育实效的提高》，《中国德育》，2016年第17期。

含义各有指代，是有区别的。“道”本义是指道路。《说文》中记载：“道，所行道也。”此外，古人多将“道”上升到本体论的高度。例如，庄子曰：“夫道，有情有信，无为无形。可传而不可受，可得而不可见。”（《庄子・大宗师》）又如管子曰：“凡道，无根无莲，无页无荣，万物以生，万物以成，命之曰道。”（《管子・业内》）在伦理学范畴内，“道”多引申为规律与规范等意思。孟子说：“仁也者，人也，合而言之，道也。”（《孟子・尽心下》）钱穆先生对此解释为：“本者，仁也。道者，即人道，其本在心。”（《论语新解》）再来说“德”字，亦即品德、品质。古人云：“无乎不在之谓道，自其所得之谓德。道者，人之所其由；德者，人之所自得也。”（焦竑：《老子・翼卷七引》）可以这样理解“德”：德者，得也，即人们认识、顿悟“道”并遵循“道”，内得于己，外施于人，便称为德。这样，“道德”中的“道”字的语义范围便因“德”字受到了限制。我们常说“天道”“王道”中的“道”所指代的事物规律之义便没有了，而仅仅是指行动规范。就是说，“一个人按照事实如何的规律行事，并不能得到德；只有按照应该如何的规律行事，才能得到德”①。所以，“道”强调的是外在的规范，是尚未转化为个体内在心理的社会规范；而“德”则是内在的规范，是已经转化为个体内在心理的社会规范。由“道”转化为“德”，需要通过教育手段，将外在的社会规范有目的、有计划、有组织地转化成内在的规范原则，从而达到培养和提高人的道德品质之目的。古人对道德品质的培养和教育（意即德育）也自有一套逻辑体系。大体来说，“德育”要始于“至善”，从个人修身立命开始，通过格物致知、诚意正心，进而逐渐达成齐家、治国和平天下的完整过程。可以看出，古代德育的价值实现同时兼顾了三种教育功能：其一，道德品质的教育；其二，思想，文化教育；其三，政治属性教育。可见，古人对“德育”的参透和领悟与我们当代对“德育”广义理解有诸多不谋而合的相似之处。

第二，比较古今家庭德育论域之不同，不但要聚焦于“道德”这一核心概念，归根到底还要辨析道德“变”与“不变”的关系问题。从伦理学角度出发，道德既可以被视为事实存在和价值存在，又可以理解为与人的认知和人的实践相关的抽象范畴。从道德价值论的角度出发，道德中所谓“变”的成分，指的是道德规范和道德价值的有效性，它是有条件且有一定期限的。马克思主

① 王海明：《伦理学原理》，北京：北京大学出版社，2009 年，第 76 页。

义强调经济基础决定上层建筑,故此,道德存在与生产方式、生活方式或宗教信仰有着很大的关联性。恩格斯指出:“历史思想家(历史在这里只是政治的、法律的、哲学的、神学的——总之,一切属于社会而不仅仅属于自然界的领域的集合名词)在每一科学部分中都有一定的材料,这些材料是从以前的各代人的思维中独立形成的,并且在这些世代相继的人们的头脑中经过了自己的独立的发展道路。”①由此可知,道德的相对性同人们的世界观、人生观、价值观以及人的经济利益有着密切的关联。如此说来,考虑传统家训中的德育思想,同样具有相对可变性,它亦属于社会的上层建筑,具有相对的独立性和自身发展的空间与形式,因而,它也能传承相对独立、各具风格的德育形式与内容。“当一种历史因素一旦被其他的、归根到底是经济的原因造成的时候,它也影响周围的环境,甚至能够对它的原因发生反作用。”②可见,这种历史的传承不会是被动的接受,而是采取与时俱进的主动接受。因此,在由传统社会向现代社会跃迁的过程中,反映家庭生活的道德传统也能不断地适时转变内在形式,完成自身的蜕变与重构。承认道德存在的“可变性”不等于否定道德的“不变性”。这表现为在不同地域、民族或不同的时代同样存在着共同的道德观念。与此同时,强调道德的“不变性”还要承认道德的正确性,它在可适用的范围和条件下,作为善与恶、合理与不合理等价值的评判标准是确定的,不会因为少数人的否定与质疑而改变标准。正如冯友兰所说:“有些道德是跟着社会来的,只要有社会,就得有那种道德,如果没有,社会就根本组织不起来,最后也要土崩瓦解。有些道德是跟着某种社会的,只有这一种社会才需要,如果不是这种社会,就不需要它。前者我称之为‘不变的道德’,后者我称之为‘可变的道德’。”③可以说,这种“不变的道德”存在于人类社会的始终,是源于人性及人类社会内在要求的、在不同的历史时期和社会中不断延续的道德。因此,挖掘明代家训中的优秀德育思想的当代价值之所以能够成为可能,正是因为存在着“不变的道德”。这种“共时性”的文化积淀被唐凯麟先生称之为“古今共理”,只有对其做出符合当今时代要求的新诠释,并熔铸于当代家庭美德之中,唯其如此,才能完成传统家庭伦理道德当代价值

① 《马克思恩格斯选集》第4卷,北京:人民出版社,1972年,第501页。

② 《马克思恩格斯选集》第4卷,北京:人民出版社,1972年,第500页。

③ 冯友兰:《三松堂自序》,北京:生活·读书·新知三联书店,1984年,第290页。

的再创造。

第三，从道德评判标准出发，来判断德育思想的孰优孰劣。先来谈谈评判道德好坏的标准。道德具有三个构成要素，即道德价值、道德规范和道德判断。一方面，道德价值是道德本身内在属性，它不因人的限定、制约而改变。另一方面，道德规范和道德判断是道德价值的外在表现形式。简而言之，道德判断是在人的思维层面对道德价值所作出的反映，而道德规范是人的行动对道德价值作出的反应。道德判断如若符合真理，与道德价值相符合的行为规范即是优良的道德规范。[①] 也就是说，如果道德价值判断在符合真理的条件下，人们所制定的道德规范符合于道德价值，那么这即是好的道德。相反，如果道德规范不符合道德价值，就是劣质的道德。我们以明代家训德育思想为例，它可以看成在家庭范围内家庭成员对制定的道德规范所达成的共识。以道德价值判断为标准，如若符合当代道德价值观念（即社会主义核心价值观），并且使家庭成员按照这种道德原则和规范互相施加道德影响，那就是优秀德育思想，如若与当代道德价值观念不相符合，则必定是糟粕或劣质内容。所以，继承明代家训中的德育思想，就必须以当代道德价值评判标准来衡量。惯用的熟语“取其精华，去其糟粕”也正是这一价值判断标准的集中体现。

第四，从道德属性出发，来评判古今通用优秀德育思想之特性。首先，道德具有关系属性和社会属性。从明代家训中的德育内容展开分析：譬如杨继盛在《杨忠愍公遗笔》中要求子女做到“居家之要，第一要内外界限严谨”，并且“女子十岁以上，不可使出中门；男子十岁以上，不可使入中门”。这种家庭要求应属于家庭成员的生活习惯，或可以理解为在家庭层面要求子女应该如何的行为规范，但却不能上升到道德高度。但如若众多家训都强调女子的德行规范，并产生了社会效用，也就是“女德”规范起到了对社会发展是利或是弊的作用和影响，这样，传统家训中所强调的“女德”便可归结为道德和德育思想之中。又如，以古人重视“治家”方法为例，吴麟徵在《家诫要言》中说：“治家舍节俭，别无可经营”“耕织治家，修身独善之策”。不言而喻，这种对家庭和社会均有益处的行为规范就应属于道德和德育范畴。可见，道德必须具

① 参见王海明：《伦理学原理》，北京：北京大学出版社，2009 年，第 2 页。

备社会关系，个人的行为缺少社会属性，只能称其为个人行为方式。而道德要以道德契约的形式达成多人共识，并且还要通过德育的方式起到对社会有益的作用，方可体现道德的社会属性。其次，道德具有相对性和特殊性。德育属性必定是社会性的，一定是具有社会效用的行为应该如何合理运作的准则，并且一定是维护社会乃至国家有效运作的约定形式。所以，古代道德规范也注定是享有封建特权的，即封建贵族阶级所制定的道德规范。结合上文所述，正因为道德是由人们任意制定的，那么道德的价值判断便不能用科学性来作为标准，因此也无法评判道德的真(真理)与假(谬误)，但可以通过道德规范是否与道德价值相符合来评判道德是优秀还是劣质。譬如，清人留辫，用今人的道德评判标准就是劣质的。又如，在封建识形态统摄下必然要遵守封建社会的道德规范。那么，中国传统家庭中的女性一定要在"三纲五常"的伦理规范下讲究"三从四德"。我们用封建的道德价值判断标准来看，古代社会的烈女、贞女严格遵守道德规范，可以受到社会的嘉奖和赞誉，甚至旌表、立牌坊，成为社会的榜样与典范。而以当代道德价值判断标准而言，这种违背人性的要求是落后且恶劣的道德规范。因此，正如休谟所说："道德无非是人们所制定的一种契约，具有主观任意性，因而虽然无所谓真假，却具有优良与恶劣或正确与错误之分。"①最后，道德具有普遍性和绝对性。综观对于道德的分析与理解，可知，"一方面，道德既具有适用于一定社会的特殊性、相对性、因而存在特殊的、相对的道德，又具有适用于一切社会的普遍性、绝对性，因而存在共同的、绝对的道德"②。儒家思想作为主流文化形态对于中国传统社会的影响是根深蒂固的。中国传统家庭的教化方式也以儒家思想为主轴，在家庭层面强调赡亲养子、持家立业、勉学求名等伦理道德的教化。究其根本，就是传统道德规范的"五德目"，即"仁义礼智信"。尽管历经沧桑与时代变迁，传统道德规范逐渐演变为仁爱、义利、礼仪和诚信等当代价值观念。这些道德要求不但没有成为当代人的精神包袱，反而更是社会公民所应继承的宝贵财富，并对当代社会的道德建设和德育工作具有重要意义和深远影响。

---

① [英]休谟：《人性论(下)》，关文运译，北京：商务印书馆，1980年，第535页。

② 王海明：《伦理学原理》，北京：北京大学出版社，2009年，第94页。

第五，从德育思想的致用价值出发，谈其古今用途之别。如前所述，历史在时间维度上兼容了过去与现在，具有过去和现在的双重指向性，历史在时间维度上的二重性也就必然导致历史价值的二重性。审视明代家训中的德育思想，它的历史价值同样可以用“二重性”来进行考究，即对传统社会和当代社会的致用价值，也可以理解为，通过理解明代家训德育思想的“经世致用”来实现传统社会和当代社会效用的双重思考。

那么，如何理解历史与时间跨度上的致用价值呢？具体来说，首先，以古代封建贵族为主体的致用价值，这是指向过去的价值属性。传统家训最早是为古代封建帝王、贵族以及官僚服务的。这是因为，古代封建体制决定了社会和家庭的封建制度，包括君主制度、等级制度、宗法家族以及家族制度等。传统家训在这样的体制下形成，其本质也自然隶属于封建制度。因此，传统家庭中的伦理秩序、价值观念、行为规范等具有封建意识色彩的道德内容在家训中才得以充分体现。封建贵族通常以两条路径来实现家训德育思想的使用价值：即资治与教化。一方面，资治是指古代封建统治阶级在治理国家过程中所形成的政治理念、管理决策和治国经验。古代帝王、贵族通过利用传统家训的教育功能来为继承人传授经验和教训。譬如，李世民认为想要巩固统治，就要安抚维护亲属，“夫六合旷道，大宝重任，旷道不可偏制，故与人共理之，重任不可独居，故与人共守之，是以封建亲戚以为藩卫。安危同力，盛衰一心，远近相持，亲疏两用”。李世民还认为君主治理天下要依赖贤才，“夫国之匡辅，必待忠良。任使得人，天下自治”（《帝范》）。明代朱棣与李世民有着相似的“靖内难，攘外夷”的经历，因此十分推崇李世民的治家经验。他在《圣学心法》自序曰：“吾以是而遗子孙者，盖久安长治之道。后世能守吾之言，以不忘圣贤之懿训，则国家鲜有失败之道。”另一方面，教化则主要是指道德教育，即帝王通过训诫、劝导等诸多手段来警示、教育贵族子嗣。古代帝王认为，教化乃是国家大事，时刻告诫子女教化与治理国家关系紧密，“教不善则政不治”（《国语・齐语》），“古之王者，建国君民，教学为先也”（《礼记・学记》）。而这种教化大多利用家训形式来不断提醒女子，以保持教育效果的长期性和稳定性。可见，通过家庭的教育形式达成了古代帝王治家与治国的统一，也就实现了传统家训的致用价值。

其次，以国家、民族为本位的致用价值，这是既指向过去又指向现今的价值属性。传统家训中德育思想指向过去的使用价值表现为:在中国传统社会中,“家国同构”的社会结构和政治体系将个人理想、家庭发展乃至国家命运牢牢地联系在一起,形成了一整套“修身、齐家、治国、平天下”的道德体系。传统家训将中国伦理秩序与道德规范具象于家庭之中,但其外延却扩展至对整个社会和国家的要求和理想。传统家训德育思想的精神内核和价值取向以“修齐治平”为目标,强调道德至上的做人准则以及和谐稳定的社会秩序,进而为达到天下为公、天下大同的人生境界与理想社会做出努力,这也正是以国家为本位的致用价值的具体体现。再者而言,传统家训德育思想指向现今的使用价值表现为:在中国当代社会,继承和弘扬优秀传统家训意在增强民族意识,提升民族凝聚力与向心力。民族凝聚力与向心力是民族发展与国家强盛的前提和保障。传统家训中的优秀德育思想作为中华优秀传统文化中的一种文化样态存续至今,它是民族精神在家庭层面的真实反映,亦是民族精神存续与传承的文化载体。以民族为本位的致用价值,即是通过家庭德育培养出符合和认同社会主义核心价值观要求的公民。将个体意识与社会共识达成一致,使个人修为与社会责任相联系,进而为提升民族意识,传承民族美德,增进民族自尊心、自信心与自豪感而付诸努力和行动。

最后,以家庭、社会为核心的致用价值,这是指向现今的价值属性。众所周知,传统社会发展节奏较为缓慢,故前一历史阶段对后一历史阶段的借鉴作用较为明显。故传统家训的教化作用对于古代家庭来说具有稳定与持久的生命力,但传统家训对于当代家庭的教化作用是否明显呢?近年来,大多史学家认为,对于现代社会来说,历史价值多被视为具有借鉴经验的致用价值。这种致用价值在于为社会服务、为大众服务、为现实生活服务。王学典认为:“社会本位的致用是一种弱化了的、间接的致用,主要是发挥历史学的知识文化功能。”[①]梁启超也曾指出:“史家目的,在于使国民察知现代生活与过去未来之生活息息相关,……史之目的,乃为社会一般人而作,非为某权力阶级或某智识阶级而作。”[②]所以,历史在当代更好地发挥和传递了知识文化功能,而已不再是仅仅为了某个阶级、某个群体而服务的。随着当代家庭结

---

① 王学典:《史学引论》,北京:北京大学出版社,2008年,第132页。

② 梁启超:《中国历史研究法》,上海:上海古籍出版社,1998年,第3页。

构与模式的发展变化,传统家训中的优秀德育思想亦逐渐演变为蕴含社会主义新时代和新内容的教育形式,这是无可置疑的。不论古今,家庭是人们接受教育的第一所学校,家训中的优秀德育思想对于家庭和社会来说,在于了解和积累过去不同时代不同背景的古人所想、所做的文化知识总和。在今天看来,发挥历史文化的教育功能是最符合其致用价值这一属性的了。

4.3.2 借鉴明代家训的“陶铸德性” 明确当代家庭德育的目标

人是具有目的性的动物,与动物靠本能所驱使的无反省性和无目标性的机械活动不同,目标的确定就规定了人在生产和生活中的方向性,马克思就指出:“劳动过程结束时得到的结果,在这个过程开始时就已经在劳动者的表象中存在着,即已经观念地存在着。”[①]也就是说,由存在于观念之中的“目标”,通过实践的“物化”反映到自然的实体之中,使其发生变化以实现自身改变。更进一步讲,目标不仅能体现出实践过程中对于规律性的反应,还能通过反思性的实践使目标更趋于完善。而作为人类德育实践来说,同样具有自身的目标界定,而这一目标的确定就决定了实践主体的教育方式和方法。所谓德育目标,“就是指一定社会对教育所要造就的社会个体在品德方面的质量和规格的总的设想和规定。也就是说,在进行德育之前,人们对于要把受教育者培养成具有何种品德的人,在观念中所具有的某种预期的结果或理想形象。”[②]或者说,德育目标等同于德育目的[③],即是在德育过程中所要到达成预期结果的具体化和规范化标准。德育目标也可以认为是要培养应该具有何种道德品质的人。众所周知,德育目标乃是德育之根本,它贯穿于德育过程始终。德育目标的设定是整个德育过程的起点并以此来统筹、协调和整合德育全过程。德育目标的实现标志着德育过程的完成,进而完成了整个道德教育的闭环。从某种意义上讲,德育目的是德育活动中的价值中枢——德育

---

① 《马克思恩格斯全集》第23卷,北京:人民出版社,1972年,第202页。

② 鲁洁、王逢贤主编:《德育新论》,南京:江苏教育出版社,1994年,第130－131页。

③ 一般而言,人们通常将德育目的和德育目标等同使用。实际上,二者是有一定区别的。德育目的更侧重于德育对象所要到达的预期结果或水平;德育目标则是在德育实践中为了达到德育目的而实行的具体化标准。也可以说,德育目的的具体化实际上就是由德育目的落实为德育目标的过程。实现德育目标的层次化、序列化——也就是实践目标分类的过程。(檀传宝:《学校道德教育理论》,北京:教育科学出版社,2000年,第73页。)

目标的实现过程亦可以理解为德育价值的创造和生产过程。正如赫尔巴特所说:“道德普遍地被认为是人类的最高目的,因此也是教育的最高目的。”[①]因此,以提升道德修养为目标的道德教育自然是不会偏离德育的应有之义。

中国传统家庭教育目的和根本宗旨是将德育处在首要和主导地位的。“止于至善”就是古人追求道德目标的最高境界。以明代家训中的德育思想为例,其中写道:“古君子修身以教家,故民彝立而家道正。格物致知,诚意正心,所以修身而治国、平天下,则是教家之推。”(《教家要略·序》)可见,古代家庭德育的目标大体分为三个层次,其一,表现为个人本位与社会本位德育目标的一致性;其二,表现为外在与内在德育目标相一致;其三,表现为理想与现实德育目标的相结合。具体而言,“格物致知”属于道德的认知层面,“诚意正心”既是强调主观意识和道德动机,又是强调道德的实践与践行,二者结合乃是“修身”的基本内容和方法。通过“修身”实现德育由个体向社会转化的过程——即“内圣”与“外王”,也就是将德育目标与德育内容通过道德主体“由内及外,由己及人”拓展开来,进而实现齐家、治国和平天下的远大理想与宏伟目标。

借鉴明代家训的“陶铸德性”,明确当代家庭道德教育的目标,正是实施家庭德育方案、提升家庭德育水平的先决条件。事实上,不同德育目标的预设是由不同观念和不同价值取向所决定的。深入分析则会发现德育目标的划分是十分复杂的过程。现阶段,国内学者关于德育目标层次的分类方式可谓“仁者见仁,智者见智”。从家庭德育层面来讲,由于家庭德育传统具有复杂性和多样性等特征,特别是受家庭背景、价值观念、生活习性、兴趣爱好以及家长文化程度、道德素养等诸多因素的影响,加之家庭德育对象存在着不同年龄、不同人群不同层次等错综复杂的特点,使得家庭德育目标的建构具有极大的差异性。因此,家庭德育目标的预设应是系统性的、多维度且多层次的,并且不同层次德育目标之间要形成从局部到整体的目标联结,方可形成有机系统,进而实现德育实践的内在要求。具体而言:

第一,要注重家庭德育的理想型目标,即培育有理想、有本领、有担当的

① 张焕庭主编:《西方资产阶级教育论著选》,北京:人民教育出版社,1964年,250页。

青年人以及为社会主义事业而奋斗的建设者和接班人。第二，要侧重家庭德育的主导型目标。主导型德育目标就是与当代主流和主导价值观相一致的德育要求，如爱国主义、集体主义、社会主义、民族精神和公民道德教育等德育目标。从某种意义上讲，把个人利益与社会利益统一起来，这种强调个人与社会、权利与义务的双向关系即是传统德育中的“内圣外王”在当今时代的形式转换。这种具有共产主义思想的“家国情怀”亦体现了维护人民、社会、国家利益以及兼顾个人价值和理想抱负相一致的基本原则。第三，要重视家庭德育的阶段性目标。众所周知，人在不同成长阶段的德育目标也不尽相同，既要充分考虑到个体不同发展阶段德育目标之差异性，又要强调德育目标的纵向性联系与横向性贯通，进而形成对个体人生规划具有鲜明特征且层次多样的“目标集合体”。第四，要关注家庭德育的基础性目标。这一类德育目标更倾向于贴近实际、贴近生活的“养成式”计划。而这类目标要求往往是古代家训极为重视的，诸如尊老爱幼、诚实守信、礼貌待人、文明处事和勤俭节约等基本道德准则与规范。总之，家庭德育目标的预设应加强和协调层次性与目的性的统一，力图将德性修为的培养与道德规范的践行有效地结合起来，并以健全的人格和健康的人生态度来实现认知与行为的统一，进而达成外在与内在道德认知的一致。

4.3.3 借鉴明代家训的“仁义修养” 重视当代家庭德育的主体

德育的本质可以视为对人性趋于美好向往的诉求，亦可以理解为对人的自身全面发展与完善的理想追求，“关注人，建设人和发展人，既是德育的出发点，也是它的归宿。德育是实现人的全面发展的一种具有根本性意义的方式或途径，它为人的全面发展提供了根本原则、方向和基本的价值取向”[①]。从德育主体角度来分析，德育就是源于人的需求进而服务于人的发展，即是将人的本性以教育的方式使其丰富、完善和提升，并在较高的层次上超越自我与回归本我的理想境界。从德育内涵方面来说，德育就是对人的德、智、体、美、劳等综合素质的全面提升以及对人的个性、气质、能力和兴趣等修养

① 张澍军：《德育哲学引论》，北京：中国社会科学出版社，2008 年，第 131 页。

的创造性拓展。马克思说："主体是人，客体是自然。"他又说："主体，即社会。"[①]马克思所说的主体是强调人的本质是通过实践所确立的作用于客观自然世界的且具有创造性的主体地位。因此，在德育过程中把握教育主体，即是把握人的主体性精神。

中国家庭德育的"人本"意义表现为存续和继承了中国人传统家庭观念和价值观念的核心与内涵。传统家庭德育方式铸就了中国家庭的文化风格，孕育了家庭的教育行为，决定了人的发展方向。譬如，以明代家训为代表的中国传统家训，基本涵盖了传统核心价值观的全部内容。明人吕坤曰："是故仁以居之，义以行之，智以烛之，信以守之，礼以体之，匪礼勿履，匪义勿由，动必由道，言必由信，匪言而言，则厉阶成焉。"（《闺范・女子之道》）可以说，在中国数千年的文明发展进程中，"仁义礼智信"（即所谓"五常"）五位一体的价值理念，大体涵盖了中国传统文化中最基本的道德规范，被视为中国传统核心价值观的集中体现。同时，高度凝练的"五常"也是一个完整的价值体系，它代表着中国古代社会重要的道德原则，具有价值导向和道德教化功能。一方面，"五常"是古人思想道德修养中的主要内容，对个体道德规范和传统价值观的形成与发展具有指导和制约作用；另一方面，"五常"所包含的深刻价值意蕴也具有广泛的道德影响力和文化辐射力，引导着中国古代家庭的价值取向和教化方向。尚需说明的是，明代时期，家庭德育的价值取向仍是以家庭为本位的整体主义精神，家庭教育则是以家族兴旺、光耀门第为目标，故个人与家庭是紧密地捆绑在一起的"命运共同体"。诚然，处于"三纲"统摄之下的"五常"在教化层面有其不可忽视的弊端，但抛弃具有政治色彩和封建束缚的意识形态，还原传统家庭道德教育的"本真面目"，古人仍然是期许人在学习和履践中成圣成贤，同样亦期望人在道德修炼的过程中将个人意志和精神境界无限接近于对道德本源的顿悟与觉醒，"如此由内至外，由人至天下，由道德到政治，所以君子任重而道远，进德修养的努力是不断扩大的庄严而神圣的历程"[②]，并以此来确立人的价值与意义。

借鉴明代家训的"仁义修养"，重视当代家庭德育的教育主体。首先，是

---

① 《马克思恩格斯选集》第2卷，北京：人民出版社，1995年，第3、19页。
② 王开府：《儒家伦理学析论》，台北：台湾学生书局，1975年，第260页。

要尊重受教育者的主体性地位。家庭是血缘连缔的共同体，建立在感情基础上的德育特性即是亲情教育，亲情教育的核心是爱，以爱为媒介进行的教育是世间最为真诚的教育形式，它为家庭德育提供源源不断的精神动力。其次，把人而非“他物”作为德育中心，表现为对人的需求、个性以及人格尊严的尊重。不但要通过平等、民主和互助的关系模式来开掘与启迪人的内心世界中积极向上的精神需求，同时还要通过借鉴与传承“仁义礼智信”等中华美德，陶冶人的情操，塑造人的品格，使德育中的人成为具有完善人格和优良品性的真正意义上的主体。最后，家庭德育要引导和培养自我提升道德修养的能力与持久力，丰富教育主体的能动性、创造性和潜在的能力认知。毋庸置疑，从古至今，家庭德育是一种现实和终极人文关怀的统一，这体现在对人的生活态度和人生理想的教育是无止境和不枯竭的塑造与调适。这样看来，家庭德育不仅是对人一般道德行为规范和道德品质的培养，更是对人的一生整体世界观、人生观和价值观的建构。这样宏观的人生道德哲学的修行还必须落脚和回归于现实维度，还要在平凡的生活和日常实践中不断地积累与沉淀，去穷根追底地诠释“人何以为人”的意义与答案。总之，我们重新审视传统家庭德育的主旨，无论是基于天地万物的自然观抑或是人伦纲常的社会观，以人为主体的理解和关怀是亘古不变的。以古论今，当代家庭德育亦是在现实生活中把道德知识、道德情感和道德行为有机地统一起来并相互促进协调发展的统一体，其中，由“非人”向“常人”的转化，由“成圣”向“成人”的转变，从某种程度上来讲，乃是当代家庭德育的灵魂之所在。

4.3.4 借鉴明代家训的“事必有法” 遵循当代家庭德育的规律

人的思想品德形成发展规律在于：一是“在社会实践的基础上主客体因素相互作用、相互协调的产物”；二是“主体内在思想矛盾运动转化的结果”。[①] 而教育活动的基本规律在于：“一是教育必须适应社会的发展并为社会发展服务的规律；二是教育必须适应人的身心发展并为人的身心发展服务的规律。”德育规律在本质上与教育规律是一致的，是“在此基础上形成自身

① 陈万柏、张耀灿：《思想政治教育学原理》，北京：高等教育出版社，2015 年，第 130 - 131 页。

的规律，或使教育规律在德育中的具体化”[1]。可见，道德教育的规律将德育与社会、德育与人的本质紧密地联系在一起，换言之，道德教育的规律即是达成了社会发展的客观性与人的道德实践活动主观性、自觉性之间的统一，即遵循了人的社会道德的行动规律。家庭德育亦是道德教育的重要组成部分，因此家庭德育规律同样是有迹可循的。恩格斯说：“正如同在其他一切思维领域中一样，从现实世界抽象出来的规律，在一定的发展阶段上就和现实世界脱离，并且作为某种独立的东西，作为世界必须适应的外来的规律而与现实世界相对立。……正是仅仅因为这样，它才是可以应用的。”[2]不难理解，人们从历史活动中抽象出规律，以此指导实践活动并按照符合规律的方向发展，国家与社会如此，家庭与个人亦是如此，这也是掌握规律和运动规律的原因之所在。

借鉴明代家训的“事必有法”，遵循当代家庭德育的教育规律，就是利用规律的客观性和普遍性特征来“古为今鉴”。虽然规律本身无所谓“发展”一说，但总结古代家庭德育规律可以为寻求当代家庭德育发展规律提供参见条件。我国自古就是“德目主义”的国家。明代时期，由于秉持着同民族、同信仰、同生活习惯的文化传统，故在传统价值观念上具有明显的一元化特征。在这样条件下，“道德灌输”的方法被视为简单直接且最有效率的教化形式。这是因为，儒家文化作为主导文化形态其思想体系亦是统治阶级意识形态的核心与实质，这种教化方法的“潜在假设就是知道人类普遍永恒的道德法则，教育者能高高在上带代表社会对受教育者进行道德说教”[3]，故“道德灌输”方式不但是合法的，而且是被社会多数群体所普遍认可的。然而，从历史上看，随着社会发展与变迁，传统价值观念和德育方法被替代更迭，“道德灌输”同样无法应对当今德育现状。那么，如何从古代家庭教育中寻求尚可参考的德育经验呢？我们试图从德育规律中寻求突破口。张澍军说：“德育追求的最高目标就是通过德育者的德育实践，使德育对象的思想道德建构达到合规律性与合目的性的统一。”[4]这就表明，只要符合德育规律，即达成人的思想意识

① 张澍军：《德育哲学引论》，北京：中国社会科学出版社，2008年，第227页。
② 《马克思恩格斯文集》第9卷，北京：人民出版社，2009年，第42页。
③ 张忠华：《传承与超越：当代德育理论发展研究》，北京：光明日报出版社，2015年，第221页。
④ 张澍军：《德育哲学引论》，北京：中国社会科学出版社，2008年，第234页。

与行为实践的统一，或是人与社会能够在德育领域达成一致的德育经验都可视为可资借鉴的范本。

“工欲善其事，必先利其器。”(《论语・魏灵公》)在家庭德育的过程中，想要达到理想的预期效果，除了发挥教育者的主观能动性之外，德育方法的“有的放矢”往往会起到事半功倍的效果。纵观明代家训，我们亦可从中寻求适合当代家庭德育的可行方法以及德育规律。具体而言，明代家训侧重因人施教，随性而教。王阳明曰：“令教童子，必使其趋向鼓舞，中心喜悦，则其进自不能已。”(《训蒙大意示教读刘伯颂等》)即是说在教育过程中要遵循教育内容与教育对象身心发展相一致的规律，要考虑到教育对象的个性、特长、实际需要以及接受能力等多种因素，避免“平均主义”和“片面发展”两种极端的教育倾向。此外，明代家训还注重知行结合，身教亲于言教。朱熹曰：“先除功利虚无习，尽把圣言身上行。”(《训蒙诗・学》)意即说以知行统一的教育理念来对待德育实践是十分必要的。在家庭德育之中，教育者应遵循以身作则、严于律己的原则。教育者与教育对象之间要教学相长、严慈相济。可见，对德育规律的认知和把握，归根结底是要付诸德育实践。换言之，德育规律的价值实现表现为理论与实践的统一，只有将德育方法诉诸实践，才能确保德育规律发挥其应有的作用。总之，明代时期大量涌现出的家训、家规(族规)在全国范围内普遍盛行(东南沿海地区尤甚)。这便使得道德教化主张犹如“旧时王谢堂前燕”，纷纷“飞入寻常百姓家”。(刘禹锡：《乌衣巷》)瑞士教育家裴斯泰洛齐也说：“家庭是培养人品和公民品德的大学校”①。毫无疑问，如果当代家庭均能在“扬弃”的基础上借用传统家训中的德育规律，同时赋予传统家训文化以鲜活的时代内容，则能够提升整个社会的风气，并使个体家庭的家风门风也能够改善和优化。总之，无论是古代抑或现代，良好的家庭教育观念和方法均能对家庭乃至后代产生深远的影响。

4.3.5 借鉴明代家训的“化民成俗” 营造当代家庭德育的环境

环境是生物赖以生存和发展的空间内各种条件和因素的总和。人类生存环境大体包括自然环境、社会环境和精神环境。其中，尤以社会和精神环

① [瑞士]裴斯泰洛齐：《教育论著选》，夏之莲等译，北京：人民教育出版社，2001年，第252页。

境对德育的作用最为显著。马克思指出："人创造环境，同样，环境也创造人。"[1]即是说，人与环境是相互作用的，人在实践活动中改变着环境，同时也在改变的环境中重塑着自身。恩格斯也指出："一切以往的道德论归根到底都是当时的社会经济状况的产物"[2]可见，马克思主义关于人与环境的理论揭示了伦理道德同上层建筑一样，是由社会关系（尤其以经济关系）所决定的，并且人们所处的社会环境决定了伦理道德观念及其发展走向。

以家庭德育环境来做进一步的讨论，"既然人的性格是由环境造成的，那就必须使环境合乎人性的环境"[3]。总体而言，家庭德育环境对家庭成员的道德认知能够产生影响，这一点是毋庸置疑的。这表现为以下三个方面，其一，家庭德育环境具有基础性和普遍性。众所周知，家庭是人生的第一所学校。教育对象最初的道德认知即是在家庭中形成的。而在家庭环境的长期熏陶和影响下，人的"三观"得以形成、发展和巩固，这是其他教育环境和教育因素不可比拟的。其二，家庭德育环境具有长久性和渗透性。家庭是人驻留时间最为长久的群体组织，人一生的伦理和情感诉求大多始于家庭，同样也是在家庭中得以实现。日常生活中的家庭氛围无不点点滴滴且时时刻刻地影响着家庭中的每一个成员。因此，家庭环境对人的身心和道德的影响是普遍且持久性的存在。其三，家庭德育环境具有深刻性与互补性。在突出情感氛围的德育环境中，教育对象与家庭的关联性表现为心理上的安全感与依恋感，这就使得受教育者更容易接受教育，进而使德育效果印象深刻，铭记不忘。此外，家庭德育环境与学校、社会之间形成教育互补，更有利于形成"三位一体"的德育循环模式。

借鉴明代家训的"化民成俗"，营造当代家庭德育的教育环境，试图汲取古代家庭环境对德育影响的有利因素，以期为建构当代家庭德育环境的良好氛围提供可参鉴范本并加以利用。从明代家庭环境分析，为了营造良好的家庭环境，树立优秀家庭风貌，使家庭生活和谐有序，明代的众多家庭、家族和宗族都撰写和制订了各种家训、家诫、家规、族规等，卷帙浩繁、数不胜数。这

---

① 《马克思恩格斯选集》第1卷，北京：人民出版社，1995年，第92页。
② 《马克思恩格斯选集》第3卷，北京：人民出版社，1995年，第433页。
③ 《马克思恩格斯选集》第2卷，北京：人民出版社，1995年，第167页。

一时期众多的家庭（家族、宗族）主要通过家训、家规的形式对其子女进行伦理道德教化，其本质是伦理教育和人格塑造，核心内容是修身、治家、立业，但其中均已渗透了"仁义礼智信"等传统价值观念。从明代社会环境分析，明代时期家训的规约化发展将家庭环境与社会环境得以整合。乡规民约是民间自愿组织制定的道德公约、互助公约，主要依靠家庭、宗族与乡里的力量来施行社会教化。这些乡约皆以儒家礼教为指导思想，宣扬伦理纲常，皆在劝诱人心向善，广教化而厚风俗。至明代，乡规民约也得到了朝廷的重视。明成祖"取蓝田吕氏乡约列于性理成书，颁降天下，使诵行焉"①。王守仁所制订的《南赣乡约》以及陆世仪的《治乡三约》等乡规民约在宋明时期的盛行，使得传统价值观的教化在基层乡里之间得到落实。此外，明代时期，树立和旌表符合传统价值观的忠臣、义士、孝子、贞女、烈女等"道德楷模"，或通过赐爵封官、树碑建祠、赐以匾额或建筑石坊等形式进行表彰和褒奖，以彰显其名声气节，从而形成强大的社会舆论影响力和感召力，这在一定程度上对明代家训德育要求与德育目标的实现起到了积极推动的作用和强化效用。

值得一提的是，将道德各阶段发展的具体特征与历史文化相结合，家庭的德育环境亦可分为三种类型：即"传承性环境、建构性环境和超越性环境。"②在古代社会，文化系统较为单一，父代将思想观念和伦理道德直接传递给子代并行使权威性调控，这种单向的德育形式不仅在传统社会，在当今的家庭德育中也占有一定的比例。由此可知，对家庭德育环境的营造古今都在做，但无论是家庭还是社会层面今人却没有古人做得细致与全面，这确实要虚心向古人学习和借鉴经验。而当代家庭德育还应多采用代际间双向度的平等协商与交流，即形成建构性环境德育类型。若能科学地认知家庭德育环境的构成要素与运作机制，正确地对待家庭环境所产生的教育功能，充分地利用家庭教育中的物质环境、人际关系环境等因素，对于家庭德育的发展与提升亦是具有质的变化和突破性的改变。

---

① 王樵：《金坛县保甲乡约记》卷28，见陈梦雷编《古今图书集成·明伦汇编交谊典》，北京：中华书局，1934年，第19页。

② 所谓传统性环境是指"父—子"代间在家庭德育活动模式上遵循父子授受的模式；建构性环境是指"父代—子代"之间以互动方式共同建构子代道德体系的活动模式；超越性的道德活动环境是指家庭道德遭遇了家庭及社会在道德体系上的矛盾进而在父代影响下主动超越现有道德规范的模式。（檀传宝：《学校道德教育原理》，北京：教育科学出版社，2005年，第215页。）

4.3.6　借鉴明代家训的“博通四书”　创新当代家庭德育的载体

家庭道德教育是具有对象性的实践活动，也可以视为是教育者和受教育者相互作用的过程，稍作分析就会发现，教育“主-客体”之间的相互作用不是“一拍即合”就能达成的教育共识，教育过程需要多层次和维度的中间环节，即载体的形式才可实现教育目的。而德育方案的实施，德育内容的传授，德育方法的运用同样离不开教育载体。马克思评论英国古典政治经济学家李嘉时图时就曾指出：“一般规律同进一步发展了的具体关系之间的矛盾，不是想用寻找中介环节的办法来解决，而是想用把具体的东西直接列入抽象的东西，使具体的东西直接适应抽象的东西的办法来解决。”[①]马克思以此来强调中介环节在联结抽象事物之间的重要性质与作用。可以说，教育载体是家庭德育系统中不可或缺的重要组成部分，它承载和传导了家庭德育中的各种教育因素，只有将其充分地运用于家庭德育的实践之中，才能使教育者和受教育者之间产生实质性的相互影响与作用。实际上，家庭德育本身即可以视作由思想道德为传导，将教育者道德的生产过程转化为受教育者道德行为的实践过程。从这个意义上讲，德育即是为家庭“量身定制”的特殊教育载体，并能够被普遍运用于家庭道德教育的实践之中。一言以蔽之，教育载体从一定程度上来说起到了教育“中介”的作用。而我们所强调的家庭中的教育载体主要是指文化载体、大众传播载体以及活动载体等载体形式，并注重它们在家庭德育中所发挥的功效及影响。

借鉴明代家训的“博通四书”，创新当代家庭德育的教育载体，主要是考虑到文化载体的重要作用。宋明时期，广泛流传的伦理读物十分普及，这在一定程度上提升了古代家庭德育的效果。一方面，自宋以降，各种道德读物和伦理读本，如善书、蒙书和通俗小说在民间广为流传，对当时的传统价值观教育起到了较大作用。随着活字印刷术的发明，尤其是明代中后期民间文化的蓬勃发展，以儒家伦理为主导的价值观念便通过通俗读物形式得以传播，它以“喜闻乐见”的形式更易于被人们所接受，从而在很大程度上弥补了“官学”等教化的不足。因为某种价值观念只有被大众所普遍接受、理解和掌握

---

① 《马克思恩格斯全集》第 26 卷，北京：人民出版社，1974 年，第 91 页。

并转化为社会群体意识，才能为人们所自觉遵守和奉行。故此，伦理道德读物可以被视为传播传统核心价值观的有效载体。另一方面，大量蒙学读物深入浅出地将德育思想渗透于少儿启蒙教育之中。中国古代家庭非常重视对子孙的教育，特别是启蒙教育，“蒙以养正，圣功也”（许相卿：《许云邨贻谋》）。古代的蒙学读物种类繁多，诸如《三字经》《百家姓》《小学》《童蒙须知》和《增广贤文》等等，这些蒙学读物将儒家思想表述得深入浅出，以通俗易懂的语言将儒家思想娓娓道来，言简意赅，寓教于乐，朗朗上口，便于儿童记忆。其中有侧重于教育蒙童日常行为规范的，也有侧重于灌输儒家道德规范的等诸多方面。不难发现，明代蒙学读物同样具有“化民成俗”的社会功能，也是家庭伦理世俗化教育的重要方式。以古为鉴，通过蒙学教育，使儿童自幼受到德育的浸泽与熏陶，在日常生活中注重行为习惯和道德品性的养成，进而使儿童的道德行为内化为主体自身的德性。

此外，古代社会还借助民间艺术形式让民众潜移默化地接受传统家庭道德观念的教化，为当前通过大众传播载体形式进行家庭道德教育提供了可资借鉴的经验。中国古代家庭和社会孕育了众多的民间艺术形式。田仲一成先生就认为，“中国的戏剧是以农村祭祀礼仪为母体而形成的，促使祭祀礼仪向戏剧转化的各种社会性契机——人们对宗族礼仪的畏惧情绪的减弱；祭祀礼仪的世俗化；祭祀组织的扩大，等等——在以‘墟市’为中心的农村中小市场中最早成熟，并显现了最有效的教化功能。”[①]宋明时期，戏曲、说唱等民间艺术形式得到空前的发展和繁荣，瓦肆勾栏成为当时城市中的主要表演场所。无论是官方还是乡村戏曲，其主要功能依旧是以教化为主。在中国古代社会，由于普通百姓大多没有接受教育的机会，因此，戏曲等艺术形式就成为他们接受教化和了解历史的重要途径，正所谓“观戏如读书”。借助民间艺术形式使得目不识丁的平民百姓潜移默化地受到传统道德价值观念的熏陶，使其懂得忠臣良将，知晓礼义廉耻等传统伦理道德规范。正是因为戏曲等艺术形式在民间颇受欢迎，才使其成为传统社会宣扬家庭伦理价值观念的有效载体和教化途径，正所谓“岂以人情之大窦，为名教之至乐也哉”（汤显祖：《宜黄县戏神清源师庙记》）。

① [日]田仲一成：《中国的宗族与戏剧》，钱杭、任余白译，上海：上海古籍出版社，1992年，第3-4页。

毋庸置疑，当代社会的娱乐方式已经发生了显著变化。大众娱乐以电视、网络等媒介为主要载体，高效、便捷的娱乐方式丰富了广大民众的文化生活和精神世界。因此，在家庭德育的过程中，一方面，不但应注重不同教育载体的优势互补，发挥教育载体的综合效应，还要选择与家庭教育内容与教育对象相适应的载体形式，以便充分发挥其特点和作用。另一方面，还要注意消除家庭教育载体的负面影响和局限性。一些大众文化的艺术造诣不深，尚未能入"大雅之堂"，不但会对道德教育产生干扰，并且还对人们尤其是青少年的成长会造成消极影响。对此，文化宣传部门、大众传媒平台等应当通过文艺节目、影视作品、公益广告等形式承担起宣传和弘扬社会主义核心价值观的责任，这无疑将有助于营造良好的社会氛围。唯其如此，才能形成内涵日益丰富的新形式的家庭教育载体来全方位拓展家庭道德教育的新局面、新思路和新领域，才能将中国当代家庭德育实践提升到新水平和新高度。

4.4　本章小结

本章以现代社会的价值冲突与道德困境为切入点，对当代家庭德育现状与家庭道德教育的种种问题进行了分析。在此基础上，通过比较古今德育论域之不同，来对比明代家训的教化方式与当代家庭道德教育之区别，进而阐释了当代家庭德育体系发展与完善之策略。可以认为，古今德育不同之处体现在核心概念、特征属性、评判标准和应用价值等诸多方面，但古今德育思想也体现出承接性和继承性等特征。诚然，仅以明代家训中的优秀德育思想为借鉴是无法全面和系统地解决当今家庭德育的所有问题，但以当代家庭德育理论的支撑，也可从明代家训德育思想中挖掘符合当代家庭教育目的、教育主体、教育方式、教育环境、教育载体等因素的借鉴与启示，这为构建当代家庭德育新模式提供了宝贵经验和参考范本。

第5章

探索与选择:当代家庭德育的实践路径

全面复兴中华优秀传统文化是党中央的重大决策。党的十九大明确地指出:要“推动中华优秀传统文化创造性转化、创新性发展”,“深入挖掘中华优秀传统文化蕴含的思想观念、人文精神、道德规范,结合时代要求继承创新,让中华文化展现出永久魅力和时代风采”[①]。党的二十大也具体指出:“中华优秀传统文化源远流长、博大精深,是中华文明的智慧结晶,其中蕴含的天下为公、民为邦本、为政以德、革故鼎新、任人唯贤、天人合一、自强不息、厚德载物、讲信修睦、亲仁善邻等,是中国人民在长期生产生活中积累的宇宙观、天下观、社会观、道德观的重要体现,同科学社会主义价值观主张具有高度契合性。”[②]习近平总书记强调指出:“文化的力量,或者我们称之为构成综合竞争力的文化软实力,总是‘润物细无声’地融入经济力量、政治力量和社会力量之中,成为经济发展的‘助推器’、政治文明的‘导航灯’以及社会和谐的‘黏合剂’。”[③]习近平总书记高度重视传承和弘扬中华优秀传统文化,将其视为治国理政的重要思想文化资源,并阐述了诸多有关中华优秀传统文化的新观点、新认知。习近平总书记关于中华优秀传统文化的科学论断是站在拓宽中国特色社会主义发展之路的战略高度,从社会主义现代化建设的实际出发,以实现中华民族伟大复兴的中国梦为奋斗目标,对中华优秀传统文化的历史评判、现实定位、当代价值和实践途径等理论视域做出了系统、全面的分析和

---

① 习近平:《决胜全面建成小康社会　夺取新时代中国特色社会主义伟大胜利——在中国共产党第十九次全国代表大会上的报告》,北京:人民出版社,2017年,第42页。

② 习近平:《高举中国特色社会主义伟大旗帜　为全面建设社会主义现代化国家而团结奋斗——在中国共产党第二十次全国代表大会上的报告》,北京:人民出版社,2022年,第18页。

③ 习近平:《之江新语》,杭州:浙江人民出版社,2013年,第149页。

总结，代表了中国共产党在新时期对待中华优秀传统文化资源的基本态度与立场。具体而言，从历史观视阈出发，以历史维度、现实维度和发展维度对传统文化进行把脉，是习近平总书记对待传统文化科学态度形成的客观依据和现实观照，这是对习近平总书记关于中华优秀传统文化科学论断把握和理解的理论前提和先决条件；从文化观视阈出发，把握传统文化与马克思主义、当代文化和西方文化之间的关系，进而来判定传统文化在当代社会的指向与定位，这是习近平总书记中华优秀传统文化科学论断的理论支撑和现实基础；从价值观视阈出发，能够将个体价值与社会价值统一起来，将民族文化和世界文化联系起来，这也是传统文化现实意义和当代价值的旨归之所在；从实践观视阈出发，关于传统文化论断的真正立意则在于其实践价值，即是要以当代视角对传统文化进行科学的实践、认知、转化和创新。从这一角度来说，对传统文化的再发展和再创造才是最终目标，这也正是习近平总书记关于中华优秀传统文化科学论断的实践方法和实践意义之所在。

如今，中华民族的文化复兴既是向中国文化精神之魂注入了一剂“兴奋剂”，同时也为建设中国特色社会主义文化事业吹响了“集结号”。这既需要当代人以古为今用、继承创新的态度从内容层面进行革新与突破，亦需要当代人以去粗取精、去伪存真的方式从精神层面加以传承与弘扬。在此过程中，中国传统文化必然要经历一番“蜕变”与“阵痛”，并最终在中华民族这一共同体中达成传统与现代的统一。总而言之，为实现中国传统文化以新面貌和新内涵在当代社会“华丽转身”，这才是中国传统文化的当代价值之所在。

5.1　明代家训德育思想的存续与继承方式探究

明代是中国传统家训发展史上的重要阶段，亦可将其视为家训发展的黄金时期。从德育内容来说，明代家训在基于“忠孝礼信”等道德规范教育的前提下，更加注重女子贞烈观念、个人气节以及民族信仰的教化；从德育路径来说，在官私相结合的教育背景下，明代家训更加注重家庭和社会教化，试图将道德教育落实到民间，强调道德教育的社会基础，宗子教育、社会养成、宗规族训和家法惩戒等形式尤为突出；从德育方法来说，明代家训多采用人伦日用语言，更加切近大众生活的教化方式，并通过克己复礼、积善成德、身体力行、上行下效、因材施教等教育手段，将德育融入、内化进家庭生活之中，借以提升家庭成员的道德涵养。总而言之，“注重家庭、注重家教、注重家风”乃是中国人亘古不变的教育常态和永恒主题①，也是中国人不断追求的生活信念与目标。虽然明代家训并非“篇篇药石，言言龟鉴”（王铖：《读书丛残》），但讲清楚明代家训中优秀德育思想的继承性、民族性和时代性等特征，这在一定程度上对于当代家庭德育体系建设、推动社会主义家庭文明新风尚均具有积极的现实意义和实践价值。

5.1.1 体现继承性：承续明代家训优秀德育思想的教育理念

众所周知，传统家训文化乃是中国传统文化的重要载体。家训文化之所以能够传承和延续，是因为它与中国传统文化具有内在的关联性——其中的德育思想不但体现与时俱进的时代特征，还具有符合时代精神的生命力、影响力和感召力。正因如此，传统家训虽历经岁月砥砺，却经久益醇。以明代家训为代表的传统家训既显示出其存在的合理性及其顽强的生命力，同时也是中国家庭道德教育延续性和继承性的集中体现。明代学者方孝孺告诫后世子孙：“君子之道，本于身，行诸家，而推于天下，则家者身之符，天下之本也。治之可无法乎？德修于身，施以成化，虽无法或可也。而古之正家者，常不敢后法。……作《宗仪》九篇，以告宗人。庶几贤者因言以趋善，不贤者畏义而远罪。他日于大者有行焉，或者其始于此。”（《宗仪・序》）不言而喻，明代家训是将修身立德、齐家平天下放在同等重要的位置上，并将家庭成员的道德教育视为家庭的首要任务。因此，承续与借鉴明代家训中的德育理念对于今人来说也具有一定的启示意义。

首先，承续明代家训优秀德育思想的教育理念，要把握教育时机，借鉴教育方法。家训能最为直观地反映出家庭的教育时机和教育方式。明人霍韬在《家训・蒙规》中曰：“家之兴由子弟之贤，子弟之贤由乎蒙养。蒙养以正，岂曰保家，亦以作圣。”即是强调教育时机的重要性，也就是古人所说“养正于蒙，学之至善也”（程颐：《伊川易传》）的道理。明人许云村在《许氏贻谋四则》

---

① 《习近平在会见第一届全国文明家庭代表时强调动员社会各界广泛参与家庭文明建设 推动形成社会主义家庭文明新风尚》，《人民日报》，2016 年 12 月 13 日，第 1 版。

中亦强调了对孕妇和幼童的教育，他说："妇来三月内，女生八岁外，授读《女教》《列女传》，使知妇道。然勿令工笔札、学辞章。"足以见他对不同教育阶段的重视，以及善于总结和把握教育规律。方孝孺则认为，幼儿时期是道德习性养成的最佳阶段，他在《幼仪杂箴》中从"坐立行"等方面督促子女行为规范的养成。他要求道：坐要"维坐容，背欲直，貌端庄，手拱臆"；站要"其中也敬，而外也直。不为物迁，进退可式"；行要"步履欲重，容止欲舒，周旋迟速，与仁义俱"等。陈献章鼓励后辈要珍惜少年时期宝贵的学习时光，他作诗道："日往则月来，东西若推磨。及时愿有为，何啻短檠课。强者能进取，不能空坠堕。四书与六经，千古道在那。愿汝勤诵读，一读一百过。磋余老且病，终日面壁坐。古称有志士，读书万卷破。"(《景阳读书潮连赋比勖之》)综观明代家训的教育理念不难发现，家训是古人在教化过程中，长辈与晚辈之间共同达成的"契约"范本，以此为基础能够使教育方式和教育规律有的放矢，发挥其应有的功效。并且，明代家训对教育规律与时机的选择往往是因人而异且审时度势的。以此为鉴，当代家庭德育就要重视教育时机的合理性，注重教育规律的科学性，这也是提高家庭德育效果最为切实可行的途径之一。

其次，承续明代家训的教育理念，要拓展教育资源，重拾经典读物。明代家训强调读书为本、诗礼传家的教育理念，注重阅读和背诵经典古籍。在众多明代家训文献中不但记录着鼓励家庭成员多读史、读经典的至理名言，还详实地制定了学习计划或学习方法。譬如，陆深在《京中家书二十二首》中指出："吾家有老泉苏洵批点《孟子》，可读；其次多读《汉书》、韩文。"许云村在家训中记录的读书方法强调由浅入深，由易到难，并形成了一套较为完整和系统的学习体系。明代文臣杨继盛在《杨忠愍公遗笔》中要求子女："多记多作四书本经记文一千篇，读论一百篇，策一百问，表五十道，判语八十条，其余功惟熟读'五经'、《周礼》《左传》。好古文读一二百篇，每日作文一篇，每月作论三篇，策二问。"由此可见，传统家庭治学严谨且教育严格的学习之风可以逐渐演变成优良的家庭门风，使得古代书香门第或是文臣显宦等家族的文化气质和文学素养绵延不绝，影响后世。另外，明代家训中教育子女的名言警句同样比比皆是，这在传统家庭教育中起到了较为重要的作用。譬如，明人吕坤用育儿诗教导后辈道："要甜先苦，要逸先劳。须屈得下，才跳得高。白日所为，夜来省己。"(《续小儿语》)值得一提的是，古代教育读物不但种类繁多且流传甚广，诸如《三字经》《百家姓》《开蒙要训》《童蒙须知》和《增广贤文》等，这些蒙学读物将德育内容表述得深入浅出、言简意赅且寓教于乐。而对于当代家庭而言，古代家训中的治学箴言在今日亦是一笔不可多得的宝贵遗产。诸如明代家训中的《了凡四训》《庞氏家训》《幼仪杂箴》以及其他朝代的《颜氏家训》《朱柏庐治家格言》《曾国藩家书》等许多家训名篇之中无不彰显出优秀家风、家教的德育精神，并且成为后世学习、效仿的典范。

最后，承续明代家训的教育理念，要优化家庭环境，营造教育氛围。荀子曾强调君子对生活环境的要求，认为："君子居必择乡，游必就士，所以防邪辟而近中正。"(《荀子・劝学》)颜之推更加形象生动地描述了家庭环境的重要作用，曰："与善人居，如入芝兰之室，久而自芳也；与恶人居，如入鲍鱼之肆，久而自臭也。"(《颜氏家训・慕贤》)毋庸置疑，古人十分重视生活环境对教育效果的间接影响。关于这一点，明代家训中的例子同样不胜枚举。譬如杨继盛在《杨忠愍公遗笔》中写道，与读书人为友，自然也成为正人君子，"拣着老成忠厚，肯读书，肯学好的人，你就与他肝胆相交，语言必相逐，日与他相处，你自然成个好人，不入下流也。"正所谓"物以类聚，人以群分"(《战国策・齐策三》)。姚舜牧同样认为，若以恶人相交并受其影响，小则倾尽家产，大则丧身性命，"交与宜亲正人，若比之匪人，小则诱之佚游以荡其家业，大则唆之交构以戕其本支，甚则导之淫欲以丧其身命，可畏哉"(《药言》)。由此可知，养成良好的学习、生活习惯以及具有优秀的道德品质不仅需要家人正面的谆谆教导，更需要在生活环境的熏陶下日渐生成。从古至今，道德教育的现实基础就是生活，离开具体的生活实践，道德教育亦犹如无源之水、无本之木。讲求择善而从、兼收并蓄的教育理念，乃是继承明代家训优秀德育思想的集中体现。以明代家训为借鉴，当代家庭德育的立足点应在继承优秀家训文化资源的基础上，挖掘其中丰富的教育理念——不但要利用教育时机，把握教育规律来促进家庭成员道德认知和道德行为的转变，还要优化和营造家庭教育氛围，强调德育目的和教育环境的一致性和统一性，以期达到当代家庭道德教育的目标，并取得令人满意的成效。

5.1.2 注重民族性：挖掘明代家训优秀德育思想的精神价值

以明代家训为代表的传统家训文化集中体现出中国人日常生活中所固

有的精神内核与气质秉性。这种精神内核在我国家庭发展与演变的过程中起到了“民族性遗传”的效果,而气质秉性则在纷繁复杂的家庭变迁史中演绎着民族基因彼此整合、衍生和演化的内在运作形式。二者的共同合力才使得家训中优秀德育思想的文化基因延续至今。也正是由于这种“遗传性的民族精神”,我们才能将明代家训融会贯通,并运用到当代家庭德育的模式之中,从而彰显传统家训别具一格的精神魅力。

第一,挖掘明代家训中优秀德育思想的精神价值,要以德立身为先,注重人格养成。在传统社会,家庭成员的品行修养与家庭德育密切相关。而传统家训不但在家庭德育中占据至关重要的地位,同时还对家庭成员的道德品行起到规范和监督的作用。古语有云:“才者,德之资也;德者,才之帅也。”(司马光:《资治通鉴·周纪一》)意即成人、成才都要以“德”为根本,以“德”为首位。孔子也强调:“博学而笃志,切问而近思,仁在其中矣。”(《论语·颜渊》)明代家训因受儒家思想影响,十分重视人格培养,并将立志树德、修身养性以及培育君子人格作为道德教育的重要内容。遍览明代家训,有关道德品质与志向理想的教育内容不胜枚举。例如,明人袁衷将立德与立志并重,他在《庭帏杂录》中说:“士之品有三:志于道德者为上,志于功名者次之,志于富贵者为下。”袁衷还指出了德行修为与学习的重要关系,“志欲大而心欲小,学欲博而业欲专,识欲高而气欲下,量欲宏而守欲洁”(同上)。明代家训中还用浓重的笔墨强调立德为先与治学之道的关系。譬如,王阳明认为立志与学习的关系在于:“源不浚则流息,根不植则木枯,命不续则人死,志不立则气昏。是以君子之学无时无处而不以立志为事。……精神心思凝聚融结,而不复知有他。然后此志常立,神气精明,义理昭著。”(《示弟立志说》)此外,明代家训还将立德修身与齐家治国紧密地联系起来。譬如,方孝孺在《宗仪九首》中教育子女时讲道:“学者,君子之先务也。不知为人之道,不可以为人;不知为下之道,不可以事上;不知居上之道,不可以为政。欲达是三者,舍学而何以哉?故学将以学为人也,将以学事人也,将以学治人也,将以矫偏邪而复于正也。”常言道:“君子以居贤德善俗。”(《周易·渐·象传》)“德育为先”“德教在家”自古便是我国德育的优良传统。即便在今日,以德立身,教子做人依然是当代家庭德育的根本任务。因此,应正确对待明代家训中的优秀德育思想,勿忘先祖赋予中国人的精神食粮。

第二，挖掘明代家训中优秀德育思想的精神价值，要提倡治家有道，勤俭持家。明代家训中的治家要略除了对家庭成员、家庭事务和财政收入进行有效管理之外，还有两个显著的特点：其一，事无巨细，事必躬行。与以往各时期的家训不同，明代家训所记录的事项更加细致具体，其中既包含家国存亡的大事，也兼顾生活起居的小事，亦即共性的约定规范与个性的经验教导并存，在对生活现象的描述中又夹杂着对事物本质的深层剖析。一言以蔽之，但凡家务之事，详略得当，面面俱到。譬如，陈龙正的《家载》中写道："年谷丰歉难期，米价低昂无定。除赈贫供老，周养废疾，应给本色。其余婚丧诸事，概准助银"；"男子聘娶各四两，再娶共四两"；"嫁女者助银二两，再嫁不助"。又如，程昌的《窦山公家议》很有特点，其中除去一般的家规之外，不但记录了包括田地，山场、银谷等议约，还记载了田地、山场的字号、土名丘数和租额等内容，是与眷契薄和租谷薄极为相似的关于家族产业和相关租入家训文本。诸如此类，不一一列举。明代家训的治家特点之二即是俭以养德，勤俭持家。古人所提倡的节俭是在"量入为出"基础上的不过分追求超越能力范围外的支出。明代时期，生产力水平相对落后，以家庭或家族为生产单位的情况下，就必须提倡勤俭持家。对此，明代家训讲得十分明白。明人吴麟徵在《家诫要言》中要求道："治家舍节俭，别无可经营。"明人庞尚鹏在《庞氏家训》中说："家累千金，毋忘馇粥；虽有千仓，毋轻半寂。"此外，齐家治生非"勤"字莫属。何伦的《何氏家规》中写道："若人心一懒，白骸俱怠，日就荒淫，而万事废矣。"宋诩的《宋氏家要部》中又言："勤以治生。世间事，未有不由于怠惰而废也，及时而为之，则事事不在下陈矣。故曰：'一生之计在勤'。"可见，"勤俭"是诸多明代家训中一以贯之的重要治家思想。

第三，挖掘明代家训中优秀德育思想的精神价值，要弘扬民族精神，继承传统美德。我们知道，民族精神就是汲取了中华优秀传统文化中诸如讲仁爱、重民本、守诚信、崇正义、尚和合、求大同等内容的思想精华，也可以说是对儒家所倡导的传统价值观念的凝练与升华。而传统家训中所强调的核心价值观，即是儒家思想通常所说的"仁""义""礼""智""信"等道德规范和标准，以及儒家思想所倡导的"修身、齐家、治国、平天下"的德育方式。将中华民族的优秀美德和民族精神融入明代家训之中则体现在学习、生活、处世等诸多领域，包括诸如孝悌、睦亲、友善、诚信及贵和等各个方面。例如，明人薛瑄在《诫子书》中就对伦理关系做出了解释,他说:“何谓伦?父子君臣夫妇长幼朋友五者之伦序是也。何谓理?父子有亲,君臣有义,夫妇有别,长幼有序,朋友有信,五者之天理是也。”姚舜牧则认为:“孝悌忠信,礼义廉耻,此八字是八个柱子,有八柱始能成宇,有八字始克成人。”而在孝悌方面,他认为:“圣贤开口便说孝弟(悌)。”(《药言》)明人曹端在《夜行烛》中认为孝道最为重要,“孝乃百行之原,万善之首。上足以感天,下足以感地……所以古之君子自生至死顷步而不敢忘孝”。在讲求交友之道方面,杨继盛曰:“与人相处之道,第一要谦下诚实。”(《杨忠愍公遗笔》)庞尚鹏在《庞氏家训》中说道:“惟能持雅量而优容之,自足以潜消其狂暴之气。”讲求诚信之道,彭端吾在《彭氏家训》中说道:“人只一诚耳。少一不实,尽是一腔虚诈,怎成得人。”讲求贵和方面,仁孝文皇后曰:“内和而外和,一家和而一国和,一国和而天下和矣,可不重哉!”(《内训》)纵观明代家训中的传统美德,即便在当代社会,这些优秀品质依然是家庭德育的主要内容。有鉴于此,挖掘明代家训中优秀德育思想的精神价值,传承明代家训优秀德育思想的精神内涵,弘扬以德先行、修身养性、重视孝道、家庭和谐、父慈子孝、兄友弟恭等具有民族认同感的价值理念,方能彰显家训独特的文化优势及其民族魅力。更进一步讲,这种源于中华民族千千万万家庭生生不息的精神动力,也能够反作用并应用到当代家庭德育与家庭伦理的建构之中,从而使家训中的优秀德育思想及其精神品质得以发扬光大。

5.1.3 彰显时代性:培育践行社会主义家庭道德文明新风尚

习近平总书记指出:“对一个民族、一个国家来说,最持久、最深层的力量是全社会共同认可的核心价值观。核心价值观,承载着一个民族、一个国家的精神追求,体现着一个社会评判是非曲直的价值标准。”[①]传统家训中世代传承的道德观念及价值体系,不仅影响着中华民族的思维方式和行为模式,也成为涵养当代社会道德规范以及社会主义核心价值观的重要源泉。将明代家训中的优秀德育思想与社会主义核心价值观相结合,形成符合时代主题

① 习近平:《青年要自觉践行社会主义核心价值观——在北京大学师生座谈会上的讲话》,《人民日报》,2014年5月5日,第2版。

和时代精神的当代家庭文明新风尚，这不仅能为社会主义核心价值观提供丰厚的传统文化底蕴，同时也能在一定程度上为当代家庭道德文明建设和发展提供丰富的理论滋养。

第一，培育家庭道德文明新风尚，要转变家庭德育观念，赋予传统家训以新的时代内涵。近现代社会家庭结构和功能的改变，对家庭德育内容提出了新的要求。与此相应，如何赋予传统家训以新的时代内涵进而使之符合当代家庭德育的需求呢？我们认为，至少应该从以下三方面入手：其一，借鉴明代家训的教育形式，要注重情感性与自律性相结合，把握"言教"和"身教"的平衡点，同时，还要做到严宽有度，要在尊重家庭成员人格和个性的基础上进行平等、独立的沟通交流，即"慈者，上所以抚下也，上慈而不懈，则下顺而益亲。"（仁孝文皇后：《内训・慈幼章》）其二，在德育过程中转变教育原则，注重明代家训的现实意义——要将传统道德规范要求与主流价值和时代精神相结合，将和谐民主之风融入家庭氛围中，强调家庭成员之间的自由、尊重与宽容等。在强化权利与义务双向关系的同时，建立和睦、亲善友爱的家庭人伦关系。正如高兆明所说："家庭教育的双重任务意味着爱的教育与公民教育的双重取向，意味着家庭教育的内在规定性中包含着民主教育这一公民教育的基本价值取向。"[①]其三，合理开发与利用明代家训中有关读书明理、勤俭持家、自省慎独、与人为善等反映中华民族优秀品质与崇高民族气节的传统美德，通过当代家庭的德育践行，将这些美德植根于普通民众的日常生活中，进而实现传统家训的借鉴与转化。

第二，培育家庭道德文明新风尚，要重塑家庭伦理，推动家庭文明建设。古代家国同构的道德格局将人伦纲常从家庭扩展至社会和国家，形成关乎家族生存、社会生活乃至国家兴衰的"三位一体"。然而，时移俗易，世事变迁，当代家庭道德观念已经发生了翻天覆地的变迁。因而，当代家庭德育的功能与定位应该立足于家庭伦理的重塑与再造，具体而言：其一，当代家庭伦理应具有社会适应性和相对独立性。众所周知，家庭不能脱离社会而存在，同样，家庭伦理也是由社会性质决定并与社会相适应的。如果说在古代宗法社会中的家庭伦理同社会伦理表现出同构性，那么，今天的家庭伦理不但要具有

① 高兆明：《道德文化：从传统到现代》，北京：人民出版社，2015 年，第 145 页。

适应当代社会发展的特点和功能来实现人的社会化职能，还要具有独立选择的能力来符合各个独立家庭的特点和生活习惯。其二，当代家庭伦理应具有开放性、平等性和民主性。网络信息化时代的社会关系突破了传统人伦关系的“熟人圈子”，将家庭伦理引向开放性的公共范畴。与此同时，家庭的生活方式，伦理道德都不可逆转地融入信息化、科技化的现代生活之中，这使得传统伦理视阈下的性别、年龄、血缘、位次等秩序关系进一步弱化，其结果是自由、平等、民主等具有社会公民性质的道德规范被人们普遍遵守。其三，当代家庭伦理应在理性中兼顾人情关怀。家庭成员可以通过合理诉求来保障人格独立和合法权益，强化权利和义务双向性，注重感情性和自律性相统一。在人伦关系层面主张夫妻平等、共同担负赡养老人和抚养、教育子女的责任，并通过理性方式来规范人情运作，进而实现人伦之情与道德礼法的和谐统一。

第三，培育家庭道德文明新风尚，要对接当代文化精髓，唱响醇正家风主旋律。何为家风：“风者，风也，教也。风以动之，教以化之。”[①]优秀家风不仅能监督家庭成员的行为规范，还能维系家庭和谐、促进社会稳定。正如习近平总书记所说：“家风好，就能家道兴盛、和顺美满；家风差，难免殃及子孙、贻害社会。”[②]为此，弘扬当代家风主旋律就要求我们做到：一方面，善于凝练优秀家风，形成与时俱进的德育观念。在传统道德观念回归与认同的大趋势下，抛弃传统盲目崇古和封闭的德育模式，提炼出切合家庭自身实际的家风与家教形式。并且，在结合传统优秀家训、家风德育内容的同时，将当下多元教育因素融入家庭德育之中，强调家庭德育方式和手段的多样性和灵活性。另一方面，营造书香氛围，打造书香家庭，形成以读书为核心的家风、学风。通过持久、醇正的家风熏染，使每一代人的优良德行都能够绵延不绝，进而“在全社会形成崇德向善、见贤思齐、德行天下的浓厚氛围”[③]，使好家风薪火相传。

至于评判优秀家风的标准，大体要符合以下三个方面要求：其一，好家风所承载的文化样态要与中国传统文化一脉相承，并且能够与当代社会主义文

---

① 王立群：《家风家训》，郑州：大象出版社，2016年，第18页。

②《习近平在会见第一届全国文明家庭代表时强调动员社会各界广泛参与家庭文明建设　推动形成社会主义家庭文明新风尚》，《人民日报》，2016年12月13日，第1版。

③ 中共中央宣传部：《习近平总书记系列重要讲话读本》，北京：人民出版社，2016年，第192页。

化有效对接;其二,好家风要具有真理性的特点,要符合普遍的伦理道德规范和价值评判标准;其三,好家风要适合社会的时代发展需要,并有利于推动现代家庭道德文明建设。毋庸置疑,当代家庭德育建设还要以良好的家风为基础,构建新型家庭德育模式势必要以汲取传统家训中的德育资源为前提和保障。只有将传统家学资源和家庭德育建设结合起来,才能使当代家庭道德教育具有现实意义,才能动员全社会广泛参与到家庭文明建设中来,进而推动形成社会主义家庭文明新风尚。

5.2 中国当代家庭德育实践路径的拓展与完善

2017 年 5 月 17 日,中央文明办发布了关于广泛开展“传家训、立家规、扬家风”活动的通知。通知指出,“在深入贯彻和落实习近平总书记系列重要讲话精神,以培育和践行社会主义核心价值观为根本以传承好家训、订立好家规、弘扬好家风为重点,……引导广大家庭大力弘扬中华优秀传统文化和社会主义家庭文明新风尚,积极投身家庭文明建设,努力成为国家发展、民族进步、社会和谐的重要基点,成为人们梦想起航的地方。”[①]可见,当代家庭道德教育发展目标与定位不但应当有的放矢,更要以当前家庭的实际生活现状、日常活动场景以及现实教育条件为基础,这才是在新时期和新的历史条件下进一步提升家庭道德教育的着眼点与落脚处。

5.2.1 全面复兴优秀传统文化 推动中国传统家训的再生和重塑

全面复兴优秀传统文化重要意义在于:“中华优秀传统文化积淀着中华民族最深沉的精神追求,代表着中华民族独特的精神标识,是中华民族生生不息、发展壮大的丰厚滋养,是中国特色社会主义植根的文化沃土,是当代中国发展的突出优势,对延续和发展中华文明,促进人类文明进步,发挥着重要作用。”[②]中华优秀传统文化在中国历史发展与社会进步的进程中起到了中流砥柱的作用。这是因为:“一方面,传统文化体现了历史文化的衍生与流变,

① 中央文明办:《关于广泛开展“传家训、立家规、扬家风”活动的通知》,2017 年 5 月 17 日。
② 中共中央办公厅、国务院办公厅:《关于实施中华优秀传统文化传承发展工程的意见》,2017 年 1 月。

它早已深深地熔铸于中华民族的生命力、创造力和凝聚力之中，成为'活'的文化生命的一部分。另一方面，传统文化承载着过往历史发展而成的道德标准与价值系统，它是民族精神的集中体现与延续，是民族精神鲜活的生命载体"①。为此，"我们决不可抛弃中华民族的优秀文化传统，恰恰相反，我们要很好传承和弘扬，因为这是我们民族的'根'和'魂'，丢了这个'根'和'魂'，就没有根基了"②。为此，建设具有中国特色的社会主义文化，进而实现中华民族伟大复兴，我们不能脱离和抛弃中国传统文化这一立根之基。

传统家训文化是中华优秀传统文化的重要组成部分。中国人历来注重家庭人伦关系，重视家庭伦理道德建设，这是中华民族自古以来的优秀传统。在传统文化全面复兴的时代背景下，家庭伦理道德观念有向传统回归之趋势。因此，重新审思和评析传统家训文化，使其以新形式、新内涵和新姿态来丰富当代家庭德育发展，势必会使当代家庭文明建设呈现出崭新的风貌。具体而言：

首先，要转化传统家训、家规的文本形式。传统家训多以专著、书信、条约、诗歌、格言和随笔形式记载长辈对子孙后辈的谆谆教导。传统家训的教育核心在于伦理规范和人格塑造，所涉猎的教育内容包括修身、治学、齐家、交友、睦邻等各个方面，其教育范围之宽，教育内容之广，是当今家庭道德教育体系尚需加强和提升的。因此，当务之急是要将传统家训赋予以新的生命形式。譬如，整理和编写符合生活实际的当代家规；撰写、悬挂和诵读家训格言警句；利用基层文化阵地组织、开展文明家庭分享会、朗读会；充分利用现代科技手段拍摄家庭德育短视频等形式来扩大家庭德育的影响力和感召力，进而使家训形式"活"起来。

其次，要明确当代家规、家风的订立原则。一方面，要"用社会主义核心价值观引领家庭文明建设，倡导正确理想信念，注重以文化人"③。这就要求我们不但要建立和谐、平等和民主的伦理关系，还要倡导夫妻恩爱、父母严

---

① 童恒萍：《坚守中华文化立场　立足当代中国现实——从中华传统文化视角阐析十九大文化建设理论》，《华南师范大学学报(社会科学版)》，2018年第1期。

② 中共中央文献研究室：《习近平关于实现中华民族伟大复兴的中国梦论述摘编》，北京：中央文献出版社，2013年，第42页。

③ 中央文明办：《关于广泛开展"传家训、立家规、扬家风"活动的通知》，2017年5月17日。

慈、子女孝顺的道德理念。另一方面，订立当代家规要“汲取中华优秀传统文化、革命文化和社会主义先进文化的精神养分，推动核心价值观在家庭中生根”①。意即说，以当代家规、家风形式来提升和完善道德教育，这对于塑造家庭成员的人格品性，传播传统家训文化以及弘扬社会主义核心价值观均具有积极的促进作用。

最后，拓展当代家训、家规的传播途径。在文化产业领域，突出以家庭为主题的影视创作，如影视剧、广播剧、舞台剧等。在文学创作领域，打造以家庭伦理、家训家风为核心的小说、报告文学、诗歌等文学作品。在民俗民风领域，创作表演家庭文明风尚的评书快板，曲艺小品等喜闻乐见的地方特色节目。此外，还可以通过新媒体等传播途径如网站、商业客户端、微博和微信等来推动家训、家规和家风的热门话题使其产生社会效应，引起更为广泛的关注。创作一批弘扬和谐家风的公益视频在公共场所进行广泛传播。在学校中，开展家训家风进校园等活动，引导各年龄段学生和广大青少年不断地接受家庭文明风尚的熏陶和感染。②

总之，在中华民族伟大复兴的时代背景下，当代家庭的德育建设势必要以传统家庭德育形式为借鉴范本。所以，推动中国传统家训的再生和重塑乃是理论与实践层面的双重之需，这不仅依赖于家庭内部主观德育条件的成熟，更取决于外部经济、政治和文化等因素的影响。只有在主客观条件的“合力”之下，方可促进传统家训优秀德育思想的现代转化，进而为社会主义家庭文明与道德建设“添砖加瓦”。

5.2.2 以社会主义核心价值观为引领　完善当代家庭德育体系

社会主义核心价值观是以社会主义经济为基础，是对最为核心和主导地位的政治、文化、思想的价值取向和价值认同，亦是社会主义国家关于理想信仰、价值观念和道德规范的评判标准。事实上，欲使当代家庭德育内容与方法能够在实践中有的放矢且行之有效，就必须将其纳入社会主义核心价值体

① 《习近平在会见第一届全国文明家庭代表时强调动员社会各界广泛参与家庭文明建设　推动形成社会主义家庭文明新风尚》，《人民日报》，2016 年 12 月 13 日，第 1 版。

② 参见中共中央办公厅、国务院办公厅：《关于实施中华优秀传统文化传承发展工程的意见》，2017 年 1 月。

系的总体规划之中。这不仅是弘扬与传承优秀家训家风的需要，更是从个人和社会层面培育和践行社会主义核心价值观的重要一环。

首先，社会主义核心价值观对家庭德育体系的构建具有导向性作用。家庭是社会发展动向的"晴雨表"，社会转型时期所呈现出的新形势、新特点都能直接或间接地映射到家庭的日常生活之中。可以说，家庭作为最广泛的社会基础，构成了较为普遍的社会群体心理以及价值观念形态。以家庭领域为中心的道德观念及其价值评判标准往往决定了社会整体价值取向和价值认同的发展趋势。现代社会存在着文化多元化，道德困境及价值危机等诸多问题，这就更要旗帜鲜明地通过社会主义核心价值观来引领和指导家庭的德育建设，确保这一长期且艰巨的德育塑造工程最终植根于普通家庭的日常生活之中，以此来指引现代人走出精神困惑，树立正确的世界观、人生观、价值观与家庭观。

其次，社会主义核心价值观为家庭德育体系的构建提出了参照标准。社会主义核心价值观既是社会主义核心价值体系的理论内核，它对社会主义价值观念的根本性质和基本特征进行了明确的界定，同时，社会主义核心价值观也是衡量个人道德品行与是非善恶的评判标准。换言之，社会主义核心价值观是当代社会全体公民所应共同遵守的道德规范，任何个体的行为活动都要以此为参照坐标。从历史视域考察，当代家庭德育体系的建设无法回避或逾越传统家庭伦理道德对当代家庭生活的影响，这就要求我们必然要考量传统家庭德育思想的恒常价值。毋庸置疑，传统德育思想中具有历史局限性的内容早已经不适合当今时代精神和发展需要，因此，只有以社会主义核心价值观为参照坐标，方可去芜取精，对其合理内容进行现代转化并被今天德育理论所采纳和接受，唯其如此，才能够较为全面且科学地运用于家庭德育体系建设之中。

最后，社会主义核心价值观为家庭德育体系的构建提供了精神动力。马克思指出："人们自觉或不自觉地，归根结底总是从他们的阶级地位所依据的实际关系中——从他们生产和交换的经济关系中，吸取自己的伦理。"[①]即是说伦理道德的产生来自一定的社会基础和物质生活条件。马克思还指出：

① 《马克思恩格斯选集》第3卷，北京：人民出版社，1995年，第433－434页。

"人们的观念、观点和概念，一句话，人们的意识，随着人们的生活条件、人们的社会关系、人们的社会存在的改变而改变。"①意即说，伦理道德亦会伴随着物质条件的改变而发生改变，故它可以视作推动人们改造客观和主观世界的精神依据。社会主义核心价值观之所以对家庭德育建设提供了精神助推力，是因为，一方面它与中华民族优秀品质与传统美德相承接，并继承了传统德育思想积极且合理的成分。另一方面，它涵盖了当今时代伦理道德的核心与实质，是社会主义伦理道德体系的高度凝练与概括。可以说，社会主义核心价值观是社会主义精神文明建设在家庭层面的具体化反映与表现，同时也成为家庭德育发展进程中取之不尽用之不竭的精神力量。

孟子曰："人有恒言，皆曰'天下国家'，天下之本在国，国之本在家，家之本在自身。"(《离娄·章句上》)孟子所言道出了千百年来传统家训所传承的主导精神，亦道出中国家庭德育生生不息的文化理念。只有讲清楚了以明代家训为代表的传统家训的核心与内涵，才能充分运用其中的优秀德育资源，形成与时俱进且紧跟时代步伐的德育范本，才能与不断发展和求新的家庭德育体系相适应、相匹配。

5.2.3 弘扬传统优秀家风家教 继承与践行传统家庭美德

家风(又称"门风")形成于中国传统家庭或家族世代繁衍的进程中，它以古代"家学"(家训、家规和族谱等)为载体，以塑造家庭成员的道德品质和人格修养为目标，将人们日常生活中的实践经验、生活智慧和行为规范加以外显。而中国传统家风的本质内涵则表现为在基本遵循儒家家庭伦理规范的基础上，为追求丰家成业、代际和谐等美好夙愿，对家庭伦理秩序、道德观念所引发的伦理审思与诉求。正如习近平同志所指出的："家庭是社会的基本细胞，是人生的第一所学校。不论时代发生多大变化，不论生活格局发生多大变化，我们都要重视家庭建设，注重家庭、注重家教、注重家风。"②在当代社会，优秀家风所涵养和展现的伦理精神与道德风貌仍旧是夯实社会伦理道德大厦之根基。举例来说，浙江省"五一劳动奖章""中国青年五四奖章"获奖者

① 《马克思恩格斯选集》第1卷，北京：人民出版社，1995年，第291页。
② 习近平：《在2015年春节团拜会上的讲话》，《人民日报》，2015年2月18日，第1版。

陈斌强,是浙江省磐安县实验初中语文教师,为照顾患上老年痴呆症的母亲,他将母亲“绑”在身后,骑着电瓶车每周往返于30公里的山路中,坚持照顾母亲和教学工作两不误。孟佩杰是“全国孝老爱亲道德模范”“全国三八红旗手”,年仅八岁便开始承担起照顾瘫痪养母的重担,用孝心和毅力支撑起了这个风雨飘摇的家。“2011感动中国”推选委员王振耀曾评价她:小小年纪,撑起几经风雨的家。她的存在,是养母生存的勇气,更是激起了千万人心中的涟漪。又譬如,“2010年感动中国人物”湖北省武汉市孙氏兄弟孙水林、孙东林为建设商人,坚持二十年不拖欠工人年薪。2010年2月9日,为了抢在大雪封路前给武汉的农民工发上工钱,孙水林连夜从天津驾车回家,一家五口不幸在车祸中遇难。为替哥哥完成遗愿,弟弟孙东林在哥哥出事之后驱车十五小时赶回老家,抢在除夕之前将几十万工钱发给农民工。正所谓“言忠信,行笃敬”。家庭信条演绎出现代传奇,兄弟二人为尊严承诺,为良心奔波。雪落无声,但诚信之情却铿锵有力。我们说,家庭与家风家教乃是相辅相成的统一整体,构建当代优秀家风既是实现家庭和睦的关键所在,也是社会进步、国家长治久安的先决条件。

首先,弘扬传统优秀家风家教,是为了存续人伦之温情。梁漱溟先生指出,中国人的人伦关系在于“每一个人对于其四面八方的伦理关系,各负有其相当义务;同时,其四面八方与他有伦理关系之人,亦各对他负有义务。全社会之人,不期而辗转互相连锁起来,无形中成为一种组织”①。表面看来,尽管现代核心家庭类似于原子特性一般独立存在于社会之中,然而,事实上,家风家教对社会中每个独立家庭的影响依然发挥着举足轻重的作用。传统家庭重视对“德”与“礼”的培养,传统优秀家风家教将仁德和礼教相结合,即是将内在道德认知与外在的言行举止相统一,而这种“知行合一”的教化方式建立在人伦纲常和血缘关系的基础上,将人性与温情相提并论,不但注重个人性格的培养更关乎人情世故的传授。故此,当代家庭道德教育更应继承传统优秀家风家教的教育样态。在今天看来,“德”即为道德观念,“礼”即为行为规范。在日常生活中能够化德性于品行,才是弘扬传统优秀家风家教的着力点和落脚处。

① 梁漱溟:《中国文化要义》,上海:上海人民出版社,2011年,第79页。

其次，弘扬传统优秀家风家教，是为了和谐家庭之维系。中国传统家庭讲求“贵和”，以宗法和血缘关系为纽带的中国家庭，其家庭氛围和家庭风貌体现在重伦理，讲协作，求和谐，这也是“贵和”观念的基本表现形式。“家和万事兴”不但是中国人对家庭美满，生活幸福的美好夙愿，也是中国人治理家政，经营生计的前提和基础。而当代和谐家庭的建设是指“通过婚姻家庭关系的行为规范或准则来约束家庭成员的思想、行为，通过构建符合时代发展要求的家庭伦理秩序来调节家庭关系，使之沿着健康的轨道发展的调控过程”[①]。可见，无论古今家庭，以伦理关系和情感基础来维系家庭和谐与稳定的状态是毋庸置疑的。我们说，和谐家庭一方面取决于家庭成员的品格与修养，另一方面还受到社会道德观念和价值体系的影响。从这个意义上讲，弘扬传统优秀家风家教的本质就是借鉴传统优秀家风家教中所蕴含的“和以治家”的宝贵道德遗产，意即说，从德育的主体性因素考虑，是为了提升个体思想品质与道德素养；从德育的客体性因素考虑，是为了端正社会风俗风气，加强和谐社会精神文明建设。唯其如此，方能以古鉴今，以理服人，以情化人，进而促进并推动和谐久安的家庭精神文明风尚。

最后，弘扬传统优秀家风家教，是为了家国情怀之培育。古语有云：“苟利国家生死以，岂因祸福避趋之。”（林则徐：《赴戍登程口占示家人》）中国人自古视“国”为大“家”，并将“国”等同于“家”。这样，家道兴衰即被提升为与社稷存亡等同之高度。传统家风家教将个人命运与国家前途联系在一起，要求家庭成员做到在家能孝于亲，于国则忠于君。万俊人指出：“与普通的知识教育不同，家教更注重人文礼俗和道德伦理的教养，是一种真正纯粹的德行生命养育。”[②]因此，将个人德行融入国家命运之中，乃是传统家风家教的终极目的和意义之所在。可以说，传统家风家教不仅具有延续家庭命脉与家族精神的责任，更担负着关乎民族与国家兴衰存亡的重任。将中华民族自古以来所遵循的家庭伦理秩序、道德风貌和文化风范转化为广大人民所普遍遵循和崇尚的家国情怀，这既是个人价值观形成的基点，也是社会和国家价值观形成和发展的关键。

---

① 沈洁：《思想政治教育视野中的和谐家庭建设》，博士学位论文，中国矿业大学思想政治教育学院，2013年，第94页。

② 万俊人：《也说家教家风》，《光明日报》，2014年3月3日，第3版。

"服民以道德，渐民以教化"（欧阳修：《三皇设言民不违论》），重视家庭文明建设，正确对待包括明代家训在内的传统家训中的优秀德育思想，才能为构建符合社会主义核心价值观的"当代好家庭、文明好风尚"助推一臂之力。继承与弘扬优秀传统家风家教亦是将优良的道德价值观念植根于普通民众的日常生活中，并将国家发展、社会进步和个人成长的价值观念合为一体，通过家庭德育实践得以实现。另外，为了促进中华民族优秀传统家风家教与现实的充分融合，还要充分运用解放思想、实事求是、与时俱进、求真务实的中国特色社会主义理论的精髓，加大社会主义精神文明的建设力度，进而使优秀家风在当代家庭中生根、发芽。总之，在一定意义上讲，只有推动形成积善成德、崇德向善的家庭文明氛围，唤醒中华4亿多个家庭的道德自觉，我国家庭的整体德育水平才能得到显著提升，国家和民族才会不断走向繁荣与昌盛。

5.3　本章小结

本章主要阐释了明代家训德育思想的存续与继承方式，及其对当代家庭德育实践路径的启示。一是从民族性、继承性和时代性等三个维度对明代家训的当代价值作出了诠释。承续明代家训优秀德育思想的教育理念，挖掘其中的精神价值即是培育践行社会主义家庭道德文明新风尚的有效途径。二是对中国当代家庭德育实践路径的拓展，即是在全面复兴中国传统文化的大背景下，以社会主义核心价值观为引领，传承与续存传统家庭美德，以期构建当代家庭道德教育体系，力促当代家风构建符合社会主义核心价值观乃至中国梦的时代要求，是本章试图构建当代家庭德育的新范式所提出的构想与初步尝试。

结　论

明清时期是中国传统家庭发展演化的最后阶段，也是传统家庭向现代家庭转型的开端。从明代家训及其德育思想的视角对传统家庭形态窥探一斑，并在社会变迁的历史进程中凝练传统家庭教育资源，对当代家庭道德教育体系的发展与完善具有重要作用。有鉴于此，本书的创新性成果在于：以历史和现实的双主线逻辑展开论述，其一，拓宽了明代家训文本的研究对象和研究范围，拓展了有关明代家训的研究视角。只有系统全面地梳理明代家训文献才能更加清晰地阐述明代家训及其德育思想的实质与内涵。其二，提出了当代家庭德育的新范式，以期尝试创新性的研究思维方式，拓展当代家庭德育的研究领域。事实证明，理论层面探求创新是为了更好地运用于实践，在实践中寻求理论的支撑与借鉴。其三，构建了明代家训德育思想价值转化的内在逻辑与基本思路，丰富了对传统家训当代价值研究的理论成果。通过明代家训德育思想的价值转化来作为历史与现实衔接的契合点，进而来论证明代家训德育思想何以具有当代价值，如何实现其当代价值成为可能。行文至此，大体得出以下三点结论：

第一，必须详实考察和梳理明代家训文本，重视对文本价值的审视，方可挖掘和整理出其中优秀德育思想内容。本书认为，包括明代家训在内的传统家训不应是被封存于图书馆中的泛黄文献，而应是呈现在今人视野之中的生动且鲜活的教育读本。长期以来，明代家训作为封建时期的产物，人们对它持有偏见态度，并认为其内容已不适用于当代家庭。然而，以批判之视角审视家训文本，其实质是对家训的扬弃和继承。因此，当代学者要以马克思主义的认识论和方法论重新鉴别、选择与筛定家训本身可利用的文本资源，以具体实践和运用作为当代家庭德育理论和实践创新的根本落脚点。另外，从目前关于包括明代家训在内的中国传统家训的研究成果来看，以思想政治教育学、伦理学等学科的研究成果还相对薄弱，这无疑是不利于对传统家训资源的开发的利用。为此，深入考察和审视明代家训德育思想形成和发展的历史轨迹，准确把握其德育思想的内涵及精神实质，对于该领域的研究十分必要。

第二，明代家训德育思想的当代价值转化是具有可行性、时效性和可操作性的。明代家训德育思想是古代家庭道德教化的高度凝练我们不应囿于对明代家训文本式、印象式的简单解说，而应是探索其更深层次的思想本质，重视其解读性价值之思考，即以不断求索的思维方式来挖掘它对现实的可借鉴性价值。超越文本性理解的关键是要对明代家训德育思想进行现实意义的解读与追问。本书认为，发掘与梳理明代家训及其德育思想这一工作并非易事，一方面，是由明代家训自身内容与特性所决定的。另一方面，亦是由评判德育思想的当代价值标准所决定的。故此，对明代家训德育思想的价值转化，就必然要舍弃传统家训中带有“三纲五常”等封建伦理色彩的教育本质，构建起明代家训当代价值何以实现转化的具体理路，即从审视视域、思维方式、转化原则、定位方向等多个层面实现价值转化要求。这才能体现出对明代家训德育思想在当代价值的理解、运用、转化和践行并不是一成不变的，而是与时俱进、与时俱新的。

第三，对明代家训德育思想的合理借鉴和充分利用，要以当代家庭德育理论体系为依据，来挖掘对当代家庭德育建设有益的启示。其一，明代家训德育价值的前提性预设，是为了适应时代与社会发展之需。其二，明代家训德育思想的价值指向与当代家庭德育定位相符合——即是在家庭层面与“弘扬中华优秀传统文化，践行社会主义核心价值观”这一价值预设和价值定位基本相一致。这符合了当代家庭德育体系发展的宏观走向，并成为家庭德育发展合理、有效的补充。其三，注重明代家训德育思想的现实关切，并以此来解决家庭德育中的诸多问题。黑格尔曾指出，方法就是对于其自身内容的内在自我运动的把握。因此，从日常生活的实践层面探讨明代家训中的德育方式方法，是对明代家训德育思想的进一步运用与深化，也为当代家庭德育提供了贴近生活的实践基础。

综上所述，有关“明代家训德育思想的当代价值”这一问题的研究，乃是社会主义新时期全面复兴中华优秀传统文化的应时之作，亦是一项具有理论和实践意义的重要课题。

《诗经》有云："周虽旧邦，其命维新。"党的二十大明确指出，全面建设社会主义现代化国家，必须坚持中国特色社会主义文化发展道路，增强文化自信，围绕举旗帜、聚民心、育新人、兴文化、展形象建设社会主义文化强国，发展面向现代化、面向世界、面向未来的，民族的科学的大众的社会主义文化，激发全民族文化创新创造活力，增强实现中华民族伟大复兴的精神力量。为此，对中华优秀传统文化的深入挖掘与阐释，更要体现出新时代、新时期所应具有的新特色、新内涵。本书对明代家训及其德育思想的研究即是一次抛砖引玉的开端，以期为当代家庭道德建设，推动形成爱国爱家、相亲相爱、向上向善、共建共享的社会主义家庭文明新风尚贡献一份绵薄之力。

附　　录

明代家训著作文献一览表

作者	家训篇名	出处 1	出处 2	备注
曹端	夜行烛	《文渊阁四库全书》本第 1243 册		
曹端	家规辑略	《曹月川先生遗书》本		
蔡希渊	* 女教补十三篇	《云村集》卷 7《女教补序》		
陈其蒽	* 家训	《千顷堂书目》卷 11	雍正《浙江通志》卷 245《经籍五》	
陈其蒽	* 女训	《千顷堂书目》卷 11	雍正《浙江通志》卷 245《经籍五》	
陈万言	* 古龙陈氏家规一卷	《徐氏家藏书目》卷 2		
陈继儒	安得长者言	《丛书集成新编》卷 14		齐鲁书社据崇祯刻本影印出版
陈龙正	家矩	《丛书集成续编》卷 214		
陈良谟	见闻纪训	《续修四库全书》本		
陈其德	垂训朴语一卷	《四库全书存目丛书》本	《四库全书存目丛书》子部第 94 册	南京图书馆藏清嘉庆十八年(1813)徐氏刻本

（续表）

作者	家训篇名	出处 1	出处 2	备注
程达道	*程氏孝则堂家教辑录一卷	《千顷堂书目》卷 11	《明史》卷 96《艺文一》	
程钫	窦山公家议七卷	黄山书社《窦山公家议校注》1993 年		
仇楫	*上党仇氏家范	《千顷堂书目》卷 11		《柏斋集》卷 5 载有《上党仇氏家范序》
董汉策	*甦庵家诫一卷	雍正《浙江通志》卷 245《经籍五》		
方孝孺	家人箴一卷 宗仪一卷	《明人衡》卷 17	宁波出版社《逊志斋集》2000 年	
方孝孺	幼仪杂箴一卷	《文渊阁四库全书》本第 1235 册		
方宏静	燕贻法录一卷	《续修四库全书》子部第 1126 册	《丛书集成续编》卷 78	《广快书》收录全文
高攀龙	家训	《文渊阁四库全书》本第 1229 册		
葛守礼	葛端肃公家训			王士祯《池北偶谈》卷五载全文
郭良翰	*齐治要规二卷	《徐氏家藏书目》卷 2	《千顷堂书目》卷 11	
郭应聘	家训一卷	《续修四库全书》收录		《郭襄靖公遗集》载
韩霖	铎书一卷	1918 年刊新会陈氏铅印本	《徐家汇藏书楼明清天主教文献》本	
何塘	*家训一卷	《明史》卷 96《艺文一》		《柏斋集》卷 6 载有《家训序》
何伦	*何氏心训二卷	《澹生堂藏书目》卷 2	《丛书集成续编》卷 61	
何伦	*何氏心训二卷	《澹生堂藏书目》卷 2	《丛书集成续编》卷 61	

（续表）

作者	家训篇名	出处1	出处2	备注
何尔健	廷尉公训约	中州书画社《按辽御珰疏稿》1982年		
何士晋	宗规一卷	收录于清人张文嘉编纂的《重订齐家宝要》	《东听雨堂刊书·儒先训要十四种》收录	《五种遗规·训俗遗规》载有全文
黄佐	*姆训一卷	《明史》卷96《艺文一》		
黄佐	泰泉乡礼七卷			《岭南丛书》本载有全文
黄资善	*黄氏家范	《苏平仲文集》卷4《黄氏家范序》		
黄标	庭书频说	《丛书集成续编》卷61		清人张师载的《课子随笔钞》卷三收录全文
霍韬	家训一卷	《四库全书存目丛书》收录《渭厓文集》		民国六年涵芬楼影印汲古阁精抄本
晋承命	*教家言维风录	雍正《山西通志》卷175《经籍》		
李初茂	*家训	雍正《山西通志》卷175《经籍》		
李伦	*家礼酌中	《温州经籍志》卷5		
李文林	*李氏家训	《姜凤阿文集》卷31载有《读李氏家训》		《震川集》卷1《平和李氏家规序》
李廷机	李文节公家礼一卷	《四库禁毁书丛刊》		
林希元	家训一卷			《林次崖先生文集》卷十二
刘绘	*刘氏家训一卷	《澹生堂藏书目》卷2		

（续表）

作者	家训篇名	出处 1	出处 2	备注
刘德新	余庆堂十二戒	《丛书集成续编》卷 62		
刘良臣	凤川子克己示儿编	《续修四库全书》第 938 册	中国书店影印出版《刘凤川遗书》1983 年	
陆深	家书五卷			《俨山集》收录
陆树声	陆氏家训一卷			明万历年间所刊《陆学士杂著》
罗汝芳	*近溪庭训二卷	《澹生堂藏书目》卷 2		
吕维祺	晓谕子十则	《丛书集成续编》卷 61		
吕维祺	吕维祺语录·论子	《古今图书集成·明伦汇编·家范典》卷 39，“教子部”		
吕德胜	小儿语一卷 女小儿语一卷	收录于《五种遗规·养正遗规》，中华书局《吕坤全集》2008 年	中华书局《吕坤全集》2008 年	
吕坤	昏前翼 续小儿语 闺范四卷	《古今图书集成·明伦汇编·家范典》卷 3，“闺媛总部”	中华书局《吕坤全集》2008 年	
闵景贤	法楹	收入《丛书集成续编》卷 78		天启六年（1626）刻《快书》本
庞尚鹏	庞氏家训	《丛书集成新编》卷 33		
彭端吾	彭氏家训	《丛书集成续编》卷 61		
丘濬	家礼仪节八卷			收录于《丘文庄公丛书》

（续表）

作者	家训篇名	出处 1	出处 2	备注
秦坊	范家集略六卷	收入《四库全书存目丛书》子部第158册	北大图书馆藏清同治十年刻本	齐鲁书社曾据此本影印出版
宋诩	宋氏家要部三卷			《北京图书馆古籍珍本丛刊》本
宋诩	宋氏家仪部四卷			《北京图书馆古籍珍本丛刊》本
沈异	*思永堂家训二卷	雍正《浙江通志》卷245《经籍五》		
沈鲤	*沈氏家训	《亦玉堂集》卷9《童训序》		
沈鲤	文雅社约			收录于清人张文嘉编纂的《重订齐家宝要》
沈应文	*沈氏家训二卷	《澹生堂藏书目》卷2		
孙乃复	*居家要录			《芑山诗文集》卷13《居家要录序》
孙植	孙简肃公家训	《澹生堂藏书目》卷2	《千顷堂书目》卷11	
孙奇逢	孝友堂家规	中州古籍出版社2003年《孙奇逢集》本	中华书局2004年《夏峰先生全集》本	有道光二十五年(1845)大梁书院刻《孙夏峰先生全集》本
石懋	*家训类编十二卷	《千顷堂书目》卷11		
唐文献	家训一卷	《四库全书存目丛书》收录《唐文恪公文集》全文		
万衣	万氏家训一卷	《四库全书存目丛书》收录《万子迂谈》		

（续表）

作者	家训篇名	出处 1	出处 2	备注
王澈	王氏族约一卷			温州市图书馆藏敬乡楼抄本
王塘	* 家范	《两浙著述考 · 儒说考》		
王敬臣	礼文疏节一卷	《四库全书存目丛书》		
王直	* 女教续编			《抑庵文集》卷 6《女教续编序》
王士觉	* 家则一卷	《千顷堂书目》卷 11	雍正《浙江通志》卷 245《经籍五》	
王介之	* 耐园家训	光绪《湖南通志》卷 251《艺文七》		《姜斋文集》卷 3 载有《耐园家训 · 跋》
王樵	王樵家书一卷	《四库全书》收录《方麓集》		
王演畴	讲宗约会规一卷	收录于清人张文嘉编纂的《重订齐家宝要》		《五种遗规 · 训俗遗规》载有全文
王祖嫡	家庭庸言二卷	《四库未收书辑刊》本		上海图书馆藏佚名旧抄本
王士觉	深溪义门王氏家规			上海图书馆藏嘉庆十六年(1811)木活字本
温璜记录	温氏母训	《文渊阁四库全书》本	《丛书集成初编》卷 976	
吴麟徵	家诫要言	《丛书集成新编》卷 33	《四库全书存目丛书》本子部第十七册	
项乔	项氏家训			收录于《瓯东私录》

（续表）

作者	家训篇名	出处 1	出处 2	备注
徐三重	徐三重明善全编·家则	《古今图书集成·明伦汇编·家范典》卷 39,“教子部”		
徐三重	家则一卷	《四库全书存目丛书》本		
徐履诚	*徐氏家规二卷	《千顷堂书目》卷 11	雍正《浙江通志》卷 245《经籍五》	
徐泰	*女学	《千顷堂书目》卷 11	《浙江通志》卷 245《经籍五》	
徐祯稷	耻言二卷	《四库未收书辑刊》		
许云村	许云村贻谋	《丛书集成新编》卷 33	《续修四库全书》第 938 册	
徐学周	槜李徐翼所公家训			附于《明董其昌行书徐公家训碑》
薛瑄	诫子书	《丛书集成续编》卷 61		
姚舜牧	药言	《丛书集成新编》卷 33		
姚舜牧	训后			《四库禁毁书丛刊》收录《来恩堂草》载有全文
姚儒	教家要略			明万历二十四年忠恕堂刻《由醇录》本
姚翼	*家规通俗编十二卷	《千顷堂书目》卷 2		
杨廉	*家规一卷	《千顷堂书目》卷 11	《明史》卷 96《艺文一》	《杨文恪公文集》卷 43 有《家规记略题辞》

（续表）

作者	家训篇名	出处 1	出处 2	备注
杨继盛	赴义前一夕遗嘱	《文渊阁四库全书》本第 1278 册		
杨士奇	家书二卷 家训一卷	《东里续集》		
杨爵	家书一卷	《杨忠介集》卷八	《文渊阁四库全书》本	
杨荣	* 训子诗五十韵	《东里续集》卷 23《书杨氏训子诗后》		《抑庵文集·后集》卷 36 载有《题杨氏训子诗后》
杨瞻	* 祀先睦族录	雍正《山西通志》卷 175《经籍》		
叶树声	* 家训	《千顷堂书目》卷 11	雍正《浙江通志》卷 245《经籍五》	
叶端卿	* 叶氏家政	《崇相集·序文》卷 2 《古巴山叶氏家政序》		
叶瞻山	家训	《丛书集成续编》卷 61		
俞力庵	* 俞氏家规	《讷溪先生文录》卷 9 《书休宁溪西俞氏家规后》		
袁衷等辑	庭帏杂录	《丛书集成新编》卷 33		明嘉靖十七年后渠书院刻本
袁颢	袁氏家训			上海图书馆明抄本
袁黄	了凡四训	中华书局 2008 年		民国二十三年上海佛学书局印本
袁黄	训儿俗说一卷			万历三十三年刊《了凡杂著》本

（续表）

作者	家训篇名	出处1	出处2	备注
张鹏翼	孝传第一书	《丛书集成续编》卷61		
张纯	普门张氏族约一卷	《樗庵日钞》本		
张献翼	*家儿私语一卷	《澹生堂藏书目》卷2	《千顷堂书目》卷11	
张永植	*家训要言			《两浙著述考・儒说考・附录》
张永明	家训一卷	《张庄僖文集》(《文渊阁四库全书》本)		
郑顺庵	*郑氏家训	《方简肃文集》卷7《跋郑氏家训》		
郑涛	郑氏家范	《四库全书存目丛书》史部第87册		万历三十一年郑元善刻本
周是修	*家训十二卷	《千顷堂书目》卷11	《明史》卷96《艺文一》	
周凯	*家规二卷	《千顷堂书目》卷11		
周思兼	家训一卷	《四库全书存目丛书》收录		《学道纪言・附录》载全文
支大纶	家训一卷	《四库全书存目丛书》收录的《支华平先生集》(卷36)		
朱东光	*建安朱氏家训一卷	《徐氏家藏书目》卷2		
庄元臣	治家条约一卷	收录在庄元臣的《庄忠甫杂著》第八册《曼衍斋草》中		
朱棣	*务本之训	《文渊阁书目》卷1	《千顷堂书目》卷11	《明史》卷98《艺文三》

（续表）

作者	家训篇名	出处 1	出处 2	备注
朱棣	圣学心法四卷	《四库全书存目丛书》		
朱权（宁献王）	*家训六卷	《千顷堂书目》卷 11		
朱权（宁献王）	*宁国仪范七十四章	《千顷堂书目》卷 11		
朱有燉（周宪王）	*家训一卷	《千顷堂书目》卷 11	《明史》卷 96《艺文一》	
朱弥铒（交城王）	*宗训直言	《千顷堂书目》卷 11		
明慈圣皇太后	*女鉴一卷 内则诗一卷	《千顷堂书目》卷 11	《明史》卷 96《艺文一》	
明仁孝文皇后	内训	《文渊阁四库全书》本第 709 册	《丛书集成新编》卷 33	

注："*"标注为明代亡佚家训著作，其文献整理参见了赵振的《中国历代家训文献叙录》一书。

[1] 王德毅主编：《丛书集成新编》，台北：台湾新文丰公司，1985 年。
[2] 王德毅主编：《丛书集成续编》，台北：台湾新文丰公司，1989 年。
[3]《四库全书》文渊阁影印版，台北：台湾商务印书馆，1986 年。
[4] 顾廷龙、傅璇琮等编：《续修四库全书》，上海：上海古籍出版社，2002 年。
[5] 陈梦雷等编：《古今图书集成・明伦汇编・家范典》，北京：中华书局、巴蜀书社，1987 年。

参 考 文 献

著作类：

[1]《马克思恩格斯选集》第1～4卷，北京：人民出版社，1995年。
[2]《马克思恩格斯全集》第1卷，北京：人民出版社，1979年。
[3]《马克思恩格斯全集》第11卷，北京：人民出版社，1995年。
[4]《马克思恩格斯全集》第46卷上，北京：人民出版社，1995年。
[5] 习近平：《之江新语》，杭州：浙江人民出版社，2013年。
[6] 中共中央宣传部：《习近平总书记系列重要讲话读本》，北京：人民出版社，2014年。
[7] 中共中央宣传部：《习近平总书记系列重要讲话读本（2016年版）》，北京：人民出版社，2016年。
[8] 中央文献研究室、中国外文局：《习近平谈治国理政》，北京：外文出版社，2014年。
[9] 中央文献研究室、中国外文局：《习近平谈治国理政》第二卷，北京：外文出版社，2017年。
[10] 习近平：《决胜全面建成小康社会夺取新时代中国特色社会主义伟大胜利——在中国共产党第十九次全国代表大会上的报告》，北京：人民出版社，2017年。
[11] 陈广逵：《〈论语〉通释、解读与点评》，北京：知识产权出版社，2010年。
[12]《大学》，王国轩译注，北京：中华书局，2015年。
[13]《中庸》，王国轩译注，北京：中华书局，2015年。
[14]《礼记·孝经》，胡平生、陈美兰译注，北京：中华书局，2015年。
[15]《尚书》，顾迁译注，北京：中华书局，2015年。
[16]《老子》，饶尚宽译注，北京：中华书局，2015年。
[17]《荀子》，安小兰译注，北京：中华书局，2015年。
[18]《庄子》，孙通海译注，北京：中华书局，2015年。
[19]《诗经》，王秀梅译注，北京：中华书局，2015年。
[20]（宋）程颢、程颐：《河南程氏遗书》，上海：上海古籍出版社，2000年。
[21]（明）王阳明：《传习录》，于自力、孔薇等注译，郑州：中州古籍出版社，2008年。
[22]（明）朱熹：《四书集注》，陈戍国标点，长沙：岳麓书社，1987年。
[23]（明）王阳明：《王阳明全集》，吴光、钱明等编校，上海：上海古籍出版社，1992年。

[24] 白寿彝、王毓铨:《中国通史》第九卷,上海:上海人民出版社,1999 年。
[25] 包东坡:《中国历代名人家训精萃》,合肥:安徽文艺出版社,2000 年。
[26] 毕诚:《中国古代家庭教育》,北京:商务印书馆,1997 年。
[27] 蔡元培:《中国伦理学史》,北京:东方出版社,1996 年。
[28] 蔡伟明:《转型中国亟待解决的问题》,北京:改革出版社,1998 年。
[29] 常建华:《明代宗族研究》,上海:上海人民出版社,2005 年。
[30] 陈明:《文化儒学:思辨与论辩》,成都:四川人民出版社,2009 年。
[31] 陈万柏、张耀灿:《思想政治教育学原理》,北京:高等教育出版社,2015 年。
[32] 陈章龙:《当代中国思想道德体系论》,南京:南京师范大学出版社,2006 年。
[33] 陈君慧:《中华家训大全》,哈尔滨:北方文学出版社,2016 年。
[34] 成晓军等:《帝王家训》,武汉:湖北人民出版社,1994 年。
[35] 丁晓山:《中国古代家训精选》,北京:中国国际广播出版社,1995 年。
[36] 段文阁、刘晓霞:《家庭道德教育研究——以独生子女道德教育的视角》,济南:山东人民出版社,2011 年。
[37] 费成康:《中国的家法族规》,上海:上海社会科学院出版社,2003 年。
[38] 费孝通:《乡土中国》,北京:北京大学出版社,2012 年。
[39] 冯尔康:《中国宗族社会》,杭州:浙江人民出版社,1994 年。
[40] 冯尔康:《十八世纪以来中国家族的现代转向》,上海:上海人民出版社,2005 年。
[41] 冯天瑜:《中国文化生成史》下册,武汉:武汉大学出版社,2013 年。
[42] 高兆明:《道德文化:从传统到现代》,北京:人民出版社,2015 年。
[43] 高宣扬:《布迪厄的社会理论》,上海:同济大学出版社,2004 年。
[44] 郭于华:《仪式与社会变迁》,北京:社会科学文献出版社,2000 年。
[45] 郭沂:《中国之路与儒学重建》,北京:中国社会科学出版社,2013 年。
[46] 胡林英:《道德内化论》,北京:社会科学文献出版社,2007 年。
[47] 黄俊杰:《传统中华文化与现代价值的激荡》,北京:社会科学文献出版社,2000 年。
[48] 黄鹤:《中国传统文化释要》,广州:华南理工大学出版社,1999 年。
[49] 黄向阳:《德育原理》,上海:华东师范大学出版社,2000 年。
[50] 黄钊:《中国道德文化》,武汉:湖北人民出版社,2000 年版。
[51] 黄钊:《儒家德育学说论纲》,武汉:武汉大学出版社,2006 年。
[52] 霍福广、刘社欣:《信息德育论》,北京:中国人民大学出版社,2008 年。
[53] 兰久富:《社会转型时期的价值观念》,北京:北京师范大学出版社,1999 年。
[54] 李存山:《家风十章》,南宁:广西人民出版社,2016 年。
[55] 李桂梅:《冲突与融合——中国传统家庭伦理的现代转向及现代价值》,长沙:中南大学出版社,2002 年版。
[56] 李景林:《教化视域中的儒学》,北京:中国社会科学出版社,2013 年。
[57] 李谧:《马克思主义民生伦理思想研究》,北京:中国社会科学出版社,2016 年。
[58] 李茂旭:《中华传世家训》,北京:人民日报出版社,1998 年。

[59] 李萍、林滨:《比较德育》,北京:中国人民大学出版社,2009 年。
[60] 李天燕:《家庭教育学》,上海:复旦大学出版社,2007 年。
[61] 李晓东:《中国封建家礼》,西安:陕西人民出版社,2002 年。
[62] 李卓:《中日家族制度比较研究》,北京:人民出版社,2004 年。
[63] 梁漱溟:《中国文化要义》,上海:上海人民出版社,2011 年。
[64] 刘丙元:《当代道德教育的价值危机与真实回归》,北京:北京师范大学出版社,2012 年。
[65] 刘光明:《中华古代家训》,北京:京华出版社,1994 年。
[66] 刘新科:《中国传统文化与教育》,长春:东北师范大学出版社,2002 年。
[67] 刘宗贤:《儒家伦理——秩序与活力》,济南:齐鲁书社,2002 年。
[68] 鲁洁:《教育社会学》,北京:人民教育出版社,2001 年。
[69] 鲁洁、王逢贤:《德育新论》,南京:江苏教育出版社,1994 年。
[70] 卢正言:《中国历代家训观止》,上海:学林出版社,2004 年。
[71] 罗国杰:《中国传统道德》,北京:中国人民大学出版社,1995 年。
[72] 罗国杰:《马克思主义伦理学的探索》,北京:中国人民大学出版社,2015 年。
[73] 马镛:《中国家庭教育史》,长沙:湖南教育出版社,1998 年。
[74] 缪建东:《家庭教育社会学》,南京:南京师范大学出版社,1999 年。
[75] 潘允康:《社会变迁中的家庭:家庭社会学》,天津:天津社会科学院出版社,2002 年。
[76] 戚万学、唐汉卫:《现代道德教育专题研究》,北京:教育科学出版社,2005 年。
[77] 钱杭:《中国宗族史研究入门》,上海:复旦大学出版社,2009 年。
[78] 钱杭:《中国宗族制度新探》,香港:中华书局(香港)有限公司,1994 年。
[79] 钱穆:《国史大纲》,北京:商务印书馆,1996 年。
[80] 钱穆:《晚学盲言》,北京:生活·读书·新知三联书店,2010 年。
[81] 任继愈:《中国哲学史》第三部,北京:人民出版社,2014 年。
[82] 邵龙宝:《全球化语境下的儒学价值与现代践行》,上海:同济大学出版社,2010 年。
[83] 邵龙宝、李晓菲:《儒家伦理与公民道德教育体系的构建》,上海:同济大学出版社,2005 年。
[84] 沈壮海:《思想政治教育有效性研究》,武汉:武汉大学出版社,2016 年。
[85] 尚圣德:《中国经典蒙书集注》,北京:华文出版社,2002 年。
[86] 孙峰:《当代中国德育价值观的变革》,北京:教育科学出版社,2014 年。
[87] 孙美堂:《文化价值论》,昆明:云南人民出版社,2005 年。
[88] 檀传宝:《学校道德教育原理》,北京:教育科学出版社,2005 年。
[89] 檀传宝:《信仰教育与道德教育》,北京:教育科学出版社,1999 年。
[90] 唐凯麟、曹刚:《重释传统——儒家思想的现代价值评估》,上海:华东师范大学出版社,2000 年。
[91] 唐君毅:《文化意识与道德理性》,北京:中国社会科学出版社,2005 年。

[92] 王海明:《伦理学原理》,北京:北京大学出版社,2009 年。
[93] 王长金:《传统家训思想通论》,长春:吉林人民出版社,2006 年。
[94] 王立群:《家风家训》,郑州:大象出版社,2016 年。
[95] 王利华:《中国家庭史》,广州:广东人民出版社,2007 年。
[96] 王平:《马克思主义思想政治教育主要方法论》,长春:东北师范大学出版社,2015 年。
[97] 王人恩:《古代家训精华》,兰州:甘肃教育出版社,1997 年。
[98] 王学典:《史学引论》,北京:北京大学出版社,2008 年。
[99] 王映:《千古家训》,合肥:安徽文艺出版社,2002 年。
[100] 王玉波:《中国古代的家》,北京:商务印书馆,1995 年。
[101] 王志强:《当代中国家庭道德教育研究》,杭州:浙江大学出版社,2013 年。
[102] 王正平:《中国传统道德论探微》,上海:上海三联书店,2004 年。
[103] 魏书生:《家教漫谈》,桂林:漓江出版社,2002 年。
[104] 魏英敏:《当代中国伦理与道德》,北京:昆仑出版社,2001 年。
[105] 吴晗:《吴晗论明史》,南京:江苏人民出版社,2015 年。
[106] 谢宝耿:《中国家训精华》,上海:上海社会科学院出版社,1997 年。
[107] 欣敏:《中国君臣家书精品》,成都:四川辞书出版社,1995 年。
[108] 徐茂明:《江南士绅与江南社会》,北京:商务印书馆,2004 年。
[109] 许敏:《道德教育的人文本性》,北京:中国社会科学出版社,2008 年。
[110] 徐少锦、陈延斌:《中国家训史》,西安:陕西人民出版社,2011 年。
[111] 徐扬杰:《中国家族制度史》,北京:人民出版社,1992 年。
[112] 徐梓:《家范志》,上海:上海人民出版社,1998 年。
[113] 阎爱民:《中国古代的家教》,北京:商务印书馆,1997 年。
[114] 杨宝忠:《大教育视野中的家庭教育》,北京:社会科学文献出版社,2003 年。
[115] 杨国荣:《伦理与存在——道德哲学研究》,上海:华东师范大学出版社,2009 年。
[116] 杨开道:《中国乡约制度》,北京:商务印书馆,2015 年。
[117] 杨念群:《儒学地域化的基本形态》,北京:生活·读书·新知三联书店,1997 年。
[118] 杨维、刘苍劲:《素质德育论》,北京:人民出版社,2008 年。
[119] 杨威、孙永贺:《返本与开新:中国传统家训文化中的优秀德育思想研究》,哈尔滨:黑龙江人民出版社,2012 年。
[120] 杨威:《中国传统家庭伦理的历史阐释与现代转换》,哈尔滨:黑龙江人民出版社,2011 年。
[121] 杨威、刘宇:《明清家法族规中的优秀德育思想及其当代价值研究》,北京:人民日报出版社,2016 年。
[122] 喻岳衡:《历代名人家训》,长沙:岳麓书社,2002 年。
[123] 余新华:《中国家庭史》第四卷,北京:人民出版社,2013 年。
[124] 翟博:《中国家训经典》,海口:海南出版社,2002 年。
[125] 翟博:《中国家教经典》,海口:海南出版社,2002 年。

[126] 詹万生:《整体构建德育体系总论》,北京:教育科学出版社,2001 年。
[127] 赵忠心:《家庭教育学》,北京:人民教育出版社,1994 年版。
[128] 赵忠心:《古今名人教子家书》,武汉:湖北教育出版社,1997。
[129] 赵忠心:《古今家教文萃》,武汉:湖北教育出版社,1997 年。
[130] 赵忠心:《古今名人教子诗词》,武汉:湖北教育出版社,1997 年。
[131] 赵连山:《中华民族传统道德概论》,广州:广东高等教育出版社,2000 年。
[132] 张春兴:《教育心理学》,杭州:浙江教育出版社,1998 年。
[133] 张岱年、方克立:《中国文化概论》,北京:北京师范大学出版社,2004 年。
[134] 张耕华:《历史哲学引论》,上海:复旦大学出版社,2009 年。
[135] 张国刚:《家庭史研究的新视野》,北京:生活·读书·新知三联书店,2004 年。
[136] 张怀承:《中国的家庭与伦理》,北京:中国人民大学出版社,1993 年。
[137] 张澍军:《德育哲学引论》,北京:人民出版社,2002 年。
[138] 张显清:《明代社会研究》,北京:中国社会科学出版社,2015 年。
[139] 张祥浩:《中国传统思想教育理论》,南京:东南大学出版社,2011 年。
[140] 张艳国:《家训选读》,武汉:湖北教育出版社,2006 年。
[141] 张艳国:《家训辑览》,武汉:武汉大学出版社,2007 年。
[142] 张锡勤:《中国传统道德举要》,哈尔滨:黑龙江大学出版社,2009 年。
[143] 张忠华:《承传与超越:当代德育理论发展研究》,北京:光明日报出版社,2015 年。
[144] 郑航:《学校德育概论》,北京:高等教育出版社,2007 年。
[145] 郑永廷、江传月:《主导德育论》,北京:人民出版社,2008 年。
[146] 郑振满:《明清福建家族组织与社会变迁》,北京:中国人民大学出版社,2009 年。
[147] 周中之:《伦理学》,北京:人民出版社,2004 年。
[148] 朱贻庭:《中国传统伦理思想史》,上海:华东师范大学出版社,1989 年。
[149] [英]崔瑞德、[美]牟复礼:《剑桥中国明代史》下卷,张书生等译,北京:中国社会科学出版社,2006 年。
[150] [美]杜维明:《人性与自我修养》,胡军、于民雄译,北京:中国和平出版社,1988 年。
[151] [美]戴维·斯沃茨:《文化与权力——布尔迪厄的社会学》,陶东风译,上海:上海译文出版社,2006 年。
[152] [德]马克斯·韦伯:《新教伦理与资本主义精神》,于晓等译,北京:生活·读书·新知三联书店,1987 年。
[153] [法]皮埃尔·布迪厄:《实践与反思——反思社会学引论》,李猛译,北京:中央编译出版社,2004 年。
[154] [加]卜正民:《明代的社会与国家》,陈时龙译,北京:商务印书馆,2014 年。
[155] [英]休谟:《道德原则研究》,曾晓平译,北京:商务印书馆,2001 年。

期刊论文：

[156] 陈艳君:《明清徽州家训中的德育思想研究》,《兰台世界》,2013 年第 6 期。
[157] 陈时龙:《论六谕和明清族规家训论》,《安徽史学》,2017 年第 6 期。
[158] 陈延斌:《传统家训的处世之道与中国现阶段的道德建设》,《道德与文明》,2001 年第 4 期。
[159] 陈延斌:《试论明清家训的发展及其教化实践》,《齐鲁学刊》,2003 年第 1 期。
[160] 陈延斌、孟凡拼:《儒家传统家训中的生态伦理教化研究》,《东南大学学报(哲学社会科学版)》,2010 年第 2 期。
[161] 陈延斌、张琳:《当前我国家风家教现状的实证调查与思考》,《中州学刊》,2016 年第 8 期。
[162] 陈延斌:《中国传统家训研究的学术史梳理与评析》,《孔子研究》,2017 年第 5 期。
[163] 陈延斌、田旭明:《中国家训学:宗旨、价值与建构》,《江海学刊》,2018 年第 1 期。
[164] 陈寿灿、于希勇:《浙江家风家训的历史传承与时代价值》,《道德与文明》,2015 年第 4 期。
[165] 程时用:《历代帝王与我国传统家训的发展》,《河南社会科学》,2010 年第 2 期。
[166] 戴素芳、杨伟波:《传统家训的伦理理念及其当代价值》,《道德与文明》,2007 年第 3 期。
[167] 邓智华:《士绅教化与地域社会变革——基于庞尚鹏〈庞氏家训〉的分析》,《中国社会经济史研究》,2007 年第 1 期。
[168] 丁鼎、王聪:《中国古代的“礼法合治”思想及其当代价值》,《孔子研究》,2015 年第 5 期。
[169] 董美英、金林祥:《中国传统生活德育的五个基本实践理路》,《现代大学教育》,2014 年第 2 期。
[170] 段文阁:《古代家训中的家庭德育思想初探》,《齐鲁学刊》,2003 年第 4 期。
[171] 冯建军、傅淳华:《多元文化时代道德教育的困境与抉择》,《西北师大学报(社会科学版)》,2008 年第 1 期。
[172] 冯文全:《关于“生活德育”的反思与重构》,《教育研究》,2009 年第 11 期。
[173] 高兆明:《“道德”探幽》,《伦理学研究》,2002 年第 2 期。
[174] 顾莉:《传统家训价值观的文化经脉、内容架构和实现机制》,《学习与实践》,2016 年第 2 期。
[175] 郭长华:《传统家训的文化功能论略》,《河南社会科学》,2008 年第 4 期。
[176] 洪明:《简析家训在当代社会建设中的道德教育功能》,《天津社会科学》,2010 年第 4 期。
[177] 姜希玉:《修身养性:我国德育之根》,《中国教育学刊》,2006 年第 11 期。
[178] 姜世健:《当代学校道德教育的困境》,《思想政治教育研究》,2010 年第 3 期。
[179] 蒋明宏、曾佳佳:《清代苏南家训及其特色初探》,《社会科学战线》,2010 年第 4 期。

[180] 赖雄麟、李健:《“仁”与“人”:以“仁”的人学意蕴为基的孔子德育路径探析》,《思想教育研究》,2015 年第 11 期。
[181] 李存山:《中华民族的耕读传统及其现代意义》,《中国社会科学院研究生院学报》,2017 年第 1 期。
[182] 李菲:《意义危机下的道德教育困境与出路探索》,《教育科学研究》,2012 年第 9 期。
[183] 李庆华、雷方:《优秀家训文化传承与创新的多维视角》,《学术交流》,2017 年第 6 期。
[184] 李霞:《论优秀传统文化的现代转化》,《山东社会科学》,2015 年第 5 期。
[185] 刘保中、张月云、李建新:《社会经济地位、文化观念与家庭教育期望》,《青年研究》,2014 年第 6 期。
[186] 刘东升:《传统家训在传统价值观培育和践行中的作用》,《辽宁大学学报(哲学社会科学版)》,2014 年第 5 期。
[187] 刘耳、马惠娣:《“家训”与中华文化的复兴》,《晋阳学刊》,2016 年第 5 期。
[188] 刘先春、柳宝军:《家训家风:培育和涵养社会主义核心价值观的道德根基与有效载体》,《思想教育研究》,2016 年第 1 期。
[189] 刘笑菊:《批判与建构:当代青少年社会主义核心价值观培育理念探析——基于中国传统家训文化的视角》,《教育探索》,2017 年第 1 期。
[190] 刘颖、邵龙宝:《中国传统家教运行机制探析》,《广西社会科学》,2010 年第 5 期。
[191] 刘颖:《论中国传统家训文化与社会主义核心价值观的相融性》,《理论月刊》,2016 年第 7 期。
[192] 骆郁廷、孙婷婷:《形象德育:一种新的德育形态》,《教育研究》,2017 年第 6 期。
[193] 骆郁廷、史姗姗:《论马克思主义实践育人的德育思想及其现实价值》,《马克思主义研究》,2013 年第 10 期。
[194] 马建欣:《论中国优秀传统文化的家庭德育》,《甘肃社会科学》,2017 年第 3 期。
[195] 马建欣:《古代家训培育个体品德的方式和途径》,《甘肃社会科学》,2011 年第 5 期。
[196] 马玉山:《“家训”“家诫”的盛行与儒学的普及传播》,《孔子研究》,1993 年第 4 期。
[197] 梅萍:《生命的意义与德育的关怀》,《高等教育研究》,2005 年第 10 期。
[198] 孟美菊、王建民:《经济与伦理张力下的古代家训“治生”理念与行为》,《云南大学学报(社会科学版)》,2015 年第 1 期。
[199] 潘玉腾:《传统家训濡化社会核心价值观的经验及启示》,《福建师范大学学报(哲学社会科学版)》,2017 年第 4 期。
[200] 钱广荣:《置疑“德育生活化”》,《思想理论教育导刊》,2011 年第 12 期。
[201] 邵龙宝:《中国古代家训的源流、精义及其当代转换的方法论》,《兰州学刊》,2015 年第 5 期。
[202] 佘双好:《我国古代家庭教育优良传统和方法探析——从家训看我国古代家庭

教育传统和方法》,《武汉大学学报(社会科学版)》,2001 年第 1 期。
[203] 施敏锋:《传统家训中的伦理道德教育理念及其当下价值探析》,《黑龙江高教研究》2010 年第 3 期。
[204] 石书臣:《中国优秀传统文化与现代德育的内在联系》,《思想理论教育》,2012 年第 3 期。
[205] 檀传宝:《论儒家德育思想的三大特色与优势》,《教育研究》,2002 年第 8 期。
[206] 檀传宝:《德育形态的历史演进与现实价值》,《教育研究》,2014 年第 6 期。
[207] 檀传宝:《"德""育"是什么? ——德育概念的理解与德育实效的提高》,《中国德育》,2016 年第 17 期。
[208] 檀传宝、班建武:《实然与应然:德育回归生活世界的两个向度》,《教育研究与实验》,2007 年第 2 期。
[209] 田旭明:《修德齐家:中国传统家训文化的伦理价值及现代建构》,《江海学刊》,2016 年第 1 期。
[210] 万俊人:《信仰危机的"现代性"根源及其文化解释》,《清华大学学报(哲学社会科学版)》,2001 年第 1 期。
[211] 王长金:《论传统家训的家庭发展观》,《浙江社会科学》,2005 年第 2 期。
[212] 王海东、张瑞臣:《德性与智慧的力量——论我国古代家训的精神追求》,《伦理学研究》,2017 年第 1 期。
[213] 王茂森:《社会主义核心价值观培育的家训传承路径探析》,《毛泽东思想研究》,2016 年第 4 期。
[214] 王卫平、王莉:《明清时期苏州家训研究》,《江汉论坛》,2015 年第 8 期。
[215] 王贤德、唐汉卫:《生活德育理论十五年:回顾与反思》,《中国教育学刊》,2017 年第 7 期。
[216] 王啸、鲁洁:《德育理论:走向科学化和人性化的整合》,《中国教育学刊》,1999 年第 3 期。
[217] 王雪萍:《明清家训中驭婢言论的历史解读》,《史学月刊》,2007 年第 3 期。
[218] 王瑜、蔡志荣:《明清士绅家训中的治生思想成熟原因探析》,《河北师范大学学报(哲学社会科学版)》,2009 年第 2 期。
[219] 王易、安丽梅:《传统家训在培育和践行社会主义核心价值观中的作用探析》,《思想教育研究》,2017 年第 8 期。
[220] 吴鹏:《德育的理想与德育的有效性》,《高等教育研究》,2001 年第 5 期。
[221] 夏江敬、汪勤:《浅析优良家风家训中思想政治教育的意蕴》,《理论月刊》,2017 年第 11 期。
[222] 宣璐、余玉花:《传统家训文化中的诚信教育及当代启示》,《中州学刊》,2015 年第 6 期。
[223] 肖群忠、李营营:《传统家训中的"廉洁""廉政"道德及其时代价值》,《学术交流》,2017 年第 1 期。
[224] 胥文玲:《明清闽北家训的教育思想及现代启示》,《东南学术》,2014 年第 5 期。

[225] 徐少锦:《试论中国历代家训的特点》,《道德与文明》,1992 年第 3 期。
[226] 徐祖澜:《明清乡绅的教化之道论析》,《西华师范大学学报(哲学社会科学版)》,2012 年第 6 期。
[227] 徐茂明:《传统家族组织中的伦理精神》,《上海师范大学学报(哲学社会科学版)》,2006 年第 2 期。
[228] 杨国欣:《德育与思想政治教育比较及现实意义》,《中国特色社会主义研究》,2009 年第 1 期。
[229] 杨金华:《生活德育论的理论隐忧与现实困境——对近年来"生活德育热"的冷思考》,《高等教育研究》,2015 年第 8 期。
[230] 杨威:《中国传统家庭中的日常交往关系论析》,《黑龙江社会科学》,2004 年第 5 期。
[231] 杨威:《现代新儒家文化观之检视》,《学术交流》,2011 年第 3 期。
[232] 杨威:《论中国传统家庭伦理的礼法秩序》,《兰州学刊》,2013 年第 11 期。
[233] 杨威、崔圣楠:《明清家法族规伦理思想及其现代转化论略》,《学术交流》,2015 年第 2 期。
[234] 杨威、关恒:《传统家训文化存在与存续的合理性探究》,《中州学刊》,2016 年第 8 期。
[235] 杨威、张金秋:《家训、家风视阈下中国传统家族盛衰周期律刍议》,《孔子研究》,2017 年第 5 期。
[236] 尹旦萍:《中国家训文化对当代家庭教育的启示》,《江汉论坛》,2001 年第 12 期。
[237] 岳庆平:《传统家庭伦理与家庭教育》,《社会学研究》,1994 年第 1 期。
[238] 翟博:《树立新时代的家庭教育价值观》,《教育研究》,2016 年第 3 期。
[239] 赵浚:《基于德育哲学的思考:论思想政治教育的本质》,《中国青年社会科学》,2018 年第 1 期。
[240] 赵毅、马冲:《中国古代家训与士大夫的家国情怀》,《西南大学学报(社会科学版)》,2017 年第 4 期。
[241] 赵忠祥:《家训文化与古代意识形态建设及有益启示》,《学术论坛》,2005 年第 3 期。
[242] 赵忠仲:《明清时期的徽州家风渊源辨识》,《重庆社会科学》,2017 年第 3 期。
[243] 张怀涛:《耕读传家有义方——感悟中国传统家训中的阅读观》,《图书馆理论与实践》,2015 年第 5 期。
[244] 张静莉、钱海婷:《中国传统家训的当代论域及其启示》,《求索》,2013 年第 3 期。
[245] 张琳、周斌:《弘扬传统家训文化 培育当代优秀家风——"中国传统家训文化与优秀家风建设"国际学术研讨会纪要》,《道德与文明》,2015 年第 3 期。
[246] 张忠华、李丹:《德育困境及其应对策略》,《中州学刊》,2017 年第 1 期。
[247] 周斌:《实现传统家训创造性转化的原则与策略——基于培育和践行社会主义核心价值观的视角》,《探索》,2016 年第 1 期。
[248] 周俊武:《论中国传统家庭伦理文化的逻辑进路》,《伦理学研究》,2012 年第

6 期。
[249] 周铁项:《家训文化中的德治思想及其现代审视》,《史学月刊》,2002 年第 7 期。
[250] 朱冬梅:《中国传统家训中的孝道思想及其当代价值》,《理论导刊》,2016 年第 2 期。
[251] 朱明勋:《古代家训中的古人读书观及现代启示》,《求索》,2006 年第 5 期。
[252] 朱小理:《中国传统家训中的德育精华》,《江西教育科研》,2005 年第 10 期。
[253] 朱贻庭:《现代家庭伦理与传统亲子、夫妻伦理的现代价值》,《华东师范大学学报(哲学社会科学版)》,1998 年第 2 期。

学位论文:

[254] 崔振成:《现代性社会与价值观教育》,博士学位论文,东北师范大学,2011 年。
[255] 贺韧:《儒家传统道德教育思想探析》,博士学位论文,湖南师范大学,2006 年。
[256] 焦金波:《“生活理解”道德教育研究》,博士学位论文,中国矿业大学,2014 年。
[257] 雷结斌:《我国社会转型期道德失范问题研究》,博士学位论文,南昌大学,2013 年。
[258] 李彬:《走出道德困境》,博士学位论文,湖南师范大学,2006 年。
[259] 李桂梅:《冲突与融合——传统家庭伦理的现代转向及现代价值》,博士学位论文,2002 年。
[260] 李述永:《家长关怀与少年成长》,博士学位论文,华中师范大学,2012 年。
[261] 李建国:《教化与超越:中国道德教育价值取向的历史嬗变》,博士学位论文,华中科技大学,2010 年。
[262] 李军:《明代文官制度与明代文学》,博士学位论文,南开大学,2013 年。
[263] 李日强:《明代礼部教化功能研究》,博士学位论文,南开大学,2012 年。
[264] 李松涛:《家庭教育的社会支持研究》,博士学位论文,辽宁师范大学,2014 年。
[265] 李伟言:《当代中国德育价值取向转型的理论研究》,博士学位论文,东北师范大学,2005 年。
[266] 刘爱玲:《学习型社会建设中的终身德育研究》,博士学位论文,南开大学,2014 年。
[267] 刘丙元:《当代道德教育价值危机审理》,博士学位论文,山东师范大学,2008 年。
[268] 刘静:《走向民间生活的明代儒学教化研究》,博士学位论文,华东师范大学,2004 年。
[269] 刘志国:《全球化背景下中国传统文化的现代转换》,博士学位论文,东北师范大学,2004 年。
[270] 陆睿:《明清家训文献考论》,博士学位论文,浙江大学,2016 年。
[271] 沈洁:《思想政治教育视野中的和谐家庭建设》,博士学位论文,中国矿业大学,2013 年。
[272] 汤致琴:《当代中国家庭道德教育研究》,博士学位论文,武汉大学,2013 年。
[273] 王瑜:《明清士绅家训研究(1368—1840)》,博士学位论文,华中师范大学,

2007 年。
[274] 王凯旋:《明代科举制度研究》,博士学位论文,吉林大学,2005 年。
[275] 王司瑜:《中国古代教化思想及方式研究》,博士学位论文,黑龙江大学,2013 年。
[276] 吴文莉:《思想政治教育的道德关怀研究》,博士学位论文,东北师范大学,2014 年。
[277] 于洪燕:《中国传统"道德"内涵的现代解读与转换》,博士学位论文,西南大学,2010 年。
[278] 章小谦:《传承与嫁接:中国教育基本概念从传统到现代的转换》,博士学位论文,华东师范大学,2004 年。
[279] 邹强:《中国当代家庭教育变迁研究》,博士学位论文,中国矿业大学,2013 年。
[280] 朱明勋:《中国传统家训研究》,博士学位论文,四川大学,2004 年。

外文文献:

[281] Durkheim, E., *Moral Education: A Study in the Theory and Application of Sociology of Education*. New York: Free Press, 1961.
[282] David Swartz: *Culture and Power*. Chicago: University of Chicago Press, 1998.
[283] Robbins. D, *The work of Pierre Bourdieu: Recognizing Society*, Boulder and San Francisco: Westiview Press, 1991.
[284] Richard Jenkins: *Pierre Bourdieu*. New York: Routledge, 1992.
[285] Pierre Boudieu and Loic Wacquant: *An Invitation to Reflexive Sociology*, Chicago: The University of Chicago Press, 1997.

索　引

L

M

N

Q

R